Knowledge BASE 系列

一冊通曉 理性求實與人文精神的總和

圖解 科學史 更新版

橋本浩 著　顏誠廷 譯

科學史——跨界科學的領航員

文◎楊文金（台灣師範大學科學教育研究所所長）

從科學史引起科學學習動機

　　從一九七〇年代開始，科學史在科學教育中的地位就日漸重要。造成這個趨勢的原因很多，一方面來自以T. Kuhn為首的歷史主義科學哲學的興起，同時也反應了強調科學素養之全民科學（science for all）科學教育目標的需求。科學史被視為是引起科學學習動機的一項利器，也是拉近非科學主修學生與科學距離的法寶，更常被用來做為培養學生理解那些無法或不易以文字直接呈現的科學學習內容的有效方式，例如：科學本質、科學倫理……等。

科學的文化本質與整合發展的趨勢

　　一般科學史的著作並不能直接達成上述的目的。原因十分多元，例如：以科學內部發展為主的科學史，強調科學理論的演化過程，偏重科學概念間邏輯關係的內在一致性，常使剛開始接觸科學的學習者因面對複雜的科學內容，反而增加了其與科學的隔閡；大部分科學史在呈現一個科學事件的發展過程時，為了能陳述事件的完整性，其篇幅又常超過學生閱讀的負荷，很難直接引用為課內與課外的補充教材；再者，多數科學史著作都以單一科學學科為其撰述的範圍，也就是說，物理史以物理為其陳述範圍，而化學史則以化學為內容……，鮮有能提供跨學科觀點的科學史。學科的疆界並非如吾人所想像的分明，事實上，許多科學家都是跨領域的研究者，尤其二十一世紀的科學發展莫不以學科整合為方向。

　　科學做為人類的一種文化活動，本質上就與人類的其他活動密切不可分割。舉凡軍事、醫學、政治、社會……，莫不密切地與科學的發展相關。另一方面，雖然近代科學始自歐洲，但對於促成近代科學發展的各種文化的描述，也是科學史論述中重要的一環。

　　許多科學史作者常將本身所信奉的意識型態呈現在著作中，甚至以其意識型態做為針砭科學發展的依據。這樣的科學史雖不致全無價值，但常有賴於讀者的科學史素養才能分辨真偽，因此並不適合初學者閱讀。

涵蓋面廣並以人性為主體的科學史觀

　　《圖解科學史》是一本十分特別的科學史著作。作者橋本浩以其醫學的專業背景來撰寫科學史，使這本科學史有別於其他的科學史著作。首先，本書將醫學視為科學事業中的一環，相當重視各時期醫學發展的敘述。雖然如此，對於重要的科學史事件卻也能給予同樣的重視。

　　與一般科學史的不同處在於：本書相當重視科技與科學之間關係的描述，對於東方的科學、數學、醫學與曆法事件也有所著墨。此外，本書涵蓋了從古希臘時期到二十世紀的當代科學發展，例如混沌理論、複製羊、AIDS、禽流感、狂牛症及基因定序等。因此，本書可說提供了一個涵蓋面較廣的科學史觀。

　　「圖解」是本書的另一個重要特點。透過書中的插圖及圖解，作者將科學史中科學事件、科學家與時代背景間的複雜關係，以視覺化的方式予以呈現。這樣的圖解相當有助於讀者建構科學發展的整體觀點。

　　作者對於科學家的事蹟，並不是採取英雄式的撰述方式，而是以平衡報導的方式來呈現科學家的作為。例如，在描述牛頓的科學貢獻時，對於牛頓的性格及其相關作為也有十分深入的刻畫。這樣的科學史較能展現科學中的人性，還原以「人性」為主體的科學觀。

以本書為「地圖」了解各種科學事件

　　《圖解科學史》並非大部頭的科學史，正因為其篇幅不大，非常適合做為科學教學時的補充教材。教師更可以利用本書所提供的資源，輕易地將其融入一般的教學之中。此外，讀者可以將本書視為一張科學史的「地圖」，循著這張地圖進一步來了解各種科學事件。

　　漢語中的許多科學名詞其實譯自日文，包括「科學」這個詞也是在十九世紀末由日本傳至中國。從《圖解科學史》中可知「細胞」這個詞首先出現在一八三三年《植物學起源》一書。對於日本在近代的科學發展，本書也提供了十分有意義的介紹。

　　最後，譯者的翻譯功力也值得一提。中文版的《圖解科學史》完全不像一般的中譯本，因為本書文字相當流暢，可讀性極高。尤為可貴的是，本身具有化工博士背景的譯者，在翻譯過程中也以譯注的方式協助解說一般讀者較為陌生的專有名詞、科學概念等，使本書有更高的可信度之外，也讓入門讀者閱讀起來更容易理解。

一本不一樣的「科學史」

文◎橋本浩

　　高度發達的科學是支持現代文明的要素之一，這是眾所周知的事實。而關心科學進步的歷程——亦即科學史的人也不在少數，事實上，歷史學家們已經出版了為數眾多的科學史著作。

　　但是，目前的科學史著作所能給我們的大多是片斷的知識，很難讓人清楚地了解科學的歷史和世界整體的歷史之間的關聯性；科學的變遷與進展和當時的宗教、世界觀或是政治等時代背景之間有些什麼樣的關係？是如何改變了世界？以及科學是不是因為這些變化而得到了進一步地發展？能夠把這些來龍去脈說清楚，讓人很容易地就能了解的書籍可以說幾乎沒有。雖然人們的世界觀與宇宙觀的確因為科學的進步而拓展開來，但如果只是單純地與思想史做聯結，並無法捕捉到歷史變遷的真實意義和內涵。因此長久以來，我一直覺得需要有一本能夠把過去發生的一個個事件串聯起來，既簡潔又易於理解的科學史。

　　「來寫本只有我才寫得出來的科學史吧！」基於這樣的念頭，我勇敢接下了為這本書執筆的邀請。目前的科學史著作大多是由物理學者或歷史學者所撰寫，以至於與各個時代人們切身相關的醫學不是完全地被忽略，就是內容乏善可陳，一點吸引力也沒有。因此在本書裡，我除了盡可能地把科學的各個領域都網羅進來之外，對於當時的時代背景與科學之間的關係，以及科學與當時人們的關係，也盡量以淺顯易懂的方式來表達。這次的執筆是個非常有趣的挑戰，我個人認為這是一本風格獨特，且不比歷史學家的著作來得遜色的書。

　　當然，受限於篇幅，我無法把科學史上的所有事件以及相關人物的小插曲全都列舉出來，編輯過程中也不得不刪除了相當程度的內容。但我可以很自豪地說，了解科學史時不可或缺的精華重點，這本書裡一個也不少。

　　本書嚴格篩選出概觀整個科學史時必須掌握的重點事項，再予以簡化，下了許多工夫幫助讀者了解科學發展的來龍去脈。書中也整理出非常多的圖表，希望這些圖表對於讀者的理解有所助益。在這裡我要感謝把我的草圖與想表達的意涵完美呈現出來的插畫家青木先生，以及在本書製作過程中，最早閱讀這本書並提供寶貴意見給我的編輯群。

　　相信這本花費了許多心力才完成的書，一定能夠為各位讀者描繪出科學史的具體輪廓。

目錄

第1章

科學的黎明

目錄

引領中世紀的伊斯蘭科學時代

科學史上的虛假幻象——基督教時代

第 **4** 章

人文主義的誕生——文藝復興時代

目錄

第5章
百花齊放的近代科學時期

中國與日本的科學

目錄

第7章

前往現代科學之路

第8章

二十世紀的巨人們

第9章

二十世紀的戰爭副產物

目錄

第10章
尖端科技與今後的課題

第 **1** 章

科學的黎明

	400萬年前	
	70～80萬年前	火的使用
新人（晚期智人）出現	4萬年前	
農業誕生	1萬年前	
蘇美人（烏爾第一王朝）	西元前3000年	醫藥品集
	西元前1900年	漢摩拉比法典（古巴比倫王國）
西台人侵略美索不達米亞	西元前1800年	鐵器的發明
	西元前600年	泰勒斯「水是萬物的根本」（物體論的創始者）
	西元前384年	萬學之祖亞里斯多德（宇宙體系）
泛希臘文化時代	西元前323年 ～ 西元前30年	歐幾里德
	西元105年	蔡倫，紙的改良（東漢）
	西元129年	藥學之父蓋倫誕生

取得使用「火」的技術
史前時代科學的萌芽
對自然的敬畏和觀察讓人類學會了如何使用火，科學開始萌芽。

人類的起源之謎

二〇〇四年三月，美國太空總署（NASA）發表了火星上曾經有水存在的有力證據。從電視上看到了這條新聞的內人很得意地說道：「看吧，果然就像我之前說過的，人類是在火星遭到破壞之後才移居到地球來的。火星上發達的科學技術為人類招來了不幸，為了在地球上從頭來過，所以才把火星上的紀錄全部銷毀掉。」

雖然她的想法單純只是看了太多科幻電影的結果，但是事實上，人類的起源之謎到目前為止的確尚未被完全地解開。

在非洲發現並且被命名為「夏娃」的女性骨骸，其粒線體的DNA和人類非常地相似，這對人類最早乃是出現於非洲然後才擴展到全世界的說法而言是非常有力的證據。但是這仍然無法說明至今為止所發現的原人、古人（譯注：即尼安德塔人，又稱早期智人）和新人（譯注：即克羅馬儂人，又稱晚期智人）之間的關聯

性；此外，有些動物細胞內的粒線體也有與人類相同的DNA，因此還不能斷定人類的起源。

火的發現

暫且先將人類的起源放在一旁，菲立普·費南德茲——阿梅斯托（譯注：歷史學家，著有《食物的歷史》等書）認為對人類而言，最早的革命性發現就是「使用火來煮食」。除了用火烹煮過的食物有利於消化之外，人類還發現有些食物經過加熱之後就不再具有毒性，於是為了尋找新的食物，人類的生存空間急遽地擴張。五十萬年前的北京原人遺跡中留有食物料理場以及暖爐的痕跡，證明他們已經知道如何使用火，但仍無法確定他們是否已經能夠自由地生火取用。

至於晚北京原人三十萬年出現的尼安德塔人，似乎已經能夠自由地使用火，並且以火為中心來聚集人群共同生活。

科學筆記　尼安德塔人雖然滅絕於冰河時期，但在巴勒斯坦的洞穴裡所發現的尼安德塔人骨骸已經具備了新人的特徵，或許他們就是新人的祖先也說不定。

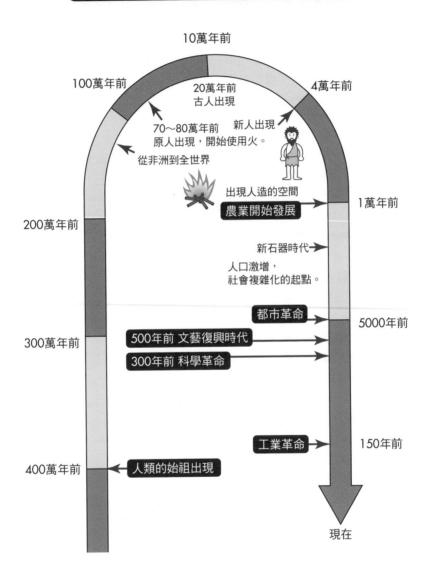

從人類誕生到今日為止

10萬年前

100萬年前

20萬年前
古人出現

4萬年前

70～80萬年前
原人出現,開始使用火。

新人出現

從非洲到全世界

出現人造的空間

農業開始發展

1萬年前

200萬年前

新石器時代

人口激增,
社會複雜化的起點。

都市革命

5000年前

300萬年前

500年前 文藝復興時代

300年前 科學革命

工業革命

150年前

400萬年前

人類的始祖出現

現在

醫學的起點

火的威嚇力除了讓人們免於肉食動物的威脅，也提供了保暖的功能，並且讓人類產生集體意識。由於對自然的畏懼因而產生自然崇拜，人們開始在火的四周模仿動物的動作跳起舞來，領舞的則是團體裡最年長的男性或女性。歷史學家休斯認為這些人就是最早的祭司、巫師，以及聖人。尼安德塔人會讓老人的遺體與花一同埋葬，一般認為這證明了人類在當時已經產生有宗教意識、以及擁有善待死者的習慣；但病理學家梶田昭認為這正是醫學的起點，維持社會健康的「衛生」行為可能就是自此發展出來。

就這樣，許多群體在相距遙遠的土地上逐一地形成，各群體的長老將自己的經驗一代代地傳承下去。在這些經驗當中，除了巫術等單純的迷信，也有與科學密不可分的經驗。

當人類進入到新人的階段後，長老們觀察自然之餘，指導族人以壁畫方式將對自然的發現記錄在洞穴壁面上，並將動物的習性等知識傳授給全體族人。至於能夠強烈影響人心的巫術相關知識與技術，則被當成是神祕的奧義，只傳授給自己的繼承者。這些知識包括了特殊的料理方法以及藥草學等等，經過長時間的累積與傳承，成為了後來的藥學與化學的基礎。

火的使用以及各種累積下來的知識，讓人類能夠食用的食物種類大幅增加。進入新石器時代之後，人類更發展出食用植物的栽培技術以及家畜的飼育技術。這些技術讓社會結構進一步地複雜化與制度化，而長老們的智慧表現在擁有的科學知識與技術上。換句話說，社會中出現的統治者，會為了提高與保護其權威，而促使科學與技術不斷進展。

科學筆記　古代巫師的巫術通常以母系傳承為主，但非洲與印度的部族則多為父系傳承。

火的使用讓人類得以急速發展

●以火來進行防禦
↓
·危險大幅減少
↓
人口呈爆炸性增加

●以火來煮食
↓
·可攝取的食物大幅增加
·食物得以加工保存
↓
**人口呈爆炸性增加，
可居住的區域擴大。**

●料理工具（陶器）的發明
↓
·各種料理方法的發明
·可攝取的食物大幅增加
↓
**人口呈爆炸性增加，
可以居住的區域擴大。**

●禦寒照明用的火
↓
·可居住的區域擴大
·夜晚時間也可以利用
↓
促成工具的發明

生存與獲勝所需的技術都掌握在國王手中

古美索不達米亞與其周邊

為了在戰爭中取勝、與自然鬥爭，以及在生活中利用自然等發展出的各種技術，正是人類最早所追求的科學技術。

人類最早的科學技術

西元前四〇〇〇年左右，在底格里斯河與幼發拉底河所孕育之肥沃土地上的人口逐漸地繁衍增加，這些人被稱為蘇美人。藉由銅與青銅的加工技術，蘇美人在與其他民族的戰爭中獲得勝利而繼續留存，西元前三〇〇〇年左右建立了以城邦為基礎的美索不達米亞文明。

在這個地方，由於河川每隔一段時間就會氾濫引發洪水，因此形成了肥沃的土地。蘇美人在此建立起城邦，城邦中心設有神殿，由國王兼任最高階神官。此外，國王同時也是精通灌溉技術與農業技術的巫師，以神的名義進行神權統治。換句話說，人類最早發展出的科學技術，包括了把銅與青銅加工製作成武器或農具的技術、灌溉技術，以及提高農業生產效率的技術等，而擁有這些技術的人便是國王。

這就是所謂的農業革命。除了巴勒斯坦、美索不達米亞之外，中國的南部、西非、東南亞，以及美洲大陸等地也都分別有農業革命出現，最早被運用在農業生產的科學技術在許多地方同時發展起來。

戰亂不止的城邦

美索不達米亞是一個廣大的平原，無論從哪個方向敵軍都很容易挺進，因此經常受到來自四周山岳與沙漠地帶民族的入侵威脅。為了防範敵人的入侵，美索不達米亞的城邦於是築起高大的城牆，然而阿拉伯的閃語族覬覦著這塊肥沃的土地，開始往美索不達米亞移動。西元前二十四世紀時，閃語族其中一支的阿卡德人終於征服了蘇美人的城邦。這是因為阿卡德人能夠以青銅或銅製造輕而強固的武器的緣故，阿卡德人的步兵因而得以發揮比蘇美人更佳的機動力。

阿卡德人雖在美索不達米亞建立起統一的國家，但是在西元前二十三世紀左右，便被自東方入侵的山岳民族滅亡。其後，來自敘利亞沙漠地區的阿摩利人大舉入

科學筆記 美索不達米亞的楔形文字雖然是由蘇美人所發明，但其他語言的民族也同樣使用楔形文字書寫表達。

18

侵，並於西元前十八世紀時完全征服了美索不達米亞，建立起古巴比倫王國。如同過往，古巴比倫王國一次又一次地受到四周各個民族的侵略，也一次又一次地擊敗了入侵者。就是因為戰爭反覆地發生，才會誕生了以「以牙還牙，以眼還眼」的復仇精神為原則的漢摩拉比法典。

美索不達米亞科學

漢摩拉比王曾經推動修築運河等大型工程來改善治水以及灌溉設施，並且以巫師們所預測的季節交替等大量天文學知識為基礎來制訂曆法，大幅提升了農業的生產力。但他們把這些知識與技術祕而不宣，讓人們以為那是超自然的神靈所賦予的力量。

美索不達米亞文明的興亡

西元前3000年左右　蘇美人（族系不明）

烏爾第一王朝

西元前2300年代　輕巧強固武器的製造技術　阿卡德人（閃語系游牧民族）

西元前1900年代　阿摩利人（閃語系游牧民族）

古巴比倫王國　漢摩拉比法典

西元前1800年左右　鐵器與馬車所牽引的戰車　西台人（小亞細亞）的侵略

西元前1500年左右　古巴比倫王國滅亡

鐵器在進步停滯之前出現
古美索不達米亞的天文學與醫學

希望藉由星辰的位置來知曉神的意旨；而醫師若非確定病人能夠痊癒，便不願意進行治療。

美索不達米亞天文學與占星術

決定何時適合播種，以及預測何時容易發生洪水等知識，是鞏固巫師地位的重要手段。而收集與自然有關的資訊並加以分析，不僅能提高巫師的地位，還能確保生活安樂。《戰爭的科學》作者厄尼斯特・佛克曼就認為，所謂的科學正是從這些巫師所探求的各種知識中誕生的。

美索不達米亞早期的天文學，還停留在單純地把觀察所得的東西記述下來的階段，會使用到數學主要是為了正確計算出陰曆。巴比倫時代雖然曾為了能夠在戰爭時進行夜間行軍，而發展出參考星星位置的天文觀測技術，但是當時天文學最主要的目的還是占星術。

美索不達米亞的國王們雖然種族不同，但是都同樣藉由占卜來決定發動戰爭的時間，甚至連該採用什麼樣的戰術也都交由占卜來決定。由於他們認為將戰爭導向勝利的乃是神，因此透過巫師占卜來得知神的旨意不但可從中獲得啟示，也可以讓自己所擁有的武器和士兵處於最佳的狀態。

古巴比倫的醫學與藥學

除了草藥之外，蘇美人也會使用由動物所製成的藥物。他們書寫在泥板上的處方是現存最古老的藥典。而除了內科之外，他們也曾使用青銅製的手術刀來進行外科手術。

蘇美人的醫學後來由古巴比倫王國所繼承，然而在這個時期，無論是醫學或藥學都沒有任何的進展，問題就出在漢摩拉比法典。

漢摩拉比法典除了規範商業上的往來之外，也將與日常生活中大小瑣事相關的法律都網羅進去，甚至還規定了醫師的報酬制度。若是外科手術成功治癒患者，醫生就可以收取規定的金錢，但患者若因治療失敗而死亡，或變成無法治癒的狀態，則可以砍斷醫生的手以做為報復。因此醫生只有在確定治療必會成功的前提下，才願意為患者進行手術。

科學筆記 在挖掘出來的泥板中，包括了相當於現代的九九乘法表的五九五九乘法表。此外，還有泥板記載了與畢達哥拉斯定理相同的數表，此時大約是畢達哥拉斯誕生的一千五百年之前。

　　由於無法從嘗試錯誤中累積經驗，使得醫學完全沒有進步，事實上當時幾乎已經沒有醫生了。歷史學家希羅多德曾經留下這樣的記述：「當家族裡有人生病時，就把病人帶到街上的廣場，讓病人與陪伴照顧他的家人一同露宿在寒空下。經過的行人會詢問病人的症狀，若自己或家族裡的人曾有過同樣的病、且被治癒好時，就會根據之前的經驗來提供治療方式。」法律也規定路過的行人不能假裝沒看到病人就走過去。

　　至於巫師，則是在最高階神官國王身旁侍奉的下級神官與僧侶，他們同時也兼任預言家、占卜師與治療師等角色。但巫師與醫師不同，透過巫術仍無法拯救的人會被認為是遭到了神的遺棄，而以當時民眾的智慧也只能接受這樣的說法。

　　不幸的是，古巴比倫王國時期停滯不前的科學領域不僅僅是醫學而已，這也是古巴比倫王國後來之所以滅亡的原因之一。

美索不達米亞天文學與數學的發明

發明星座？ ➡ 天文觀測技術 ➡ 占星術

- 發明了陰曆
- 一年分為12個月
- 一週分為7天
- 60進位的計時方法

- 使用60進位的數學
- 二次方程式
- 平方根
- 立方根
- 一圓周分為360度

「月曆（calendar）」的語源

歐洲文明透過希臘文化繼承了美索不達米亞所發展出來的天文學與數學，但卻以新巴比倫王朝的國名「迦勒底」或阿摩利人一支的迦勒底人（Chaldaeans）之名來稱呼他們所發明的曆法。

在戰爭中獲勝的基本要素

由於美索不達米亞的國王們對於以銅與青銅所製成的槍劍威力已相當滿意，並且自恃著擁有得到神護持的勇猛戰士，因此金屬加工等冶金技術在這段時期同樣毫無進展。而實際上，所謂的勇猛戰士不過是在農閒時期召集起來的農民，只會使用一些臨時習得的劍術來戰鬥。至於士兵在面臨戰鬥時是否會產生恐懼等枝微末節的問題，則完全不在考慮之內，國王們只是一廂情願地相信勝利之神所庇護的必定是屬於自己的一方。

西元前二〇〇〇年左右，居住在中亞以及南俄的印歐語系民族在開始往西方遷移。他們擁有優秀的冶金技術，能夠利用比銅還輕的鐵來製作馬具，是個善於騎馬的游牧民族。

西元前一八〇〇年左右，身著鐵製護具的戰士開始乘駕著後人稱之為「雙輪戰車」的雙頭馬車，並操持著性能優異的弓矢來攻擊敵人。這些游牧民族當中擁有最優秀的冶金技術與高性能雙輪戰車的一族，率領著他們所征服的各個民族向小亞細亞的安那托利亞高原（譯注：即現在的土耳其）遷移，在此建立了西台王國。

西台王國的冶金工匠開發出穿著時不會妨礙行軍或戰鬥的輕型護具，以及輕巧但殺傷力強大的劍與弓矢。再加上他們的軍隊並非由農民所組成，而是雇用專職戰鬥的職業軍人，徹底進行組織化的軍事訓練，因此得以成功地發揮雙輪戰車的機動力與鐵製武器的最大功效。於是當西台人為了取得肥沃土地而南下入侵古巴比倫王國時，很輕易地就消滅了古巴比倫王國，而西台人日後所帶來的威脅甚至還遠及於埃及。

科學筆記　美索不達米亞在阿卡德人占領的時期就已經開始與印度進行交易，書寫在泥板上的文書留下了相關的紀錄。

病人在廣場上向路過行人請教治療方法

雙輪戰車

古埃及與科學

埃及受到美索不達米亞的影響而形成發達的城邦，但在科學上卻發展出與美索不達米亞截然不同的面貌。

古埃及的興起與金字塔

發源自衣索比亞高原的尼羅河每年都會受到周期性豪雨的侵襲，尤其是在七月下游水位開始上升，到十一月河水退去為止的這段期間更有氾濫情形出現。但也因為河水氾濫，使得尼羅河流域成為適合農業發展的肥沃土地，並且在其高度農業生產力的背景下，於西元前三五〇〇年左右因為美索不達米亞的蘇美人城邦的影響，出現了約四十個被稱為「州」的城邦。

然而，為了整治尼羅河與提高農業生產力，共同體的規模必須擴大。於是位於尼羅河上游和下游的州分別進行了統合，形成了上埃及與下埃及。

西元前三〇〇〇年左右，上埃及以武力統一了下埃及。古埃及的歷史自此時成立的古王國開始，一直到其後的中王國、新王國，以及波斯的阿契美尼斯王朝將埃及與美索不達米亞統一在同一帝國下為止。

在被視為神之化身的法老王統治下，古埃及實行著以巫術為中心的中央集權政治，其權力的象徵就是古王國法老王的陵墓─金字塔。當時幾何學與土木技術因治水與灌溉工程的需要而發達，金字塔也因此得以被建造出來。法老王藉著巫術擁有統治力量，但隨著法老王統治力的減弱，延續了五百年左右的古王國陷入分裂的狀態，一直到西元前二十二世紀左右，底比斯的新法老王出現，統一埃及創建了中王國。西元前十七世紀時，來自敘利亞的西克索人藉由雙輪戰車的力量統治了埃及，但後來埃及人成功地在西元前十六世紀開發出改良型雙輪戰車，將西克索人逐出埃及建立了新王國。

科學筆記 亞述人向居住於亞美尼亞與巴爾幹的商人購買鐵製武器，再向腓尼基人購入新型軍艦，因而取得了壓倒性的戰力。

古美索不達米亞四周的興亡史

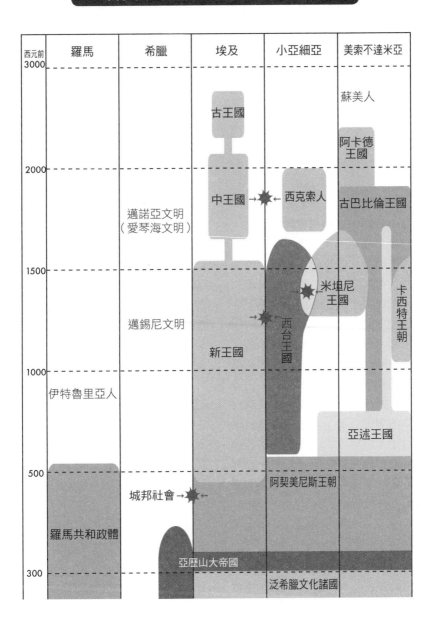

與美索不達米亞科學的相異處

美索不達米亞的商業十分地發達，為了維持商業活動的順暢，因應與入侵者作戰所需的物資以及維護國王的權威，因而制定了文字、記數法、度量衡與曆法等。當時數學與天文學極為發達，甚至被稱為巴比倫數學與巴比倫天文學。美索不達米亞採用的是六十進位法與陰曆，並且使用泥板和楔形文字來記事。

至於埃及則是為了預測尼羅河氾濫的時期，以利進行農業活動，因而擁有發達的天文學、幾何學以及土木技術。埃及的宗教雖然是多神教，但其崇拜的主神為太陽神─拉，因此在曆法上也採用了陽曆。埃及使用的雖然是象形文字，但由於書寫上過於複雜，因而隨著時代不斷地簡化；除了記載於石碑與墓室上的神聖文字之外，還可以區分為神官與一般官吏所使用、較為簡略的僧侶體文字，以及使用於日常生活中、更簡化的世俗體文字等。而宗教典籍與公文所使用的、書寫於尼羅河周邊的野生莎草製成的莎草紙上的則是僧侶體文字。

古埃及的滅亡

古埃及人認為自己受到神的護持，是不敗不死的戰士，然而在西克索人的雙輪戰車前，他們卻發現自己連一點招架之力也沒有。

於是埃及人花費了將近一整個世紀的時間來進行雙輪戰車的改良，並且成功地將西克索人逐出埃及，但他們也因此而志得意滿，認為自己才是最強大的民族。埃及人訓練了專職操縱雙輪戰車的職業軍人，並與強大的西台王國交戰。小亞細亞的巴爾幹半島諸民族曾被埃及人輕蔑地喚為「海上蠻族」，但是以他們的冶金方法生產出來的鐵輔以當時最高水準技術的加工技術，卻讓埃及軍隊在亞述人之前毫無反擊的能力。

西元前七世紀前半，古埃及終於向亞述人屈服，後來雖曾成功獨立，但是在西元前五二五年又被阿契美尼斯王朝波斯帝國所征服，西元前三三二年在亞歷山大大帝的征服之下，古埃及終於徹底滅亡。

古代東方科學的特徵

由於地處羅馬的東方，因此美索不達米亞與埃及又被稱為古代東方。古代東方的科學，無論是美索不達米亞或是埃及都是源自於對自然的觀察，然而在巫術的外衣之下，科學成為國王或是神官鞏固執政權力的手段，而追尋自然真理的純粹科學則尚未萌芽。

埃及文明與美索不達米亞文明的相異之處

	埃　及	美索不達米亞
文字	●**象形文字** 在莎草紙或石碑墓室上記載神話或法老王的事蹟。	●**楔形文字** 在泥板或圓形印模上刻下商業活動或契約的內容。
曆法	陽曆	陰曆
科學技術	繼承美索不達米亞文明，在天文學、幾何學、分數計算上有進一步發展。	制定記數法、度量衡與曆法，數學與天文學十分地發達。
醫學	藉由木乃伊的製作了解人體構造。	受到漢摩拉比法典的影響，醫學的發展完全停滯。

古印度科學的演進

雅利安人從印度的數學發展出「零」的概念，形成了哲學，並試圖以一貫的哲學原理來闡釋所有的現象。

自行毀滅的印度河文明及雅利安人

從西元前二三〇〇年開始的大約五百年間，因為摩亨佐達羅與哈拉帕遺址而廣為人知的印度河文明在印度河流域一帶非常地繁榮，甚至還曾經由波斯灣與美索不達米亞進行貿易。城市裡使用的是尺寸統一的燒製磚，還建造了大浴場、下水道、穀倉等設施，是極為發達的城市文明。然而，或許是為了燒製磚塊而過度砍伐森林，造成印度河不斷出現氾濫，而在西元前一八〇〇年左右，印度河文明開始步入衰亡。

中亞的游牧民族雅利安人在西元前二〇〇〇年左右開始往南遷徙，並在西元前一五〇〇年左右定居於印度河上游的旁遮普，征服了原本在此居住的黑色人種達羅毗荼人。

西元前一〇〇〇年左右，部分的雅利安人開始往東遷移，後定居於恆河流域，建立了城市文明。

自此之後，恆河流域成為印度文明的中心，最興盛時期曾同時存在著十六個大國。

雅利安人的思想與科學

雅利安人信仰的是以「吠陀」為聖典的婆羅門教，根據婆羅門教的教義，被征服的先住民被當做低等的人種，因而形成了種姓制度。當雅利安人的社會趨於安定並開始繁榮之後，反對婆羅門教祭儀主義與形式主義的聲音陸續出現。其中的一派重視內在的省思，從而產生了奧義書哲學。西元前五〇〇左右，這些思想被彙整為《奧義書》。

這類思想打破了過去儀式性與巫術性的世界觀，並以一貫的原理，有系統、有條理地說明一切的現象。印度哲學的創始者摩希達沙·愛陀奈耶曾試著以「地、水、風、空與乙太」為萬物根源來說明所有事物，摒除過去從神話與巫術探討世界的態度，此法可說是相當

科學筆記 雅利安人的語言屬於印歐語系，因為他們原屬與歐洲白人同樣的民族系統。

古印度各民族遷徙圖

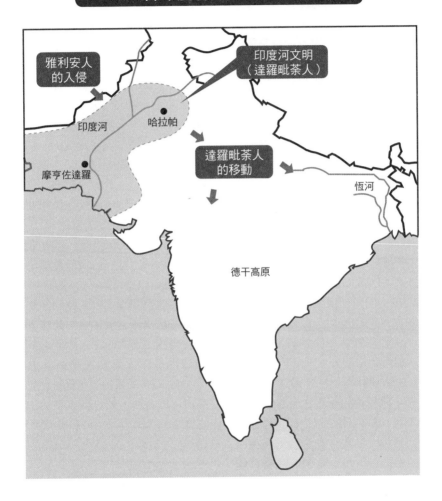

雅利安人
的入侵

印度河文明
（達羅毗荼人）

印度河

哈拉帕

達羅毗荼人
的移動

摩亨佐達羅

恆河

德干高原

科學的方式。

此外，大致同時期筏馱摩那創立了耆那教，喬達摩‧悉達多創立了佛教，此時摩迦陀王國幾乎統一了整個恆河流域。印度河流域雖然曾一度被波斯帝國的阿契美尼斯王朝、以及亞歷山大大帝所征服，但是犍陀羅笈多所創建的孔雀王朝驅逐了這些勢力，在第三代阿育王的時代迎向王朝的全盛時期。於此同時，佛教在孔雀王朝的保護之下不斷發展，西元前三世紀時分支出大乘佛教與小乘佛教，傳播至亞洲各地。

其後又歷經了數個王朝的興衰，當西元前三二〇年笈多王朝成立之後，出現了融合婆羅門教與先住民信仰的印度教，散播到印度全境，佛教與耆那教於是成為僅有少數人信仰的宗教。

在這個時代中，天文學、物理學、數學與醫學都十分地發達。雖然雅利安人開始統治印度時便已存在著以「吠陀」為中心的巫術醫學；西元二世紀左右，曾遍遊印度各地的內科醫生遮羅迦首度將巫術從印度的傳統醫學阿育吠陀中排除，並加以整理修訂。四到五世紀時，與武士、王族關係匪淺的醫師妙聞則進一步地將阿育吠陀改寫成強調外科的樣貌。

「零」的發現與自然法則的萌芽

雖然一般認為幾何學是因為亞歷山大大帝的侵略才傳至印度，但基於貿易所需，代數學在印度很早就受到重視。「零」的概念就是西元前二世紀時出現於印度的一項重要發現。但實際上以「○」標示位數或是以「○」計數，則要一直等到西元五世紀時才出現在數學家阿耶波多所寫的天文學著作裡。

至於印度的天文學，則在雅利安人遷移到印度河流域時發展出稱為「Rita」（譯注：意為先驗秩序）的概念，他們認為天體的運動與季節的遞嬗都是源自於Rita，此概念可說是自然法則的萌芽。除此之外，Rita也是印度思想主體概念之一「Dharma」的根源，這是一種貫穿宇宙、社會與人類之間真理與法則的概念。

科學筆記　十二世紀時的印度數學家婆什迦羅二世曾以商業交易上的負債為例說明負數的概念。

吠陀經典與古印度宗教與哲學的變遷

■四部主要的吠陀經典

名稱	內容
梨俱吠陀	祭司的吟頌韻文
阿達婆吠陀	消災招福的咒語
耶柔吠陀	祭祀時所使用的祭詞
娑摩吠陀	祭祀時的歌詠旋律

■古印度經典與古印度宗教學的變遷

擁有「吠陀」的婆羅門教

- 種姓制度、祭儀主義、形式主義

奧義書哲學

- 重視內在的省思，以一貫的原理有系統、有條理地說明所有事物。
- 萬物根源為地、水、風、空以及乙太。

- 筏馱摩那與喬達摩　悉達多在同一時代分別創立了耆那教與佛教。

印度教誕生

所有學問的源頭——哲學
古希臘與科學

古代希臘孕育出了「純粹科學」，然而純粹科學的發展也助長了因應戰爭而生的「應用科學」。

從遠古到古希臘建立

西元前三〇〇〇年到西元前二〇〇〇年左右，愛琴海周邊曾經擁有過十分興盛的邁錫尼文明與克里特文明，後來又有擁有青銅器文明的人們移居到克里特島，形成了邁諾亞文明。這些文明被統稱為愛琴海文明，西元前二〇〇〇年左右，古希臘人與古羅馬人的祖先南下之前，愛琴海文明以巫術為中心繁盛不已。

希臘人的祖先阿卡亞人在小亞細亞建立起邁錫尼等王國，發展出繁榮的邁錫尼文化的同時，也將克里特文明加以摧毀。這些曾建立起愛琴海文明的人們逃向北方，化身為後世神話中使用巫術的精靈、矮人與哥布林等種族。

邁錫尼諸國在西元前一三〇〇年左右時開始衰退，他們雖然在與特洛伊的戰爭中取得了勝利，但仍然被同為古希臘人的多利安人所滅亡，結束了邁錫尼文明。

古希臘人在西元前二〇〇〇年左右時開始南下到愛琴海沿岸，依據他們所使用的方言，可以區分為好幾個族群；除了多利安人以外，還包括了艾歐利斯人以及愛奧尼亞人等。

這些族群在經過大約四百年的戰爭之後，分別在其所定居的土地上形成了稱之為「Polis」的城邦。他們與使用非希臘語的野蠻人（譯注：意指非希臘人）不同，神所選上的子民「希臘人」使用的都是希臘語，並且擁有共通的意識與神話。但在另一方面，各個城邦又是獨立的國家，彼此之間為了爭奪希臘的霸權而一天到晚地發動戰爭。

就是在這樣的背景之下，古希臘的著名科學家及哲學家才會認為，戰爭乃是「源自於人類的欲望，而霸權的爭奪則是人類的天性」，因此不吝於在戰爭中協助自己所屬的國家。甚至可以說，在最早孕育出對自然法則進行觀察與探求的純粹科學的古希臘時代中，科學因戰爭而得到了進一步的發展也

 科學筆記 今日的科學史皆認為，泰勒斯與繼承了其學派的哲學家德謨克利特等人為原子論的起源。

不為過。

● 愛奧尼亞時期（西元前六○○年～西元前五○○年左右）

古希臘霸權由愛奧尼亞地區掌控的時期就稱為愛奧尼亞時期，而科學於西元前六○○年左右誕生，這一切都從居住於米利都的泰勒斯開始。

泰勒斯藉由對自然現象的詳細觀察而非巫術，成功地預言了日全蝕的發生，他認為水是萬物的根源，並以此一元論（單一元素論）來說明這個世界上的所有現象。泰勒斯對於「物體究竟是什麼？」的思考使得他成為了物理學分支之一的「物體論」的創始者，這同時也意味著人類終於從神話的時代進入到理性思考與科學探索的時代。

後來繼承了泰勒斯思想的米利都學派（或稱愛奧尼亞學派）學者曾分別提出萬物本源是「沒有固定界限、形式和性質的東西」、「空氣」甚至是「火」等想法，但他們都和泰勒斯一樣，試圖以一元論來說明世界上的各種現象。

泰勒斯也精通於天文學與幾何學，是一個具有強烈愛國心的愛奧尼亞國民。他曾經協助過愛奧尼亞的海軍，提供夜間航行法與測量技術，並建立起天球座標系統的基礎。

另一方面，稱為埃利亞學派的學者則嘗試以「多元論」來說明世界。恩培多克勒認為萬物都是由「地」、「水」、「空氣」、「火」這四個元素所組成，當這些元素以不同的比例組合，就形成了自然界的種種變化。

有一個數學家曾經向泰勒斯學習過幾何學，並且獨自到古埃及與希臘等各地遊歷，這個數學家就是生於西元前五八二年的畢達哥拉斯。畢達哥拉斯在學習古埃及幾何學與天文學的同時，也受到古埃及宗教思想的強烈影響。他認為自己所想出來的「畢氏音階」就是神的音樂，並且開創了一個以數學為基礎的獨特宗教。畢氏音階曾經流傳至中國，後來又傳入日本，在當時被稱為「三分損益法」。直到今日，畢氏音階仍然被用來調整鋼琴的音準。

帶有濃厚貴族主義氣息的畢達哥拉斯學派，在政治上也具有極大的影響力，因此針對該學派的反彈力量也隨之不斷地增加。在反對派的運作下，畢達哥拉斯的學校不但被燒毀，還有許多人遭到殺害。當時的畢達哥拉斯雖然僥倖地逃過一劫，但仍然在西元前五○○左右逃亡到義大利的科多拿城時為人所暗殺。

● **雅典時期（西元前四百五十年左右～）**

西元前四九四年，米利都遭波斯軍隊破壞，以雅典為中心的希臘軍隊則在自西元前五〇〇年持續到西元前四四九年的波斯戰爭中取得了最後的勝利。雅典時期於是自此展開，自然科學也以雅典為中心興盛地發展。

生於西元前四七〇年的偉大哲學家蘇格拉底開始活躍的時代，大約是西元前四五〇年左右。他認為「對真理的認識即為德性的實踐」，明確地指出面對自然科學時所應具備的基本態度。

其弟子柏拉圖繼承了他的精神，讓畢達哥拉斯的數學式自然科學進化到另一個階段。他特別重視數學中的幾何學，展現出對天體運行的強烈興趣。柏拉圖提倡世界乃是由造物主以「永恆」為典範塑造而成的自然觀創造論。他認為所謂的「永恆」是一種超越自我、不受任何事物所左右的恆定性實在，其所指向的即為真理，他的「永恆論」被認為是觀念論哲學的起點。

「科學的醫學」誕生

古希臘把太陽神阿波羅之子愛斯科勒皮歐斯當做是醫療之神來崇拜，其神殿同時也是治療的場所。與古埃及、美索不達米亞相同，當時的希臘人深受迷信影響，相信疾病是神因為人的罪過所降予的懲罰，因此主要以巫術或占卜來治療。

西元前四六〇年左右，在最早建造愛斯科勒皮歐斯神殿的柯斯島上，誕生了一位名叫希波克拉底的醫師。希波克拉底的祖父與他的兩個孫子都叫做希波克拉底，而他的弟子當中也有三個人名叫希波克拉底。換句話說，在西元前六〇〇年到西元前三〇〇年之間，名為希波克拉底的醫師就有七位。

第二代的希波克拉底是世界上最早發展出科學概念的醫師，他曾一面旅行一面從事醫療，足跡遍及整個古希臘。對於旅途中不斷累積的豐富經驗，他捨棄掉錯誤迷信與巫術的部分，只留下合乎理性的治療方式，讓醫學成為了一門科學。此外，他主張疾病並非來自神明的降罰，勸導人們維持有益健康的環境，並進行適度的運動。

原子論的起源

西元前四六〇年，德謨克利特誕生於希臘半島南岸一個名叫阿布德拉的城市，後來他成為希波克

科學筆記 《畢達哥拉斯的音階》（古村亮子著）是一本與畢達哥拉斯有關的有趣作品，為一部描寫調音世界的音樂小說。

拉底的好友。德謨克利特曾經前往印度與埃及等地遊學，寫下了天文學、數學、倫理學以及藝術學等範圍廣泛的書，可惜的是這些書到今日大多已經佚失。

德謨克利特認為萬物的根源乃是「Atomos」（譯注：無法分割之物）與「Atomos」之間的「Kenon」（譯注：虛無的空間或真空）。「Atomos」也就是今日所說的「原子（atom）」最早的概念，德謨克利特的想法與泰勒斯的哲學同樣被

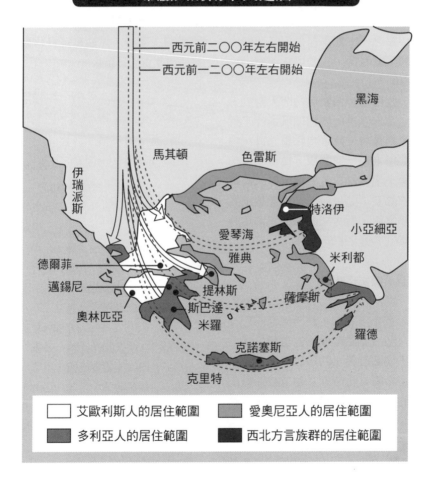

希臘人的南下與定居

— 西元前二〇〇年左右開始
— 西元前一二〇〇年左右開始

黑海

馬其頓　　色雷斯

伊瑞派斯

愛琴海

特洛伊

小亞細亞

雅典

米利都

德爾菲
邁錫尼

提林斯

薩摩斯

奧林匹亞

斯巴達
米羅

羅德

克諾塞斯

克里特

□ 艾歐利斯人的居住範圍　　　■ 愛奧尼亞人的居住範圍
■ 多利亞人的居住範圍　　　　■ 西北方言族群的居住範圍

當成是原子論的起源，但是德謨克利特僅在觀念上提出他的想法，實際上並不能稱做物理學家。

● 萬學之祖亞里斯多德

柏拉圖的弟子亞里斯多德（西元前三八四～西元前三二二），是整合畢達哥拉斯、柏拉圖以及米利都學派以來對於世界根源的想法、集希臘科學之大成於一身的人。亞里斯多德是馬其頓國王腓力二世宮廷侍醫之子，他不但是王子亞歷山大的家庭教師，也曾擔任亞歷山大的軍師。

亞里斯多德與他的門人對於人類以及自然界的各種領域進行了哲學上的探討。除了生物學之外，自然科學上包括運動學、機械學、天體論、宇宙論以及氣象學等，他都曾經論及。亞里斯多德因此被稱為萬學之祖，對後來的中世紀羅馬時代產生了極大影響。

● 泛希臘文化時期

從西元前三二三年左右亞歷山大大帝死後開始，到西元前三〇年埃及豔后克麗歐佩特拉自殺、托勒密王朝滅亡為止的這段時間，被稱為泛希臘文化時期。建立於亞歷山卓的亞歷山大圖書館裡，聚集了希臘的所有學者，將希臘的理性主義傳統與古代東方的實證知識加以融合，讓希臘的科學迎向了前所未有的高峰。

其中的代表性人物包括有幾何學大師歐幾里德，以及身兼數學家與工程師的阿基米德等人。阿基米德曾開發出包括武器在內的工程技術，並寫下《機械論的方法》一書。他也是一個追求在戰爭中獲勝的愛國主義者，無論是純粹科學或應用科學都十分擅長。

科學筆記　在一九九八年時獲頒獨立精神獎最佳原創劇本獎的驚悚懸疑片「π」裡，曾經出現過一部名為「歐幾里德」的超級電腦。

泰勒斯的成就

- 預言日全蝕的發生
- 物體論的創始者
  認為萬物的根源是「水」→米拉都學派繼承了其一元論
  另一方面，埃利亞學派的恩培多克勒則認為萬物是由「地」、「水」、「空氣」、「火」這四個元素所組成。
- 提供海軍軍艦的夜間航行法與測量技術。

畢達哥拉斯的成就

- 帶領畢達哥拉斯學派證明了許多幾何學命題，並留下許多的定理。
- 發明畢氏音階

蘇格拉底的成就

- 提出面對自然科學時所應具備的態度

柏拉圖的成就

- 使畢達哥拉斯的數學進一步地發展
- 探討天體的運行
- 以「永恆論」開創了觀念論哲學

亞里斯多德的成就

- 打破了柏拉圖主義的觀念主義
- 將科學體系化
- 開創了各種學問
- 最早將宇宙論加以體系化

亞里斯多德的宇宙體系

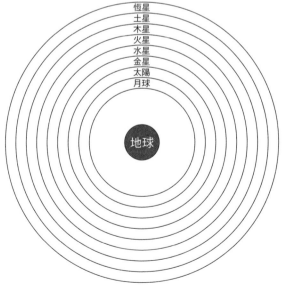

恆星
土星
木星
火星
水星
金星
太陽
月球

地球

地球位於宇宙的中心，其外側依序圍繞著月球、太陽、金星、水星、火星、木星、土星等星球，而在最外面的則是恆星。

37

羅馬人對「科學」極為遲鈍
古羅馬時代

羅馬人雖然在土木、水道、道路等工程技術上發揮出才能，但卻未繼承希臘人的理論科學，或者應該說，他們根本對科學一點興趣也沒有。

以城邦型態誕生的羅馬

西元前九世紀左右，移居至義大利半島的希臘人與擁有維拉諾瓦文化的伊特魯里亞人曾經在此建立起城邦。後來羅馬人以奴隸制度下的平民階級所組成的重裝步兵征服了伊特魯里亞人，吸收其文化建立了名為羅馬的城邦。

羅馬藉由其工程技術，不但一一地征服了周邊的國家，最後還征服了希臘以及亞歷山卓。希臘的科學家與工程師因此成為羅馬人的奴隸，被分派去執行武器的保養與擔任羅馬軍隊的科技顧問。

如此一來，雖然有大量的科學典籍落入羅馬人的手中，但卻連一本也不曾被翻譯成拉丁文，大部分都只被當成裝飾品，成堆地擺放在有力政治家與富商的豪邸裡。

羅馬帝國統治下的希臘科學

即使受到羅馬的統治，希臘的科學家依然持續地進行著科學研究。

數學家海倫曾發明包括蒸氣機在內的各種自動機器，可惜的是，對羅馬人來說，利用機械來自動執行工作還不如維持奴隸制度來得便宜，因此海倫的發明並未受到重視。此外，托勒密將希臘的理論天文學與古代東方的觀測紀錄予以彙整，完成了數理天文學體系。

即使如此，神祕主義依然是這個時代的基調，因此愈是固執於古代希臘科學的傳統，反而愈容易僵執在所謂的「純粹理性」，傾向於服膺古典的解釋而非自然觀察的結果。

醫學家伽列諾斯

在醫學上，羅馬人幾乎是原封不動地借用希臘人的醫學。而且和古埃及一樣，當時醫師的地位低下，醫療業也被認為是個卑賤的行業。

伽列諾斯在西元一二九年出生於白加孟，他一方面十分地忠於希波克拉底的學說，但一方面又把曾

科學筆記 根據新約聖經的福音書，耶穌基督的職業是傳教士以及周遊各地的治療師，而他唯一的希臘籍弟子路加也是醫師。

被希波克拉底所捨棄的治療方法拿來使用。他留下了許多著作，對後世帶來非常大的影響。羅馬以來的整個中世紀之間的醫學與藥學都與他的著作密不可分，直到他的學說被發現有錯誤，醫學才又有了進一步的發展。

古羅馬的衰退與繼承科學的伊斯蘭世界

　　羅馬人相信他們擁有著無論何時都能征服整個世界的武器、兵力以及財富，而且認為自己無所不知。因此他們不只對科學在軍事上的應用興趣缺缺，甚至對於所有的科學都毫無興趣。四世紀後半，羅馬雖然曾經遭受哥德人等日耳曼民族的入侵，但隨即以壓倒性的軍事力量將之驅逐，然而他們也因此陷入了對自身的軍事力量過於自信的迷思當中。於是，當西元三七八年哥德人以使用鐵製馬鞍與馬鐙的重騎兵擊敗羅馬人之後，羅馬終於踏上衰退之路，古羅馬因此迎向了終點。

　　西元四○○年以後，歐洲邁入了長達近一千年的中世紀時期，而誕生於古希臘的科學則為伊斯蘭世界所繼承。

伽列諾斯學說認為血流和人類精氣的產生有關

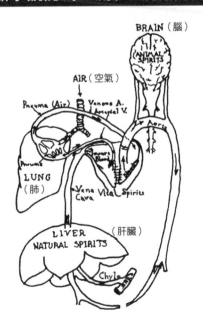

思想比自然科學更受重視
古代中國與科學

最早誕生在古代中國的科學是經驗醫學與天文學，除了那些自古流傳下來的神話之外，其詳細的起源並不清楚。

黃河文明與神話中的醫療之神

西元前五○○○年到四○○○年之間，黃河中下游流域出現了稱為「彩陶文化」的新石器文明，當時的人類已經開始實行農業、飼養家畜，並且使用磨製的石器或彩陶（彩繪陶器）等器具。之後在西元前二○○○年到西元前一五○○年之間，則出現了以黑陶為特徵的「黑陶文化」。

換句話說，黃河文明包括了彩陶文化與黑陶文化兩個時期。除此之外，在西元前四○○○年以前，長江的下游流域也曾出現擁有彩陶、黑陶，以及高架式木造房屋的古代文明，實行著大規模的稻作。

中國古代神話中為人所尊崇的三皇五帝之一的神農氏（炎帝），除了製作農具以及教導人們如何耕作之外，傳說還曾以身試毒親嚐百草，挑選出有用的藥草。實踐了經驗醫學的神農氏因此被當成是醫藥之神來崇拜，神農氏的治世長達八代，延續了五百三十年。這個時代尚未出現文字，中國最古老的醫書《神農百草經》乃是假託神農氏的名義，實際上的著者並不明，成書的時間大約是在西漢中期到東漢中期之間。

同為神話人物的黃帝，弭平了神農氏威權衰退之後的諸侯爭戰，他製作曆法，開創了中國的天文學，還曾從事解剖學、生理學與病理學的研究，並施行德政。黃帝活躍的時期大約是彩陶文化的全盛時期，此時文字仍然尚未出現。假託黃帝之名的醫書《黃帝內經》，其作者與年代均不詳，但由西漢時的圖書目錄已有相關記載一事可知，此書在西漢之前就已經存在，但由於原本早已佚失，因此並無法得知其內容為何。

至於現存的《黃帝內經素問》與《黃帝內經靈樞》，雖然一般認為與佚失的《黃帝內經》有關，但並無法確認其真實性。比起其他的古文明，古代中國神話中有許多的醫師存在，由此可知當時中國對醫

科學筆記　周朝時曾設有醫師這項官職。漢朝時，醫學的相關知識稱為「方技」，醫學書籍則稱為「方技書」。

40

學的重視與對醫師的尊崇。

因戰爭而普及的鐵器

殷商時，國政因著名的暴君紂王而陷入混亂，周文王和周武王父子於是發起叛亂。他們在西元前一〇二七年推翻殷商王朝，建立起以血緣關係為基礎的封建制王朝周朝。

然而隨著世代的遞移，諸侯之間的血緣關係漸趨薄弱，再加上異族不斷入侵的影響，終於造成周朝封建制度的崩潰。首都受到異族的侵略之後，周朝的權威一落千丈，開啟了從西元前七七〇年開始，長達五百年的戰亂時代－春秋戰國時代。

在這個時代中，原本在周王朝支配之下的諸侯紛紛宣布獨立，為了爭奪霸權而彼此交戰，鐵器就是在這個過程中普及開來。之後，鐵製農具迅速普及，使得農業的生產效率呈現了飛躍性的成長。而儒家的孔子與道家的老子、莊子等許多思想家也在這個時期出現，他們被統稱為諸子百家。

紙的出現

大約在春秋戰國時代結束到秦始皇統一中國（西元前二二一年）的這段期間內，最晚在西漢成立之前，就已經出現了紙；最早發明紙的人不詳，加上當時的紙質十分地粗糙，因此並未普及開來。一直到西元一〇五年，東漢宦官蔡倫將過去的紙予以改良，才讓紙取代了木簡與竹簡而普及開來。而後到了宋朝，紙才經由伊斯蘭世界傳到了歐洲。

雖然紙對於中國文化的發展具有極大的貢獻，但在自然科學的發展上則幾乎沒有助益。這是因為比起以客觀觀察為基礎的自然科學，中國更重視諸子百家等的思想。然而當戰亂持續，思想家的權威衰退之後，從西元五世紀的南北朝時代開始，自然科學終於開始發展起來。

世界充滿了無「神」便無法解釋的不可思議的事物
古代人的時間觀與歷史觀

古希臘的「混沌」概念與今天所說「混沌理論」，在本質上是完全不同的東西。

「柏拉圖年」的循環式時間觀

在古代，大多數的人都認為時間是以某個特定的週期而不斷地循環著。當週期結束時，就會出現巨大的災難毀滅世界，再以全新的世界重頭開始。這種存在於吉爾加美斯神話與創世紀神話中的概念最早誕生於美索不達米亞，之後才傳到了希臘與印度。

由於日、月、年等週期的概念皆源自於太陽與月亮，因此古代人根據這些週期性，認為整個宇宙應該也會不斷地誕生與毀滅，從而認為這種週期性是同樣適用於神所創造的自然萬物上的真理。

柏拉圖將所有行星回歸到其初始位置的週期稱為「完全年」，他認為地上的所有事物都會隨著這個週期而再度地回到原點。其後的斯多葛學派學者，包括西元二世紀時的羅馬哲學家皇帝爾庫斯·奧勒里烏斯在內，也都篤信這樣的說法。

混沌與宇宙秩序的歷史觀

古代人認為，歷史並非由單一發生的事件所串連而成，而是如同神話所說的那樣，發生過的事物會不斷地重覆發生。若以一年的期間來說明，宇宙在一月時創生，接下來社會與個人的罪業與污穢不斷地累積，到了年尾時終於變成了一團混亂（Chaos）。而隨著宇宙再一次的創生，宇宙秩序（Cosmos）將又回復至最初。在神話裡，「Chaos」這個詞原是用來象徵「混亂」，直到希臘時代才被哲學家用來表達「混沌」的意思。

無論如何，古代人在描述宇宙、世界，或是人類本身時，都不得不用上「神」這樣的概念，因為對當時的人類來說，這個世界充滿了太多不可思議的事物。即使今日，科學家依然抱持這樣的想法，並視其為科學發展的原動力。

這裡所提到的「混沌」就是這一切不可思議事物的泉源，人類對於混沌與宇宙秩序之間關係的觀察與窮究也成為自然科學的出發點。

 科學筆記　在古代有許多民族認為時間是週期性的，但猶太人擁有的卻是線性的時間觀。

除此之外，「混沌」也對哲學與思想產生了巨大的影響，自然科學、哲學與思想在希臘於是合為一體。

至於西元一九六一年之後出現的「混沌理論」裡的「混沌」，只是在某種懷舊氛圍下的命名，其本質與希臘人所說的「混沌」完全不同。

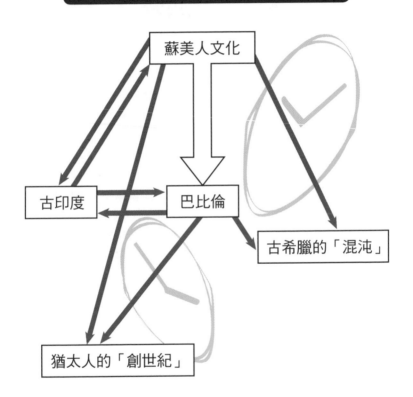

創世紀與各文明時間概念的影響

蘇美人文化

古印度

巴比倫

古希臘的「混沌」

猶太人的「創世紀」

攻防技術的進步推動了科學的發展，也讓科學普及開來

古代的戰爭與科學

就理想而言，科學應該為了科學本身不斷探究發展，然而被贊助者認定為非必要領域的科學往往會停滯不前，這是自古以來不變的定則。

戰爭促進了製鐵技術的傳播

消滅了古巴比倫王國，以小亞細亞為中心建立龐大勢力的西台王國，曾藉著鐵製武器與雙輪馬車威脅古埃及。之後，以巴爾幹半島為中心擴展勢力的亞述王國殲滅了西台王國，原由西台王國所獨占的製鐵技術於是傳播到各地。正如這樣，促進科學技術傳播的往往都是戰爭。

亞述王國之所以在西元前六一二年時完全崩壞的原因有二：雖然亞述王國的領土不斷擴張，但卻不曾出現一個能夠統治這片土地的有能君主，這是亞述王國崩壞的第一個原因；而另一個原因則是優秀科學家與技術人才的外流。

當時腓尼基人在貿易中取得了巨大利益，為了維持對地中海經濟的支配力，曾經大量買進優秀人才。然而，領先世界帶動科學發展的不是腓尼基人，而是眾多小型城邦彼此競爭較量的古希臘。

平時探求真理，戰時為國奉獻的科學家

蘇格拉底雖然跟泰勒斯一樣愛國並熱愛知識，但他並未因此對戰爭抱持著否定的態度。蘇格拉底認為：「戰爭是人類慾望的產物，也是人類自然本性的表現。」

柏拉圖則說：「人類是生存於城邦中的社會性動物。」身為城邦的一員，即使在與他國的戰爭中戰死也是理所當然的，柏拉圖認為科學家應該凝聚科學的力量，協助自己的國家獲得勝利。

此外，亞里斯多德雖然曾說過：「純粹科學的理想就是單純對科學自身的探求」，但對於波斯，他也懷抱著明確的敵意，認為身為亞歷山大大帝的家庭教師或是作戰參謀，活用科學來求取希臘的勝利是理所當然的事，可見他對於愛國心亦是持著肯定的態度。

由此可見，希臘科學家在和平時期以純粹的好奇心探求科學真理，然而當自己的國家遭遇戰事

時，他們則認為尋求科學在戰爭上的應用是身為一個國民的義務，而這也是希臘科學發達的原動力之一。

科學家在戰爭中貢獻心力並不只侷限於古代。回顧人類科學的歷史就可以知道，無論是哪個時代，能夠在科學領域取得優勢的國家或民族，往往便能夠在戰爭中獲得勝利，事實上，擁有高度科學的國家的確也都是各個時代的世界霸主。

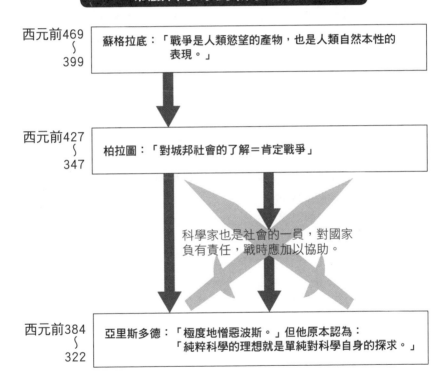

希臘科學家對戰爭的看法

西元前469〜399　蘇格拉底：「戰爭是人類慾望的產物，也是人類自然本性的表現。」

西元前427〜347　柏拉圖：「對城邦社會的了解＝肯定戰爭」

科學家也是社會的一員，對國家負有責任，戰時應加以協助。

西元前384〜322　亞里斯多德：「極度地憎惡波斯。」但他原本認為：「純粹科學的理想就是單純對科學自身的探求。」

愛國主義者阿基米德
希臘科學的精神

不應以找不到歷史人物相關文獻為由，輕率地對歷史人物做評斷。

阿基米德的真實面貌

希臘的科學家認為，為了自己的城邦甚至是希臘社會的繁榮，資訊的公開與共享非常重要。正因為如此，他們才會留下為數驚人、以希臘文寫下的學術書籍。

出身於敘拉古的科學家阿基米德（前二八七～前二一二）也不例外，為了守護自己的國家與同盟，他以自身的科學知識開發出許多讓敵人嚐盡苦頭的武器。除了記載純粹科學研究成果的書稿之外，他還留下許多記載戰爭相關應用科學的作品。然而征服了希臘的羅馬人，因軍事力量極為強大，因此十分輕視科學，對阿基米德的著作根本視而不見。

因此在中世紀的修道院裡，阿基米德所留下的手稿中與應用科學有關的部分被整面塗白用來抄寫聖經。這是因為當時的羊皮紙十分匱乏，而羅馬的修道士中又沒人懂得希臘文，因此沒有人了解這些手稿的價值。

「阿基米德不願將自己在應用科學上的成就傳給後世，是一位堅守純粹科學理想的科學家。」這乃是後世的科學家對阿基米德的錯誤認識，如果阿基米德聽到了這番話，不知他會說些什麼？事實上，他也是一位立誓效忠祖國的科學家。

是否該在戰爭中奉獻心力？從古希臘至今，仍然是科學家在「純粹科學」與「應用科學」之間所需面對的兩難。

科學
筆記
阿基米德的《機械論的方法》，就是因為在羅馬時代時被覆寫上了經文，導致長年以來都沒人知道這本書的存在。

在文明發祥以來的興亡更迭中，科學不斷地發展傳播

古代文化中的科學系譜

除了被稱為四大文明的古文明之外，古代還有許多各式各樣的文明，在其中也萌生了科學之芽。

伊朗傳統文化因貿易而繁榮

亞歷山大帝國分裂後，塞琉古王朝繼承了其中一部分。當塞琉古王朝的統治力量轉弱之後，伊朗人在札格羅斯山脈東方（今伊朗附近）建立起安息王國。而在此之前，希臘人也早一步在附近建立起大夏王朝。

安息王國與大夏王國皆受到泛希臘文化的強烈影響，從事著天文學與醫學的研究。安息王國原本希望能夠建立起中央集權制度，但最後還是脫離不了有力家族的集合體的這種游牧民族特性，他們與所征服的先住農民進行融合，深受農民文化的影響。在經濟方面，安息王國因獨占東西方貿易的利益而極度繁榮，也因此營造出讓科學家得以接觸到世界知識的環境。後來安息王國因羅馬的入侵而逐漸衰弱，最後終於在西元二二六年被波斯帝國的薩珊王朝所滅亡。

波斯帝國的薩珊王朝將安息王國所信仰的祆教（譯注：或稱拜火教）定為國教，並繼承了安息王國的文化。阿契美尼斯王朝以來的伊朗文化傳統得以復興，過去因貿易與戰爭而出現的為數眾多的佛教徒、基督徒與猶太教徒等也進行了融合，創造出獨特的以救濟為目的的宗教摩尼教（譯注：或稱明教）。

由於貿易的關係，薩珊王朝與其他異文化的接觸增加，以金、銀、青銅、玻璃等為材料的工藝技術也更加進步，製作出色彩鮮豔、樣式多變的絹織物與陶器。之後，這些技術與薩珊王朝的美術樣式都被後來的伊斯蘭時代所繼承，而希臘科學也得以在伊斯蘭世界中持續發展。除此之外，這些成就向東經由時值南北朝與隋唐時代的中國，傳至飛鳥、奈良時代的日本，為當時的中國與日本帶來極大的影響。往西則是經由拜占庭（譯注：或稱東羅馬）帝國影響了地中海周邊的藝術風格。

科學筆記　阿基米德認為科學家為了祖國而在戰爭中貢獻心力是理所當然的事，他曾經批判那些戰爭發生時不願協助祖國的科學家。

47

亞洲內陸的騎馬民族

西元前四〇〇〇年左右開始，小亞細亞所製作的彩陶在蘇美人統治美索不達米亞時，便已經由阿拉伯半島傳到了印度，稍晚之後也透過串連綠洲而成的商路傳至中國的黃河流域，對黃河文明特徵之一的彩陶文化的形成帶來了重大的影響。據推測，至少在西元前三〇〇〇年前，橫跨亞洲東西的商路已然成形，成為後來絲路的原型。

建立起這條綠洲商路的，是世界上最早的游牧騎馬民族月氏人。他們在西元前七世紀左右首度出現於南俄羅斯的原野上，並在西元前六世紀時建立了跨越黑海周邊、南俄羅斯、以及北高加索草原的強大王國，甚至曾經與阿契美尼斯王朝波斯帝國以及亞歷山大大帝交戰。

從月氏人那裡學習到騎馬技術的游牧民族在各地形成了強大的勢力，西元四世紀時分別建立起西方的薩爾馬泰（譯注：或稱悉萬丹）與東方的匈奴等游牧國家。月氏人會製作黃金的壺具，亦會使用製鐵技術，這些也都為亞洲內陸的騎馬游牧國家所繼承。

串連沙漠綠洲而成的商路於西元前三世紀左右時興起，當時為大規模商隊進行貿易時必經的通路，而商隊貿易所帶來的巨大利益也帶動了綠洲國家的建設。當時從事貿易的代表商人包括有中亞的撒馬爾罕人，以及居住在布哈拉地方粟特的粟特人。

西元五世紀到九世紀之間，是商業活動最為興盛的時期。由於粟特人利用這條商路來運送中國所產製的絲綢，這條綠洲商路於是被稱為絲路。東西文化裡各式各樣的工藝技術與科學技術就在這條商路上絡繹不絕地往來，運用這些技術所生產的商品也被來回運送進行貿易。

後來突厥人開始活躍於絲路，西元九世紀中葉時稱為突厥斯坦（譯注：或稱土耳其斯坦）的勢力成立。九世紀後半時，突厥斯坦被納入伊朗語系的伊斯蘭政權薩曼王朝的統治下成為伊朗，亦即伊斯蘭文化的中心。在那裡，伊斯蘭文化與科學的研究仍舊持續不斷地發展。

 科學筆記 阿拉伯人屬於騎乘駱駝的游牧民族，早在西元前九世紀時，阿拉伯商隊便已到達亞述王國，四世紀時更成為羅馬與薩珊王朝的外患。

古代諸文明興亡的時間軸

西元前	中國	印度	伊朗
500	春秋時代		阿契美尼斯王朝
400		摩揭陀	
300	戰國時代	孔雀王朝	
200	秦		安息王國
100	西漢		
0	新	貴霜王朝	大夏王朝
西元100	東漢		大月氏
200			
300	魏晉南北朝	笈多王朝	
400			薩珊王朝
500			
600	隋		
	唐	戒日王朝	伊斯蘭帝國

絲路的發祥之地——撒馬爾罕

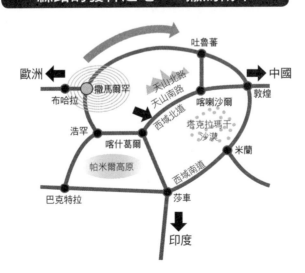

歐帕茲之謎與驗證

歐帕茲（OOParts）（譯注：超越文明的工藝）是 Out of Place Artifacts 的縮寫，指的是在考古學上不該出現的遺跡或文物。目前世界各地已經發現了為數眾多的歐帕茲。然而這些東西只是現代人對照歷史所做出的「與時代不符」的判斷，並非表示是神所創造出來的東西。

理所當然地，這些遺跡文物裡有許多是為了宗教的理由而製作的。例如墨西哥北部阿坎巴羅所發現的恐龍土偶，雖然是西元前四五三〇年左右所製作的，但假若這不是恐龍，只是巫術上惡魔的象徵，那就不是什麼不可思議的東西。換句話說，以現代人有限的知識來解釋，有時反而會創造出一些偏離事實的奇說。

南極大陸雖然直到西元十九世紀才為西方人所發現，但早在皮瑞·雷斯於一五一三年所繪製的地圖上就已經出現了南極大陸。然而最近研究發現，在更早之前的明朝，中國船隊早已航向世界海洋，如此一來，即使皮瑞·雷斯真的知道南極的存在，也就不是那麼不可思議的事了。

除此之外，還有像是復活島上的摩艾石像、古巴比倫的電池、哥斯大黎加的石球，以及那斯卡的平原巨畫等，歐帕茲多的不勝枚舉。或許隨著考古學研究上的進展，這些謎團都可以一一被解開。截至目前為止，我們對於歷史的認識其實還是非常少。

然而即使所有的歷史之謎全都解開，有趣的幻想世界應該還是會存在於人們的腦海裡吧！現代科幻小說的傑出作品，將來應該仍會繼續受到人們的喜愛，其中應該有不少作品是以歐帕茲為題材。科幻小說所寫的說不定就是事實，如此幻想也是一件非常愉快的事，而這種樂趣與研究歷史時所得到的快樂，在本質上或許是相同的。

第**2**章

引領中世紀的
伊斯蘭科學時代

	西元	
穆罕默德去世	632	
阿拉伯人占領撒馬爾罕	751	造紙術傳入
阿拔斯王朝建都於巴格達	776	
	828	於巴格達開設「智慧之館」
	970	比魯尼提出地動說（十世紀）；哥多華成立圖書館與科學家學會
塞爾柱王朝成立	1071	
	1080	札卡利發表《托利多天文表》
伊伯利亞人奪回托利多	1085	賈沙里發表《機械工藝科學》
蒙古人占領巴格達	1258	中國的紙、印刷術與火藥
阿拔斯王朝滅亡		傳入波斯地區

伊斯蘭教席捲了廣大的地域與多樣的民族
伊斯蘭教的教誨與經濟的繁榮

伊斯蘭的廣大地域使其很早就了解貿易的重要性，因而獲得經濟上的繁榮。此外，伊斯蘭教的特質也對伊斯蘭的文化發展做出了貢獻。

穆斯林與麻瓦利的關係

伊斯蘭教是如此教導信徒的：人類在最初時原本是個共同體，但因為彼此之間的紛爭而導致分裂。於是神便派遣先知到各個族群，將人們引導到正確的道路上，而這些先知包括了亞當、諾亞、亞伯拉罕、摩西、大衛、以及耶穌等人。而最後也最偉大的先知則是穆罕默德，《古蘭經》便是他的教誨書，書中向人們宣揚伊斯蘭教的信者一律平等。

當西元六三二年穆罕默德去世後，信仰伊斯蘭教的阿拉伯人開始強化其征服行動，只要被征服者願意改信伊斯蘭教成為麻瓦利（指原信仰其他宗教的改宗者），就不會受到與阿拉伯人不同的差別待遇。

然而，即便如此，改信伊斯蘭教義以外的差別待遇實際上還是存在。即使在西元七五〇年阿拔斯王朝統治伊斯蘭帝國之後，依然存有不平等的賦稅制度。只是此時麻瓦利已獲准得以進行較為自由的經濟

活動，西元七七六年首都巴格達興建完成之後，貿易更為帝國帶來了繁榮的經濟發展。

經濟繁榮促進其他民族的活躍

在伊斯蘭社會裡，經濟活動的中心雖然是信仰伊斯蘭教的商人，但是基督教徒或猶太教徒同樣被允許從事商業活動。在阿拔斯王朝成立前後，除了伊斯蘭世界的商品交易蓬勃之外，阿拉伯人、伊朗人等穆斯林商人也開始將觸角伸向中國的絹織物與陶磁器、印度與東南亞的辛香料，以及非洲的黃金與奴隸等，造就出許多富商，與工匠一併成為都市社會的中層階級。

在經濟上極為富裕的阿拔斯王朝制定了伊斯蘭法典，主張穆斯林一律平等，並拔擢伊朗人擔任政府要職，使得阿拉伯人的優越地位漸漸低落，而賦稅方法也終於趨於公平。

除此之外，伊斯蘭社會還廣納伊斯蘭世界以外周邊地域的伊朗

 科學筆記 西元前十世紀之後，非洲內陸雖然也曾出現過許多王國，但直到西元八世紀時，才藉著貿易的機會融入了伊斯蘭世界，後於十五世紀時迎向全盛時期。

52

人、土耳其人,以及印度人等,靈活地運用各民族的優秀人材。伊斯蘭政治以伊斯蘭法典為基礎,由稱為「哈里發」的國王來管理國家,因此只要符合法律的解釋,無論是出身自哪一種民族的知識分子都能夠擔任這個職位。此外,由於當時以阿拉伯語為官方語言,因此著書出版等活動必須全部使用阿拉伯語。

為數眾多的伊斯蘭國家誕生

隨著經濟發展領土擴張,阿拔斯王朝的哈里發政治愈來愈難以顧及帝國的每一個角落。某些地方上的豪強開始拒絕繳稅,甚至宣布獨立。

這股風潮在西元九世紀之後愈來愈明顯,十世紀中葉至十一世紀間,伊斯蘭世界的結構出現了重大的變革,許多伊斯蘭國家一一成立。然而在分裂的同時,伊斯蘭世界也向西擴展到非洲內陸與伊伯利亞半島,往東則擴展至維吾爾一帶。

伊斯蘭文明的特徵

在伊斯蘭世界裡,通常是以哈里發或蘇丹(指統治者)、高級官員、高階軍人,以及富商等富裕階層的捐款來興建清真寺、學校、醫院、以及商隊旅舍等各種設施,興

建完成後的管理與維持費用,也同樣透過捐款來支應。

伊斯蘭文明不僅是以阿拉伯人的伊斯蘭教和阿拉伯語為中心、同時也融合了所征服土地的文化遺產,同時也是一個以都市為中心的文明。

伊斯蘭教主張凡信仰者皆一律平等,並且廣泛接納各個民族,因而形成了伊朗伊斯蘭文明、土耳其伊斯蘭文明,以及印度伊斯蘭文明等兼具地域獨特性與整體伊斯蘭世界共通普遍性的文明。這一點也是伊斯蘭文明的特徵。

各種知識皆被翻譯為阿拉伯語

由於伊斯蘭世界吸納了各式各樣的民族，因此除了伊斯蘭教之外，亦深受信仰其他各種宗教的人們所影響。

異文明巫術以學問的形式發展

被阿拉伯人視為中亞統治中心的馬伏、以及亞歷山大大帝所開發的巴爾赫等印度西北部城市，除了是連接印度、中國與西亞的交通要衝之外，也經由海路連結亞歷山卓。

印度的天文學、巫術醫學、占星術以及數學便因此而傳入了伊斯蘭世界。除此之外，伊斯蘭還繼承了古代巴比倫的巫術、天文學；薩珊王朝與小亞細亞所信仰的祆教（譯注：祆教即瑣羅亞斯德教，南北朝時傳入中國後又被稱為襖教或拜火教。有些學者認為猶太教中的天使與惡魔二元論及末世思想大多源自於祆教，並從而影響了後來的基督教與伊斯蘭教）、米斯拉教（譯注：或稱波斯拜日教、密特拉教，源自於西元前七世紀，崇拜太陽神米斯拉。羅馬帝國時期時極為盛行，為基督教的主要競爭對手）等宗教；以及其他相關的巫術神祕主義。這種種的影響除了成為伊斯蘭社會接受異民族學問時的基礎，也使得伊斯蘭教孕育出神祕主義之芽，伊斯蘭思想因而普及至民間。

換句話說，當各種與宗教有關的巫術以文化遺產的形式傳入之後，便與禁止偶像崇拜的伊斯蘭教以及古希臘的科學遺產相互融合，轉變成適合伊斯蘭世界的型態，而為其所吸收。在這當中，巫術的型態也產生了變化。為伊斯蘭社會所接納的部分異民族巫師，在伊斯蘭世界生存下來一展長才，至於反抗者則遭到了滅亡的命運。

基督教與敘利亞人的活躍

在阿拉伯人的大本營——阿拉伯半島上，除了猶太教徒之外，還聚集了許多分屬不同教派的基督徒，穆罕默德便是透過猶太教徒與聶斯托里教派而認識到猶太教與基督教的一神教教義。聶斯托里教派不承認耶穌的神性，與伊斯蘭教不承認穆罕默德的神性是一樣的（譯注：伊斯蘭教徒崇拜的是真主阿拉，穆罕默德則是他們最尊敬的先知。穆罕默德去世後，有人曾想奉他為神靈，但他的繼承

科學筆記　《天方夜譚》（譯注：或稱《一千零一夜》）是一本彙集了印度、伊朗、阿拉伯、希臘等各文明的故事集，也是各種文明在伊斯蘭融合成為一體的絕佳例子。

者表示：「如果你們崇拜的是穆罕默德，則他已死了；但如果你們崇拜的是真主，則祂永遠存在」）。事實上，倭馬亞王朝之後的哈里發們都承認聶斯托里教派的教會，並予以保護。也正因為如此，包括泛希臘文化在內的種種希臘遺產，才得以透過聶斯托里教派而傳到伊斯蘭社會。

在設置於敘利亞的研究所裡，除了有來自雅典的哲學家，以及印度、希臘的醫師之外，還有許多出身自敘利亞的學者。例如將亞里斯多德、希波克拉底，以及伽列諾斯等人的著作翻譯成敘利亞語的塞爾基歐斯，就是薩珊王朝所成立的榮迪沙帕爾研究所的學者之一。

當時敘利亞人活躍的區域，即

是現今敘利亞、黎巴嫩、約旦、以色列，以及部分土耳其所形成的南北狹長區域。由於長期與各文明持續地接觸，使得這個區域擁有高度的文化水準。伊斯蘭世界統治這個區域之後，從西元八世紀到九世紀之間，以敘利亞語或希臘語撰寫、記載著各種學問的相關書籍紛紛被翻譯為阿拉伯語。當然，以波斯語或印度語所寫成的學術書籍也同樣被翻譯成阿拉伯語。

這就是伊斯蘭世界科學在世界上取得領先地位的開端。藉由將廣大地域上所傳承下來的大量知識與技術翻譯成單一語言，讓有興趣的學者都能在不同的知識領域裡，兼具深度與廣度地進行知識的再建構。

後來成為英文的阿拉伯語

化學	alcohol（酒精）／alchemy（鍊金術）／alkali（鹼金屬）／amalgam（汞齊、汞合金）
數學	algebra（代數）／algorithm（演算法）
醫學	gauze（紗）
天文學	altair（河鼓，牛郎星）／vega（織女星）
農作物	asparagus（蘆筍）／cotton（棉）／sugar（糖）

※歐洲向伊斯蘭文明學習甚多，在今日留存的歐語語彙裡便可找到許多線索。據說中世紀時的西班牙語與葡萄牙語中所包含的阿拉伯語彙多達1325個。而「ジュバン」(gibão，襦袢，穿著和服時的內衣)、「ズボン」(jupon，長褲)等語彙，也被認為是阿拉伯語的日語化。

55

信仰與理性的調和
古希臘與伊斯蘭世界的科學

伊斯蘭世界在成立過程中受到各種民族的影響，希臘的科學也在此時傳入。

哈里發與富商對科學的保護

除了原本以伊斯蘭教義為基礎的學問外，伊斯蘭教徒還廣泛地接納了為其所征服的異民族外來學問。例如位於伊朗西南部的榮迪沙帕爾研究所，便曾研究伊斯蘭之前的古希臘、美索不達米亞與印度的學問，將這些知識譯為敘利亞語或中世紀波斯語，而取得了研究上的進展。

就這樣，成功繼承了泛希臘文化的阿拉伯人，為促進商業發展與提升文化水準，因而對學問更加保護。阿拔斯王朝的第二任哈里發曼蘇爾曾把科學家聚集至巴格達，並提供房子給他們居住。西元八二八年時，第七任的哈里發馬蒙也在巴格達設立了稱為「智慧之館」的研究所，同樣聚集了許多學者。在這裡，有各式各樣從敘利亞語、希臘語、波斯語以及梵語被翻譯成阿拉伯語的學術書籍，包括希波克拉底的醫學著作、歐幾里德的《幾何原本》、托勒密的天文學著作，還有亞里斯多德與阿基米德的著作都被翻譯成阿拉伯語。

伊斯蘭教徒藉由這些譯本學習世界各地的醫學、天文學、幾何學、光學與地理學，並導入習自於印度的數字、十進位法，以及「零」的概念，透過經驗、觀察或是實驗，將這些知識成功地發展為更正確且豐富的學問。如此致力於保護並振興科學發展的並不只有哈里發，富商們也捐獻了大量經費，以此來回饋社會。

天文學在伊斯蘭興盛的原因

伊本‧西那曾由臨床上仔細驗證病理學的知識，發表了《醫典》一書。他不僅因此成為伊斯蘭醫學的最高權威，日後也影響了歐洲醫學。據說除了古希臘的醫學，伊本‧西那的醫學理論亦深受印度醫書《遮羅迦》以及《妙聞》的影響。

西元八二九年，當時的哈里發馬蒙在巴格達建造天文台，培育

科學筆記 巴格達天文學家巴塔尼（八五九～九二九）曾測量出比托勒密更為精確的黃道傾斜角，並發現了因地軸傾斜自轉所造成的歲差（譯注：指回歸年會比恆星年短少約二十分鐘）。

56

出許多優秀的天文學家。此外，烏魯伯格也在撒馬爾罕建造天文台，他根據觀測結果所製作的《烏魯伯格天文表》已然超越了希臘天文學的水準。自阿拔斯王朝獨立並建立起法蒂瑪王朝的土耳其人哈基姆，則是將首都定於開羅，並在開羅創建「科學之家」，聚集了阿拉伯最偉大的物理學家海賽姆、以及製作出《哈基姆天文表》的天文學家伊本・尤努斯等人。而因穆罕默德而受到保護的薩巴後裔，更在位於加爾底亞的哈蘭天文台裡匯集了跨越整個伊斯蘭時期九百年間的天體觀測數據，對迎向文藝復興時期的歐洲來說，是彌足珍貴的偉大資料。

伊斯蘭教徒之所以如此重視天文學與宗教有很大的關係。伊斯蘭教徒每日必行五次禮拜，因此必須正確知道日出、正午、與日落的時間。此外，正確得知需進行斷食的齋戒月的時間也非常重要。正是由於這些宗教上的需求，讓伊斯蘭教徒格外地重視天文學的知識。

伊斯蘭西方的科學

在伊斯蘭世界西方的伊伯利亞半島（即今日的西班牙與葡萄牙）上，曾有個勢力強大的西撒拉森王國，西元九七〇年時西撒拉森王國於哥多華設立圖書館與「科學家學會」，促進了科學研究的發展。一

〇八〇年，札卡利製作《托利多天文表》，而比特拉吉與阿布巴克爾則否定了托勒密的周轉圓理論，主張天體應該是環繞於某個物理上的點而運轉。在哥多華被格拉納達占領之後，所有使用阿拉伯語的學者都已能認同對學問的探求不應受限於宗教。

伊斯蘭教徒非常熱中於研究希臘的哲學，特別是亞里斯多德的著作。例如伊本・路西德除了是一名醫學家之外，他也曾經耗費了許多心力在亞里斯多德思想的復原上。伊斯蘭教在西元十世紀以後，神祕主義的力量抬頭，幸好迦薩里等神學家學習了希臘哲學與希臘科學的用語及方法論，確立起理性客觀的神學體系，才得以確保伊斯蘭教在信仰與理性上的調和。

元朝的征服融合了中國與波斯的科學

蒙古人（元朝）的入侵對於波斯地區帶來了巨大的影響。一二三五年，元朝正式展開征服歐洲的行動，並使用火藥與手榴彈等武器來擴張領土。一二五八年，元軍占領巴格達、消滅了阿拔斯王朝後，元朝的旭烈兀汗注意到伊斯蘭的科學，並嘗試將這些科學應用在本國的武器上。元朝之所以能夠成功征服世界，正是由於他們巧妙地將科學技

術應用在戰爭中的緣故。這樣的他們當然也不會錯過伊斯蘭世界優秀的科學技術。一二五八年，蒙古人征服了大馬士革，中國的印刷術與火藥隨之傳入波斯地區。而被元朝所征服的伊斯蘭教徒則在元朝的保護下繼續從事科學研究，彙整伊斯蘭科學的成就。

伊斯蘭科學中的魔法性

如前所述，伊斯蘭教是從基督教的聶斯托里教派（譯注：即唐時傳入中國之景教）與猶太教演進而來的宗教，同時具有兩教派的特質。在繼承羅馬帝國正統基督教的天主教眼裡，聶斯托里教派可說是異端中的異端，而其魔術與科學之間曖昧不明的界限也原封不動地傳到了伊斯蘭世界。除此之外，米特拉教所使用的各種原始宗教的巫術，以及取自於這些巫術的基督教或反基督教魔法，在與科學混合之後又與印度的傳統文化融合，然後浸滲至伊斯蘭世界。

然而必須注意的是，魔法與巫術嚴格說起來是不同的。魔法是以基督教世界觀為背景所產生的東西，其重點在於區分正統基督教和異端。相對於此，巫術則起源自原始宗教，是包含基督教在內的各種

宗教儀式的起源，其中隱含了部族內乃至於民族內的政治意涵。而文藝復興時的魔法刻意忽略了伊斯蘭世界中帶有巫術的部分，只依照歐洲人的喜好，採用了希臘時代的復古式學問以及具有實用性的阿拉伯科學。

不曾從希臘傳至伊斯蘭的文化與學問

或許有人會認為，伊斯蘭世界繼承了希臘所有的學問，不過事實上這是個誤解。古希臘的歷史學、政治學、統治學與宗教學幾乎都不曾被翻譯為阿拉伯文。之所以如此，是因為這些書中所探討的內容全已寫在《古蘭經》裡面，受到伊斯蘭法典的明確規範。

在傳統與文化傳承過程中，其內容難免會受到繼承人的想法左右而發生變化。這點在文藝復興時也是一樣，歐洲人雖然不辭辛苦地將源自於希臘的阿拉伯文譯本再譯為拉丁文，但是對於把那些原典為波斯語或印度語作品的阿拉伯文譯本翻譯成拉丁文這件事，則幾乎一點興趣也沒有。

科學筆記　天文學家巴塔尼曾經把希帕科斯的三角函數使用在精密的天體觀測上，在數學的發展上也有極大的貢獻。

學問會因為傳承者而有所取捨與選擇

泛希臘文化 ➡ 伊斯蘭文化

⃝ 希臘哲學
希臘科學、數學

✕ 歷史學　政治學
統治論　宗教學

因為有《古蘭經》

獨特的學問　神學、法學、文法、書記學、詩、聲韻學、歷史學等等

伊斯蘭文化 ➡ 文藝復興

⃝ 源自於希臘的著作

✕ 原典非希臘的書籍

因為沒有興趣

注意自然界的法則並加以挑戰
伊斯蘭世界的煉金術

把賤金屬變成金、銀等貴金屬，或製造長生不老的仙藥等原始的科學技術稱為煉金術。

煉金術的共同之處

古代的埃及、中國、印度以及美索不達米亞等，都有其獨自發展出的巫術，所謂煉金術便是源自於巫術的化學技術。而各個文明的煉金術之間有一項共通點，就是希望將鏽蝕的賤金屬變成不會鏽蝕並能永遠存在的貴金屬，藉此提升巫術存在的價值。

不管是哪個文明，同樣都認為宇宙始自於「萬物之源」，生命就棲息在萬物之源與萬物之源所形成的宇宙中，而煉金術就是在這樣的想法下所產生的巫術。然而一些具有科學視野的巫師則在包含煉金術在內的各種儀式中發現了存在於自然界的法則，透過對這些法則的觀察與重覆的實驗，再把這些結果當成維持自身優勢的祕密傳給子孫。於是，以煉金術為主要工作的巫師逐漸成為社會上所認知的煉金術師，與生活、產業或是掌權者之間產生關聯，其後代子孫則以化學家的身分崛起。

其中的一個例子就是伊斯蘭世界裡的化學家。而文藝復興以後，歐洲也出現了化學家，這些化學家主要是從天主教修道院裡的白魔法師演化而來。至於煉金術中魔法要素的強化則發生在中世紀時的歐洲，相較之下，古代的煉金術還更加地科學。

古希臘的煉金術

古希臘的煉金術，是將古埃及工匠們在製造合金與精煉貴金屬時、從經驗中所得到的物質變化的相關知識，以及以亞里斯多德的四元素學說（世界的一切物質都是由火、水、空氣、土這四個元素所組成的理論）為基礎的物質變換理論加以融合而成。因此，信仰亞里斯多德自然學說的中世紀歐洲與文藝復興時期自不待言，連伊斯蘭世界也接受了古希臘的煉金術。

伊斯蘭的煉金術

伊斯蘭世界的煉金術是以古希

科學筆記　是科學家、同時也發明了煉金術各種器具的猶太女煉金術師暨科學家的瑪莉亞實際上並不存在，她是中世紀以後才被虛構出來的人物。

60

臘的鍊金術為中心，再加上波斯、印度以及中國鍊金術的相關知識而發展出來的。

當亞歷山卓與土耳其東南部的城市被阿拉伯人征服之後，古希臘的鍊金術便傳入了伊斯蘭世界。不過，伊斯蘭的理性主義神學也為鍊金術帶來相當大的影響，使得伊斯蘭的鍊金術與古埃及、蘇美人的鍊金術一樣，帶有極為強烈的工藝色彩。

哈揚是八世紀時伊斯蘭鍊金術師的代表。他曾經把以亞里斯多德四元素學說為基礎的物質變換理論加以演繹，而將鍊金術定義為「研究各種物質性質與生成變化的自然科學」。

活躍於西元九世紀末到十世紀初的醫師兼鍊金術師拉齊，則曾經依照性質的不同將物質分類成化學物質與金屬，同時將實驗器具的類別、用途、使用方法，以及化學操作的方法等各種在製造化合物時的相關知識，寫成了一本《祕密之書》。此外，活躍於十一世紀初的伊本‧西那，在當時就已經認為利用鍊金術並無法製造出黃金。他曾經對礦物與化學藥品進行分類，並且詳細地研究精鍊與製造的方法。事實上他已經不能算是個鍊金術師，而是伊斯蘭世界最早的化學家。

古希臘至中世紀時的標準蒸餾裝置及構造

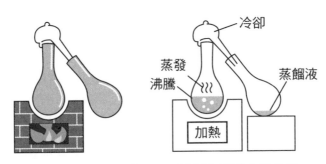

在處理混合液體時，利用不同液體在沸點上的差異，將其分離開來。

以記數法和進位法將幾何學上的代數表示成方程式

繼承希臘數學的代數與幾何

與印度數學和巴比倫以來的中東傳統數學融合而成的希臘數學，後來也由伊斯蘭世界繼承。

最早的代數學家

泛希臘文化時代末期，活躍於亞歷山卓的丟番圖被尊稱為「代數之父」。不過這裡所說的代數與歐幾里德的幾何學代數不同，指的是促進了數學符號化的優秀理論。

這套理論的思考基礎是將巴比倫以來的數字置換成符號，以簡化實務計算的技術。由於希臘人一向對於記號化毫無興趣，並且拘泥於具體的數值，因此數學的符號化在數學史上可以說是非常特別的，所以才會有人認為丟番圖並非希臘人，而是東方人。

印度的數學、中國的數學與伊斯蘭數學

根據三藏法師的紀錄，西元七世紀時的印度已經完整具備負數與零的概念，以及一次方程式與二次方程式的知識。印度的數學融合了數學與文學的表現形式，例如西元十二世紀的數學家羅斯古羅二世的數學著作《論算術》一書，與其

說這本書有什麼文學價值，還不如說這是一本以梵文寫成的數學教科書。

除了印度數學之外，中國也在西元二世紀時獨立發展出數學。西元七世紀時，形成了標準化的《九章算術》，並確立了一次聯立方程式的解法。

伊斯蘭世界在取得了亞歷山卓後，將當地的希臘數學遺產翻譯成阿拉伯文，繼承了希臘的數學。加上了巴比倫以來的傳統數學與丟番圖的成果，伊斯蘭世界進一步發展出應用於財產繼承、土地分配或商業貿易等解決日常生活問題所需的代數計算。西元九世紀時之所以會採用印度數學中「零」的概念，也是為了避免因進位錯誤而造成計算發生問題。

首先採用了「零」的概念與印度式記數法的數學家花刺子模，是伊斯蘭世界代數學的創始者。「代數」（Algebra）的語源便是從他的著作《還原與化簡之規則》

科學筆記 日本具代表性的數學家森毅，曾在他的著作裡提及生平不詳的歐幾里德。他表示：「說不定歐幾里德其實是個火星人。」

（《Hisab al-jabr w' al-muqabal》）而來。

拉丁文中以「algorism」來稱呼花剌子模，意指「以阿拉伯數字來進行計算」，後來演變為英文裡的「演算法」（algorithm）這個字。

是詩人，也是數學家

伊斯蘭的唯美詩人海爾姆曾與花剌子模一起把三角函數應用到代數學上，發展出實用的計算技術。在他的數學著作裡經常可以見到一些詩作，他認為藉由分析問題的條件來求得已知的事實，既是種科學也是種藝術。

除了追求實用的數學之外，他也對純粹的數學，或說是希臘式數學的伊斯蘭數學進行了探索。其中包括了分析三次方程式的解法與幾何學作圖之間的關聯性，從而發現以描繪圓錐曲線來求解三次方程式的方法。換句話說，他追求的是純粹數學中如同藝術般的方程式解法。

從梵文數字到阿拉伯數字

● 現代阿拉伯數字

1 2 3 4 5 6 7 8 9 0

● 梵文數字

● 東方的阿拉伯數字（現代伊斯蘭圈）

● 西方的阿拉伯數字（傳入歐洲）

對「眼睛」的研究孕育出光學
伊斯蘭世界的物理學與天文學

伊斯蘭世界深入研究了古希臘的物理學和天文學，只要再往前探究幾步，幾乎便可發現地動說。

失去公務員資格的科學家

海賽姆（九六五～一○三九）曾經擔任過法蒂瑪王朝的行政官，但由於他缺乏政治手腕，又搞砸了負責的水利灌溉事務，因此激怒了當時的哈里發哈基姆，被迫過著隱居的生活。

海賽姆在隱居時仍然從早到晚地埋首於研究，寫下了上百本關於數學、醫學、物理學以及天文學等領域的書，直到哈基姆死後他才將這些著作公開。在這些研究中，成果最為突出的是有關光學的部分，在他所留下的七卷《光學之書》與《微光之書》裡，詳細探討了光的反射、折射、焦點、成像位置與影像大小的關係，以及光的收斂和視覺等。他對光學的相關記述還影響了後來的克卜勒與牛頓，並且留下了今日仍然通用的眼睛結構——角膜、水晶體、視網膜與視神經等相關的研究內容。此外，他也發現了水晶體的透鏡效應，並以透明的埃及玻璃為材料製作出凸透鏡，讓放大鏡普及於日常生活當中。

海賽姆出身於巴斯拉，後來才在開羅學習到印度數學、亞歷山卓的醫學，以及波斯和巴比倫的天文學。

古希臘物理學的後繼者

寫下了《智慧之秤》一書的物理學家卡基尼曾經在開羅與亞歷山卓求學，致力於研究古希臘的物理學。卡基尼除了將阿基米德的著作翻譯成阿拉伯文之外，還曾研究靜力學與水力學而推導出阿基米德原理。另外，他也引用了亞里斯多德所說的：「物體會依其原本的性質往地球的中心掉落」，認為這就是重量的本質。可惜的是，卡基尼的物理學只停留在詮釋古希臘物理著作的階段，尚未能夠發展出獨自的見地。

曾思考過地動說可能性的天文學家

伊斯蘭世界的天文學最早是繼承自波斯與印度。之所以採用這

科學筆記　伊斯蘭世界裡最早接受占星術的科學家是金迪，而最早否定占星術的科學家則是法拉比。

兩處的天文學，是因為這些天文學與神定一切的決定論式印度占星術有所關聯，不至於與伊斯蘭教中神的意旨將決定一切的宿命論有所牴觸。然而到了西元九世紀，人們逐漸將命運全都交付給占星術，從宗教的角度而言，這樣的風氣並非哈里發們所樂見。於是伊斯蘭世界開始發展排除了占星學要素的科學性天文學，並且將這些技術應用於禮拜時間的推算，或是貿易航路與陸路的確認上。只是，後來的天文學在以科學觀察為中心的同時，還是無法完全擺脫占星術的要素。

西元九世紀時，天文學的研究側重於解釋希臘天文學家托勒密於西元二世紀時所著的《天文學大成》的內容，還有學者曾經將托勒密以數學描述的天球概念實際製作成模型來加以說明。

十世紀時，瓦法完成了《天文學大成》的註解書。托勒密天文學的普及也造就出許多的天文學家，其中還包括了像巴塔尼這樣指出托勒密的錯誤並加以修正的學者，使得伊斯蘭世界的天文學超越了托勒密的範疇。

在同一時代，比魯尼提出了地動說。他認為宇宙的中心可能是太陽，而地球乃是在太陽四周進行自轉。比魯尼的想法已經非常接近於哥白尼在之後所提出的學說。

海賽姆所認為的眼睛構造

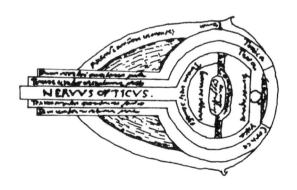

從各式各樣的文化中萃取出醫學與醫術
伊斯蘭世界與宋代的醫學

在基督教異端聶斯托里教派的影響下，伊斯蘭醫學吸收了各個文明的醫學知識，並加入了本身的獨特經驗。

伊斯蘭醫學的成立

拜占庭帝國時期，希臘系醫學家伽列諾斯的成就，以及將他的研究成果整理成書的奧利巴修斯的著作，都被保存在位於榮迪沙帕爾（譯注：位於今伊朗西南部之庫基斯坦省。伊斯蘭統治時，因文化中心轉移至巴格達而沒落，在西元十世紀時的文獻中已被描述為廢墟）的醫學學校。此外，提奧菲勒思曾受中國醫學的影響而寫下有關脈博的論文，並且藉由尿液的相關研究確立起尿液檢驗法的基礎。這些拜占庭（譯注：或稱東羅馬）帝國醫師的成就，隨著征服者阿拉伯人統治了榮迪沙帕爾而為伊斯蘭世界所繼承。伊斯蘭醫學可說是以聶斯托里教派的醫學為中心，融合印度醫學、中國醫學、埃及醫學與猶太醫學而成。

伊斯蘭醫學又被稱為「尤那尼醫學」，一直到今日，在埃及、巴基斯坦以及中國新疆的維吾爾自治區等伊斯蘭文化圈中，依然還保留著伊斯蘭的傳統醫學。伊斯蘭醫學是以希波克拉底的學說為基礎，將風、火、水、地四元素分別對應到人體的四種體液：血液、黏液、黃膽汁與黑膽汁，認為病痛的產生乃是肇因於這些體液間的不平衡。

伊斯蘭醫學的名醫

西元九世紀時的醫學家胡那因也是個優秀的翻譯家，他所整理的《伽列諾斯醫學理論入門》不僅是在伊斯蘭世界，就連在歐洲也是廣為接受的醫學基礎。

西元十世紀，拉齊把希臘醫學文獻上的知識與自己在巴格達看診時的臨床經驗結合，正確地觀察了各式各樣的傳染病，而最早把天花和麻疹區分開來的人就是拉齊。拉齊死後，他的弟子們便把他的研究成果匯整成《醫學大全》一書。

十一世紀時，伊本·祖爾與他的弟子伊本·西那合力將伊斯蘭醫學予以體系化，伊本·西那所留下來的五卷《醫典》也影響了十二世紀以後的歐洲。

科學筆記　拉齊原本是個演奏魯特琴的樂師，後來受到擔任藥劑師的友人影響，從而對醫學產生了興趣，他在過三十歲時才開始學醫。

醫藥分業的開始

　　伊斯蘭透過貿易取得來自全世界的各種藥物，還出現了專門進口藥物的業者。樟腦、麝香、番瀉、羅望子等藥物就是從中國與印度輸入的。而注意到這些藥物的醫師們除了將有力的藥商當做藥局來使用外，有些醫師還會要求藥商照著自己開的處方箋來進行調劑。

　　醫學與鍊金術也在新藥的製造上產生了融合，醫師與鍊金術師裡都曾出現過藥理學者。於是在十二世紀，伊斯蘭世界制定了有關調劑業務的規則，並在藥局派駐監督官員，確立了藥局制度的基礎。醫學與藥學在法律上地位同等的想法也普及開來，提升了科學性的藥學相關研究。

　　十三世紀時，藥理學者伊本‧貝塔爾與庫罕‧阿達爾將當時伊斯蘭醫學所使用的原料藥、他們自行開發的原料藥和傳統製藥器具，以及他們自行開發的原料藥和製藥器具加以彙整，將製藥技術予以體系化。

宋朝的科學與哲學

　　宋朝（北宋，九六〇～一一二六）是當時中國歷史上文化最為繁榮的時代。宋朝在古代中國的知識基礎上，將隋唐時代的文化與造紙術、火藥製造等改良為新的技術，還開發出印刷術與羅盤。這些技術藉由宋朝與位於伊斯蘭世界東方國家之間的貿易而傳開，再進一步擴展到整個伊斯蘭世界。煤炭的使用也是始自於宋朝，之後再流傳至伊斯蘭世界。

　　除此之外，宋朝時的哲學也有所進展，其中最重要的就是陰陽五行學說。所謂的陰陽，指的是天地間強與弱之相互對立的力量，而五行則是由「木、火、土、金、水」所組成。五行的相互關係是水生木、木生火、火生土、土生金、金生水，而木剋土、土剋水、水剋火、火剋金、金剋木；這種思想就稱為「五行的相生相剋」。

　　宋朝的醫學受到陰陽五行學說的影響，而將心臟、肝臟、腎臟、肺臟、脾臟分別對應到五行上，認為人之所以生病乃是這些臟器的機能無法調和所引起的，藥物的使用也是以調和五行的原則為出發點。

　　無論是北宋或南宋，皇帝對於醫學都相當地重視，改訂與出版古代的醫書被視為是政治上十分重要的一環。

宋朝的醫學與伊斯蘭外科醫學

　　在南宋時代（一一二七～一二七九），有位名為宋慈的醫師在一二四七年完成了一本法醫學著作，後來這本書成為朝鮮、日本執

行驗屍程序的依據。而朝鮮與日本經由驗屍所得到的知識，則被整理成人體的解剖圖。

北宋時，犯了判亂罪等重罪的犯人會被施以「凌遲處死」的極刑，而這也被利用來進行人體解剖。這種極刑不會讓犯人馬上死亡，而是活生生地將犯人身體肢解開來。

藉由不斷反覆解剖人體，《歐希範五臟圖》與《存真環中圖》等解剖學書籍才得以完成。繪製這些人體解剖圖的目的乃是為了醫學上的應用，因此都是在皇帝的許可之下進行的。

宋朝時的人體解剖圖也傳入了伊斯蘭世界，受到了這些解剖圖的刺激，伊本‧西那（西元九八〇～一〇三七）也自行製作了人體解剖圖。伊本‧西那的解剖圖並非藉由進行嚴密的人體解剖而來，而是利用臨床上獲得的知識所完成。可惜的是，伊斯蘭醫學的外科醫學雖然是希臘醫學的後繼者，但是除了恪守伽列諾斯的舊有成果之外，幾乎沒有什麼進展。

伊斯蘭世界中唯一一位專注於外科醫學的醫師是十一世紀時的札拉哈維。他著有一本外科醫學書籍《醫學手冊》，其中的精美插圖還流傳至今。書裡展示了藉由科學觀察所得到的解剖圖，強調解剖學在外科醫學上的重要性。書中收錄了骨折、脫臼、創傷、甲狀腺腫大等病症的圖解與手術方法，對於截肢以及氣管切開術等的手術方法也記載得非常詳細。這些方法後來也被用來治療在十字軍戰爭中受傷的士兵。

不幸的是，伊斯蘭的外科醫學有個致命的錯誤。由於受到中國醫學針灸治療的影響，伊斯蘭的外科手術並未使用手術刀，反而以燒紅的鐵棒來進行人體的切除。結果造成許多病患因手術部位發生術後感染，而併發敗血症或瀰漫性血管內凝固症候群（指全身血管內的血液產生了不正常的凝固現象，凝固的血栓等耗用了凝血因子所引發的症候群）而死亡。這種不幸的現象在受到札拉哈維影響的中世紀歐洲外科醫學上也經常可見。

科學筆記 唐朝時聶斯托里教派曾經傳入中國（即當時的景教），引進了希臘醫學。伊斯蘭與印度的藥物也因此而與其他動植物一起傳入中國。

伊斯蘭的名醫及其成就

姓名	成就（著作）
奧利巴修斯	彙整伽列諾斯的研究成果
提奧菲勒思	受中國醫學影響而展開脈博與尿液的相關研究，發明尿液檢驗法。
胡那因	著有《伽列諾斯醫學理論入門》
拉齊	對傳染病進行觀察，是最早區分出天花與麻疹的醫師。
伊本‧祖爾	與伊本‧西那一同將伊斯蘭醫學加以體系化
伊本‧貝塔爾	與庫罕‧阿達爾一同將製藥技術加以體系化

五行的相生相剋

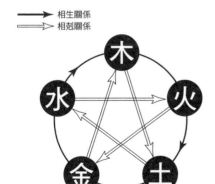

→ 相生關係
⇒ 相剋關係

彼此間的相剋關係

水剋火	水可以滅火
火剋金	火可以熔化金屬
金剋土	斧或刀可以砍倒樹木
木剋土	樹木由土壤中吸取養分
土剋水	土壤會吸收水分

技術人員與科學家備受禮遇的原因
伊斯蘭的工業技術

和科學一樣，伊斯蘭世界也接受了各種文明與文化中的技術。而在加入伊斯蘭世界獨特要素的同時，也讓這些技術有了進一步的發展。

動力來源風車的發明

在印度，熔解金屬後再加工精鍊成鋼的技術在西元前一世紀時便已十分成熟，這項技術在西元六世紀後半普及至伊斯蘭全境。其中大馬士革與托利多更成為冶金的重鎮，當地使用稱為「大馬士革工藝」的技術來製作刀刃。

在伊斯蘭世界裡，工業技術所仰賴的動力來源主要是風車。最早製作出風車的是哈里發奧瑪爾的奴隸阿布路路亞，當時的風車主要為磨坊所使用。到了西元十二世紀時，風車已經普及至伊斯蘭世界全境，並流傳到印度以及中國。風車的主要用途是拿來磨製麵粉與榨取甜薯汁液，早在西元十一世紀時，伊斯蘭人就已經由甜薯汁液精製出粉末狀的砂糖。

十二世紀時的物理學家賈沙里針對力學與水力學進行研究，並將應用所需的科學技術整理成《機械工藝科學》一書。在這本書中可以看到時鐘、水鐘、抽水裝置、噴水裝置與機關人偶等各式各樣技術的詳細解說。

神祕的造紙術傳至伊斯蘭

伊斯蘭社會從很早以前就開始利用木棉，也曾針對印度的棉加工技術加以改良。西元八世紀時，伊斯蘭商人經由絲路將木棉與印度的麻帶進中國，以此換得向來被中國人視為祕密的製絹方法。

此外，八世紀時造紙術已普及至中國全境，不過對中國人以外的其他民族來說，造紙術仍然是個祕密。然而隨著伊斯蘭世界的侵略與擴張，西元七五一年，阿拔斯王朝與唐朝軍隊在怛羅斯湖畔發生激戰，並俘擄了唐朝的隨軍工匠，造紙術才因此傳入伊斯蘭世界。

造紙術在伊斯蘭世界的普及雖然費時較長，但到了西元七九三年時，巴格達已經有了大型的造紙工場，而九〇〇年時開羅也成立了造紙工場，造紙術終於普及至到伊斯蘭各地。在這個過程中，伊斯蘭人

科學筆記 伊斯蘭世界雖然曾經利用鍊金術的技術製作香水，但世界上最早製作出香水的並非伊斯蘭，而是古埃及。

也對造紙術進行了獨特改良，發明了雲紋紙。

伊斯蘭世界科學技術興盛的原因

伊斯蘭世界是一個以伊斯蘭法典為基礎的強權國家，他們以此為憑藉在各地修築灌溉設施，提升了農業生產力。在這樣的背景下，除了富有的農家陸續出現之外，也有愈來愈多人離開農業投身手工業。隨著伊斯蘭世界與外國之間的貿易越發熱絡，商人們除了禮遇優秀的手工業工匠與科學家，更提供技術開發所需的資金，科學家們對此也充分回饋。

此外，各地的統治者也對科學家與工匠加以保護。由於《古蘭經》鼓勵富裕階級藉由捐贈來促進社會全體的繁榮發展，因此當他們提供研究資金時，不但不要求利息，有時甚至連本金也不須歸還。在伊斯蘭教中，能夠展現奇蹟的只有唯一的真神阿拉，因此對自然現象進行科學的觀察與探索並不違反教義。而對統治者而言，保護商人、科學家以及工匠，也有利於維持他們在經濟上的優勢與社會地位。

禮遇工匠與科學家的理由

具備才能的科學家與工匠

- 維持經濟優勢與社會地位
- 對自然現象的探索並不違反教義
- 古蘭經裡並不要求利息與還款
- 為社會發展提供捐款是一種善行
- 利用商人提供的資金進行技術開發

被認定為有價值的學問便會不斷地被翻譯
傳至中世紀歐洲的伊斯蘭科學

中世紀的歐洲並不是在突然之間就迎向文藝復興，而是有了與伊斯蘭世界之接觸做為文化的基礎使然。

基督徒的反伊斯蘭情感

　　拜占庭帝國與統治西歐的聖職人員對於不斷擴張的伊斯蘭世界心懷恐懼，也因為如此，他們將伊斯蘭教徒視為異教徒，並對他們抱持著根深柢固的敵意。他們稱伊斯蘭教徒為「撒拉森人」，這個稱呼是隱含著侮蔑與敵意的歧視性字眼。

　　在伊斯蘭世界裡，其實只要願意繳納人頭稅，就可以繼續保有原有的信仰而不必改信伊斯蘭教。然而，天主教教廷的統治者與聖職人員卻四處鼓吹道：「伊斯蘭教徒是一手拿著劍，一手拿著《古蘭經》，對基督徒進行迫害的兇惡戰鬥集團」（譯注：意指脅迫基督教徒要不就改信伊斯蘭教，要不就是接受戰爭，二者擇一），藉此煽動民眾的反伊斯蘭情感。

　　不過了解事實的仍大有人在，因此拜占庭帝國與西歐的商人始終積極地與伊斯蘭商人進行交易，地中海貿易從來不曾停歇。

　　在伊斯蘭世界裡，透過支付人頭稅的方式來允許非伊斯蘭教徒的存在，對於想要以阿拉伯語從事研究的人來說其實是一種善意。因此，無論是在與伊斯蘭世界接壤的地區，或是由伊斯蘭教徒統治的地區，都有許多信仰基督教的學者在學習阿拉伯語，他們甚至還獲准把在伊斯蘭的大學裡求得的知識翻譯成拉丁文。由此可見，伊斯蘭世界對於學問一事抱持著非常開闊的胸襟。

西元十二世紀的文藝復興

　　猶太人當中，許多人曾經在伊斯蘭世界與歐洲居住過，因此有不少人同時通曉雙方的語言。據說，其中擁有學識的人會將伊斯蘭世界的學術著作譯為拉丁文，藉此賺取翻譯費。

　　當基督徒從伊斯蘭教徒手中奪回伊伯利亞半島上的城市之後，主教們為了把由阿拉伯語所寫成的書籍逐一翻譯為拉丁文而設立大學。這項翻譯運動自一〇八五年伊伯利

科學筆記　　除了花剌子模的代數學之外，英國人也曾翻譯歐幾里德的《幾何原本》。

亞人奪回托利多之後，由當時的樞機主教雷蒙所發起，之後一直持續至一二八〇年，而這也就是所謂的「十二世紀的文藝復興運動」。

哪些學問被譯為拉丁文？

但是，並不是所有的伊斯蘭學問都被譯為拉丁文，歐洲人只翻譯了對自己有用的書籍，這與伊斯蘭人當初引進希臘學問時的狀況並無太大的不同。雖然也有一部分的伊斯蘭哲學書籍曾被譯為拉丁文，但是與伊斯蘭教相關的神學書籍則完全未被翻譯。

其中托勒密的《天文學大成》，是由西班牙的伊斯蘭教徒伊本·路西德（一一二六～一一九八）從阿拉伯文翻譯為拉丁文。

而生於北非迦太基的義大利人康斯坦丁諾斯（一〇二〇～一〇八七），曾在伊斯蘭世界居住了將近四十年，他把阿拉伯語文獻中所有與亞里斯多德相關的研究全都譯為拉丁文。此外，他還把希臘的自然學與醫學等文獻從伊斯蘭世界傳至歐洲，對於後來歐洲大學與醫學院的出現有極為深遠的影響。

生於哥多華的伊本·路西德除了是神學家、法學家以及哲學家之外，之後也成為一位活躍的醫學家。他的醫學雖然僅單純繼承自伽列諾斯，但他的哲學卻影響了中世紀的歐洲。西元十三世紀時，受到伊本·路西德影響的巴黎大學阿威羅伊學派便曾與多瑪斯·阿奎那的神學進行對抗。

生於北義大利的賈拉德（一一一四～一一八七）曾經在托利多學習阿拉伯語，之後他翻譯了伊本·西那的《醫典》等諸多醫學、數學與天文學書籍。此外，他也曾翻譯《天文學大成》。

一直到十三世紀中葉為止，伊斯蘭世界中的許多學問就這麼被翻譯為拉丁文。

武器強化競爭的缺席者終將滅亡
伊斯蘭世界中的戰爭與科學

伊斯蘭教徒之所以無法攻下拜占庭帝國，是因為敵不過德意志甲冑工匠的科學技術與源自於希臘科學的兵器。

伊斯蘭軍大獲全勝的原因

在過去，一旦面臨哥德族發明的跨鞍踩蹬的騎兵時，羅馬軍隊的步兵便會全數遭到殲滅。伊斯蘭軍隊於是沿用哥德族的戰術，再利用駱駝來運送大量的武器與食物，實現了長距離的遠征。當面臨伊斯蘭軍隊壓倒性的軍事實力時，拜占庭帝國除了驚愕之外是束手無策。

因為拜占庭帝國的戰術與武器從古羅馬時代以來幾乎毫無進步，除了在投石機與攻城車的掩護下，抱著必死的決心衝鋒陷陣之外，沒有其他的戰術可以運用。

即便是面對歐洲諸國，伊斯蘭軍隊依然保有優勢。當時的德意志擁有歐洲首屈一指的鐵礦埋藏量，再加上甲冑工匠所擁有的高度科學技術，使得德意志的甲冑市場遍及全歐，幾乎獨占了整個市場。可以說，當時若無法購入高價的德意志甲冑，歐洲諸國便不可能在戰爭中取得勝利。

最初，與身穿德意志甲冑的騎士團交兵時，伊斯蘭軍隊陷入了苦戰，但後來伊斯蘭以自身的科學力量研發出能夠貫穿甲冑的十字弓。義大利的技術人員雖然也曾針對以希臘科學為基礎開發出來的十字弓進行改良，然而以低純度的鋼所製成的箭尖十分粗糙，設計上也沒有考慮到空氣動力學，因此威力遠不如伊斯蘭的十字弓。放眼整個歐洲，幾乎完全找不到能夠與伊斯蘭金屬工匠一較長短的科學技術。

希臘火藥的威脅

西元六三七年時，拜占庭帝國的軍力只剩下弱不禁風的海軍，首都康士坦丁堡更是遭到伊斯蘭教徒的包圍。迫切需要擊退敵方艦隊方法的拜占庭帝國，要求宮廷裡的希臘科學家搜尋古代紀錄，過去古希臘在戰爭中所使用的「希臘火藥」也因此重見天日。這些希臘科學家成功地將由粉末固化而成的希臘火藥製成液體狀，再利用火燄噴射器瞄準敵艦將火燄噴出。一旦伊斯蘭

科學筆記　西班牙國王阿方索七世在討伐伊伯利亞半島的伊斯蘭軍隊時，曾禁止士兵進行略奪或破壞，順利取得了伊斯蘭的科學。

74

艦隊為了滅火而潑水時，火勢便會更加地猛烈。

關於這項新式武器的傳言很快就傳到了歐洲各地，但由於拜占庭帝國說什麼也不肯將這項新武器輸出到其他國家，因此誰也無法得知這項武器的祕密。

這次的勝利讓拜占庭帝國因擁有終極兵器而感到安心，而不再進一步地將更好的技術應用到戰爭上，反而因為國內政治與宗教上的對立而脫離了現實。在這段期間，不僅下水道與大浴場等公共設施遭棄置不用，市民人口亦急遽減少，而來自伊斯蘭帝國的威脅則是日甚一日。

伊斯蘭科學流入歐洲導致伊斯蘭的衰退

西歐諸國為了在四處林立的王國中存活下來，不斷地在戰爭中彼此殺伐。一〇七一年，當伊斯蘭的塞爾柱土耳其王朝成立時，西歐諸國才終於注意到事態的嚴重性。只可惜為時已晚，伊伯利亞半島的一部分，甚至連基督教的聖地巴勒斯坦都已落入了敵人手中。羅馬教皇於是發動十字軍東征，然而在面對無論是科學力或軍事力都具有優勢的伊斯蘭教徒時，歐洲無可避免地陷入苦戰。在漫長的中世紀期間，歐洲幾乎不曾免於伊斯蘭世界的威脅。

不過，十二世紀以後伊斯蘭科學傳入歐洲，歐洲社會也培育出一群學者，終於擁有了超越伊斯蘭世界的科學力量。於此同時，伊斯蘭也開始衰退，並在後來敗給了歐洲。

十字軍東征的歷史

第一次（1096～1099）	耶路撒冷王國建國（1099～1291）
第二次（1147～1149）	因內部對立而失敗
第三次（1189～1192）	理查一世（譯注：獅心理查）與薩拉丁和睦共處（以此確保朝聖者的安全）
第四次（1202～1204）	占領康士坦丁堡
第五次（1228～1229）	短暫地取回耶路撒冷
第六次（1248～1254）	被馬穆魯克王朝所擊退
第七次（1270）	路易九世在戰爭中死亡，以失敗收場。

非洲大陸的科學

西元前十世紀時，非洲的蘇丹（譯注：在阿拉伯語中意指黑人之國），曾經出現過一個非常繁榮的庫施王國，這個王國甚至曾經短暫地統治過埃及。由於埃及文明的影響，蘇丹也擁有天文學以及測量學。西元前六六七年，在亞述人的入侵下，蘇丹的國力大幅衰退，勢力範圍因而退至尼羅河上游。然而，大約從西元前六七〇年開始的一千年間，蘇丹藉由鐵器的製造以及與埃及的貿易再度繁榮起來，一直到西元四世紀時，才被衣索比亞的阿克蘇姆王國所滅亡。阿克蘇姆王國雖繼承了庫施王國的文明，但後來在西元九世紀時崩壞。

至於與伊斯蘭商人貿易而開始繁榮的迦納王國，則在一〇七七年時遭到摩洛哥穆拉比德王朝的攻擊而崩解。迦納王國是黃金的生產國，擁有優秀的黃金加工技術。迦納王國崩解之後，西非進一步的伊斯蘭化，並且在一二四〇年建立起以伊斯蘭教為國教的馬利王國，向麥加進貢黃金。一四七三年，推翻馬利王國而成立的桑海王國同樣以伊斯蘭教為國教，也因為貿易而繁榮，成為非洲內陸的伊斯蘭文化中心。除了享受伊斯蘭科學所帶來的眾多好處，迦納王國也曾針對冶金學、占星術與天文學進行研究。

西元十世紀以後，受到阿拉伯語影響的斯瓦希利語成為非洲東岸的共同語言，這個地區也因為與伊斯蘭商人之間的貿易而更加繁榮。西元十一世紀，南非的莫諾莫塔帕王國則是藉由印度洋的貿易而開始繁榮，他們還研究了印度醫學與伊斯蘭醫學。

不過在進入十二世紀之後，伊斯蘭世界的影響力愈來愈小，到了十六世紀時，除了與歐洲鄰接的地區之外，也有愈來愈多以獨特文化為中心的國家出現。不過，之後整個非洲在大航海時代時都遭到歐洲人的併吞。

第3章

科學史上的虛假幻象──基督教時代

	西元	
羅馬大火，基督徒遭處刑	64	
米蘭敕令頒布，承認基督教為合法宗教	313	
	337	尤里烏斯・菲爾米庫斯・馬特努斯發表《占星術教程》
基督教成為羅馬帝國國教	392	
羅馬帝國分裂成西羅馬帝國與拜占庭帝國	395	奧古斯丁發表《上帝之城》
西羅馬帝國滅亡	476	
查理曼大帝加冕（西羅馬帝國復活）	800	
凡爾登條約簽訂，法蘭克王國一分為三	843	
	1083	波隆那大學成立
第一次十字軍東征	1096	
	1150	巴黎大學成立
	1167	牛津大學成立
	1224	拿坡里大學成立
	1231	劍橋大學成立
	1255	亞里斯多德的著作解禁；多瑪斯・阿奎那發表《神學大全》
	1267	羅傑培根發表《大著作》
黑死病大流行	1347	
	1374	威尼斯對入港的船隻實施「四十日隔離」管制
	1480	開放人體解剖

中世紀的世界觀與地球觀

過去被稱為黑暗時代的中世紀歐洲，是個受基督教世界觀與地球觀所統治的時代。

基督教成為羅馬帝國國教以前

羅馬帝國成立當時，基督教還只是帝國內為數眾多的宗教之一。當時的羅馬人甚至分不出基督教和猶太教有什麼不同，只知道他們都是不願意向諸神與皇帝的塑像行禮膜拜的一神教，被視為是無法溶入都市政治與社會生活的低下階級者所信仰的宗教。

在皇帝尼祿統治時的西元六四年，羅馬發生了大火，當時基督徒被當成是縱火犯而遭到處刑。這是羅馬帝國對基督徒所進行的最早的迫害，也是羅馬帝國第一次意識到基督教的存在。

西元六六至六七年時，猶太人對羅馬帝國發動叛亂。由於基督徒並未參與其中，所以基督徒與猶太教徒才被明確地區分開來。

一直到西元三世紀中葉為止，基督徒在各地都曾經遭受迫害，但由於羅馬帝國歷任的皇帝對宗教大都採取柔性態度，禁止沒有根據的告發與暴動等迫害舉動，因此基督徒依然能夠公開地從事傳教。基督教不問身分，就算是奴隸或女性等社會上的弱勢族群，也能夠平等地進行禮拜；加上基督教親切對待病人與死者等事蹟逐漸為人所知，使得包括都市富裕階級在內的許多羅馬人皆漸漸改為信仰基督教。

另一方面，基督教的影響力在當時早已深入羅馬帝國的東部，因此康士坦丁大帝在皇權的爭奪中勝出後，於西元三一三年頒布米蘭敕令，公開承認基督教；西元三九二年，狄奧多西大帝更訂定基督教為國教。此後，教會就在皇帝的支持與保護下不斷地擴張勢力，而教會主教除了教會之外，在社會與政治上也擁有相當的權威與影響力。

羅馬帝國的分裂與西羅馬帝國的復活

藉著日耳曼民族與斯拉夫民族大遷徙的機會，歐洲各地建立起了眾多的王國。而隨著羅馬帝國分裂為西羅馬帝國與東邊的拜占庭帝

 對日耳曼民族各派宣揚基督教的是受羅馬教皇保護的本篤會修士。

國，基督教也跟著分裂為西邊由羅馬教皇所領導的天主教與東邊的希臘正教（東正教）。拜占庭帝國繼承、保存了希臘的古典傳統，但那只是名義上傳承，並未受到實質影響。

西元四七六年時，西羅馬帝國滅亡，隨後丕平三世篡位當上了法蘭克國王，並且得到了教皇的祝福（承認），而丕平三世則贈與羅馬教皇土地，成立了教皇領。當時西歐諸國的國王都接受並尊重羅馬教皇的權威。

西元七六八年，丕平三世之子查理曼大帝即位為法蘭克國王後，滅掉了一直以來威脅著羅馬教皇的倫巴底王國，更在八世紀末一口氣統一了西歐的主要部分。西元八○○年，羅馬教皇利奧三世為查理曼大帝加冕，西羅馬帝國於是復活。在日耳曼人所統治的「羅馬帝國」裡，權力是由擁有帝權的法蘭克國王與擁有教權的羅馬教皇所共享，形成了同時擁有聖、俗兩個權力中心的中世紀西歐。

查理曼大帝時代的文化復興運動

查理曼大帝召集了在英國約克擔任過修道院院長的阿爾昆（七三五～八○四）等人，將流傳到英國的古希臘與古羅馬的文化引進西羅馬帝國。

阿爾昆為了美化教會的神聖與查理曼大帝的帝權，對眾人進行教育，而這種思考方式也成為中世紀歐洲各種學問的基調。他繼承了古羅馬的傳統，導入文法、修辭學、邏輯學、算術、音樂、幾何學與天文學等七種自由學科（譯注：Seven Liberal Arts，或稱七藝。其中liberal來自於拉丁文的liberalis，意為「適合於自由人〔社會或政治精英〕」，指的是精英階層所需的技能及一般知識）。

只是這種教育的目的已經完全喪失了探究古希臘自然科學的精神。相較於神學，包括自然科學在內的哲學就如同雜役一般，地位極為低下。換句話說，在科學史上的中世紀時代，由於科學受到基督教的統治，因此當時的科學可說都是為了基督教所量身打造的。

從希臘哲學到經院哲學

西元九世紀時，依循法蘭克民族的習俗（財產由子嗣分配並繼承），並歷經西元八四三年的凡爾登條約以及西元八七○年的默爾遜條約，法蘭克王國分裂為今日的法國（西法蘭克王國），德國（東法蘭克王國），與義大利（中法蘭克王國）三個國家。其中東法蘭克王國後來變身為神聖羅馬帝國，在三個王國之中享有最高的權威。

基督教聖師奧古斯丁（三五四～四三〇）曾訂下不可忽視希臘科學的指導方針，基督教神學以奧古斯丁的思想為基礎，並採納希臘哲學，於十二世紀左右發展為經院哲學，集經院哲學之大成者是多瑪斯·阿奎那。對天主教徒而言，中世紀是一個信仰的時代，所有的科學皆是依循聖經而成，經常是觀念性的東西。即使是基督教徒當中的一派，如果有科學違反了天主教教義，便會被指為異端而遭到排斥。

遭禁的亞里斯多德及其影響

十二世紀時，古希臘的知識經由伊斯蘭世界傳入中世紀歐洲。由於極具權威的亞里斯多德的著作與聖經的內容有很大的差異，讓羅馬教會受到很大的衝擊，因此下令查禁亞里斯多德的著作。但另一方面，神學家則是為了讓亞里斯多德的學說成為基督教神學的基礎而努力，除了採用亞里斯多德的天動說之外，還把他的力學、生命論、以及形而上學等解釋成不但不與基督教教義相矛盾，甚至還擁護基督教教義。在神學家的努力之下，亞里斯多德的書終於在一二五五年獲得解禁。

《尼伯龍根的指環》的背景

在中世紀歐洲，自古流傳下來的各種宗教上的巫術、魔法和迷信深為民眾所相信。中世紀之後傳入歐洲的森林妖精、戰士族矮人與哥布林等，都是關於過去遭到羅馬人或正統基督徒鎮壓排除之人的傳說。這些傳說至今依然代代流傳於歐美各國，著名的《尼伯龍根的指環》就是其中最具代表性的故事。

 科學筆記　基督徒把魔法區分為有利於基督教的白魔法，以及與基督教對立的黑魔法，再由教會來鎮壓黑魔法。

羅馬教會與法蘭克王國與拜占庭帝國之間的關係

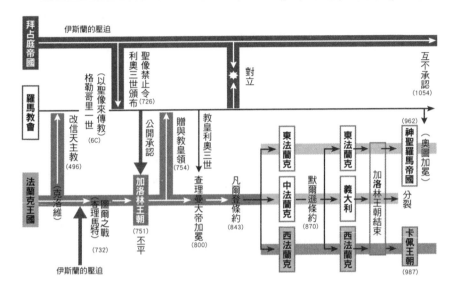

西歐的中世紀文化

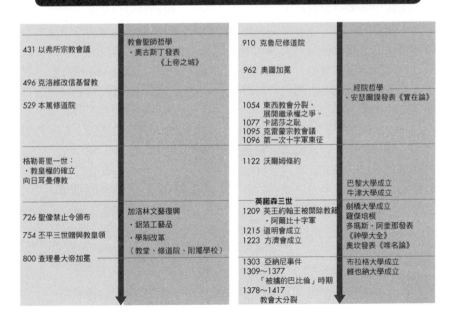

431 以弗所宗教會議	教會聖師哲學 ·奧古斯丁發表 《上帝之城》	910 克魯尼修道院	
496 克洛維改信基督教		962 奧圖加冕	
529 本篤修道院			經院哲學 ·安瑟爾謨發表《實在論》
格勒哥里一世： ·教皇權的確立 向日耳曼傳教		1054 東西教會分裂， 展開繼承權之爭。 1077 卡諾莎之恥 1095 克雷蒙宗教會議 1096 第一次十字軍東征	
		1122 沃爾姆條約	
			巴黎大學成立 牛津大學成立
726 聖像禁止令頒布 754 不平三世贈與教皇領 800 查理曼大帝加冕	加洛林文藝復興 ·鋁箔工藝品 ·學制改革 （教堂、修道院、附屬學校）	英諾森三世 1209 英王約翰王被開除教籍 ·阿爾比十字軍 1215 道明會成立 1223 方濟會成立	劍橋大學成立 羅傑培根 多瑪斯·阿奎那發表 《神學大全》 奧坎發表《唯名論》
		1303 亞納尼事件 1309～1377 「被擄的巴比倫」時期 1378～1417 教會大分裂	布拉格大學成立 維也納大學成立

81

自然科學雖已萌芽，但卻呈現扭曲的姿態
修道院的科學

修道院裡研究的雖然是遵循正統基督教教義的學問，但卻混入了迷信與巫術等元素，因而受到神祕主義的影響。

修道院的中心學問

在修道院中，最受重視、進展也最多的學問是基督教神學。基督教神學的研究工作包括解釋聖經，藉此區分正統與異端，以及正當化基督教對歐洲的統治。而修辭學、辯證法以及文學的部門則是為了輔助神學研究而存在。西元九世紀之後，這些學問也成為衍生自神學之經院哲學的基礎。

修道院的醫學

從羅馬帝國分裂到十字東征為止的十個世紀左右，中世紀歐洲的外科醫學完全沒有任何的進步。由於教會擁有絕對的權威，對民眾設下各式各樣的限制，人們對於科學的探索也受到了壓抑。

其中，人體解剖的禁令一直持續到一四八○年，造成醫學的整體進展裹足不前。再加上出現了許多偽醫師、魔法師以及沒有執照的跌打醫生，使得事態更加地惡化。

西元五世紀末，身兼政治家及作家的卡西奧多勒斯，嘗試說服修道院的僧侶研讀希波克拉底與伽列諾斯的著作。許多修道院雖然藉此整建圖書館，保留下大量的手抄本，然而這些抄本一直要到十二世紀以後才派上用場，當時真正認真學習的僧侶其實並不多。而中世紀時的醫院大多是修道院的附屬設施，其中除了治療的場所與住院設備之外，通常還一併設有調劑室與藥草園。

調劑的工作由專門的調劑僧擔任，他們有時也會兼任醫師。由於調劑可以有效地增加修道院的收入，僧侶們於是變得一切都以商業利益為主。有鑑於此，西元六世紀時教皇禁止修道院僧侶擔任調劑師；十二世紀時更發出四次敕令，禁止聖職人員在修道院之外進行醫療行為。

修道院的天文學與釀造學

天文學雖然屬於七種自由的學科之一，但當時的天文學並沒有科

 科學筆記 中世紀時的歐洲，是確立羅馬教皇與皇帝雙軌並存的封建社會制度的時代。

學性的客觀觀察，只是依據拜占庭帝國所保留的古希臘亞里斯多德與托勒密著作的註解書抄本所得的一些概念。

古羅馬末期到西元十一世紀之間，雖然有民間的占星術存在，但並未出現學術性的占星術家。直到十二世紀，伊斯蘭世界的天文學被翻譯為拉丁文之後，才出現了具有科學概念的天文學。

在釀造學方面，修道院則取得了非常豐碩的成果。由於修道院僧侶日常生活的原則是自給自足，因此他們擁有開墾土地、從事農業、開發森林與溼地排水整治等技術。他們累積了許多生活所需的技術，其中就包含了釀造學在內。他們也會釀造葡萄酒，據說有些僧侶甚至會去偷喝地窖中所儲藏的葡萄酒。

西元十一世紀到十三世紀，歐洲藉由伊伯利亞半島和義大利的翻譯運動學習伊斯蘭世界的科學，之後歐洲各地紛紛成立大學。

這些大學當中有些是利用教會基金所成立（例如一一五○年的巴黎大學、一一六七年的牛津大學、一二三一年的劍橋大學），有些是由國王所設立（例如一二二四年的拿坡里大學），有些則是學生團體自行挑選校長與教授所成立的學校（例如一○八三年的波隆那大學等）。在這些大學裡，天文學或醫學等學科非常地熱門，但是實驗科學的研究與教育則是很晚才建立起來。

自然科學研究者的出現

德意志的經院學者大雅博曾以亞里斯多德的《自然學》為基礎，對動植物進行觀察，並且將砷純化成金屬態。

英國的修士羅傑培根曾負笈牛津大學及巴黎大學，從事鍊金術、火藥與光學等研究，並且完成了強調實驗科學的重要性的《大著作》（一二六七年）一書，他也因此被尊崇為近代科學的創始者。然而，由於英國修會認為羅傑培根「露骨地批評教會，並且捏造可疑的學說」，因此從一二七八年到一二九二年的十四年間，都一直將他監禁於修道院內。

修道院的鍊金術

鍊金術在十二世紀時經由伊斯蘭傳入歐洲，當時以埃及的鍊金術為主流。十三世紀時，羅傑培根與大雅博等人研究鍊金術，並將研究成果寫成書。而鍊金術的研究人員則主要以修道院的僧侶與修道院附設學校的學者為中心。

西元十四世紀以前，雖然有個名為賈比爾的西班牙人曾發表過許多鍊金術相關著作，但其中並沒有什麼具有價值的東西。而十四世紀末到十五世紀之間，煉金術研究強調理論的一面，神祕主義傾向越發強烈。被稱為「最後的大鍊金術師」的瑞士醫師帕拉塞瑟斯（一四九三～一五四一）與修道院的僧侶相信有長生不老的仙藥存在，曾費盡心思尋找所謂的「賢者之石」。鍊金術雖然經常以失敗告終，然而對於「賢者之石」的追求，漸漸地超脫了實際的物質，而成為精神生活的一種「頓悟境界」，如此的轉變為中世紀的基督教經院哲學與思想帶來了重大的影響。

文藝復興來臨時，帕拉塞瑟斯等人所留下來的鍊金術紀錄與理論由波以耳（一六二七～一六九一）、拉瓦錫（一七四三～一七九四）、道爾頓（一七六六～一八四四）等人所繼承，他們將煉金術以科學方式加以體系化，逐漸演變為近代化學。

與宗教形成一體化的科學

若以現代科學觀點來看中世紀歐洲的科學，當時的科學可說一點都不科學。中世紀時神學與科學渾然一體，科學受到當時的時代精神所影響，認為科學必須能夠證明神學，使神學的內涵不受質疑。由此可知，近代到今日，以及中世紀時這兩個時代對於「如何定義科學？」的觀點有著極大的差異，可以說整個中世紀其實就是基督教的時代。

 古希臘人認為「無限」是未完成且無界限的不祥之物，然而基督教神學卻認為神是超越一切的無限存在。

封建社會的結構

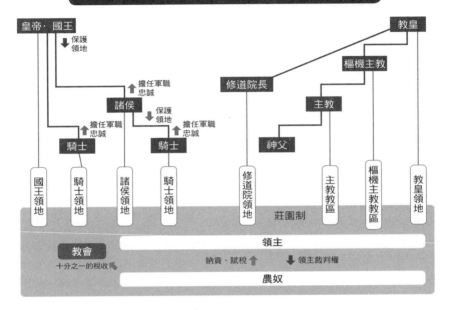

十二～十三世紀之間所成立的主要大學

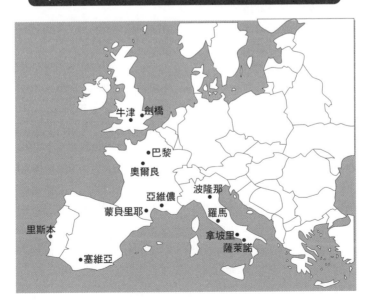

連上帝的全能都受其限制的占星術
西洋占星術的復活

眾多的恆星與星座總是維持著一定的位置關係，而行星便在其間進行著奇妙的周轉運動。自古以來，行星一直讓人們感受到命運以及神旨的存在。

對占星術的敵視與支持

對羅馬帝國的基督教來說，他們唯一的對手就是米斯拉教。米斯拉教和摩尼教一樣，都把從古代巴比倫和埃及繼承而來的占星術當成巫術使用。不過對基督徒而言，占星術則是否定人類的自由、甚至連神的全能都加以限制的異教魔法，在完成於四世紀末到五世紀初之間的奧古斯丁的著作裡，便已經將這種想法定調。

然而，這充其量只能代表聖職人員或上流階級的想法，占星術師與占卜師在一般民眾之間依然廣受歡迎。有些人甚至認為「星體的力量」獨立於上帝之外，但也有人認為「星體的力量」依然需要遵循上帝的旨意。

學問的衰退與西洋占星術

羅馬帝國在立國初期曾收集古希臘的文獻，引進了具有科學基礎的占星術，不過古羅馬帝國人民對於學問向來沒有興趣，幾乎沒有

人懂得希臘文。因此到了四世紀後半時，占星術不但缺乏合適的教科書，就連以拉丁文書寫的托勒密天文學著作也變得非常稀少。不用說，能夠使用在天文學上的數學書也幾乎不存在。

一直到十二世紀，伊伯利亞半島與義大利部分地區把各式各樣的學術著作從阿拉伯語翻譯為拉丁語，這樣的情形才有所改變。也因此，當時的天文學研究一直維持在相當低的水準，占星學更是遭到否定。

伊斯蘭世界裡的古典拉丁文資料

西元四世紀，西西里的天文學家尤里烏斯·菲爾米庫斯·馬特努斯在三三七年時寫下《占星學教程》這本占星術書籍。不過這本古典拉丁語文獻並未流傳至羅馬帝國，反而為伊斯蘭世界所保存。《占星學教程》以托勒密的《天文學大成》為基礎，針對數學與天文

 科學筆記：被譽為基督教最偉大教會聖師的奧古斯丁，在《懺悔錄》中公開了他由米斯拉教改信基督教的真實過程。

學的基礎知識與占星術的來龍去脈詳加解說。

十二世紀初期，尤里烏斯‧菲爾米庫斯‧馬特努斯的《占星學教程》以及批判異教徒占星術中神祕主義信仰的《論異教徒的謬誤》的十一世紀抄本被帶進英國，與基督教教義相對照之後才獲認合法。

伊斯蘭占星術的傳入

阿拉伯的阿爾布馬薩所寫的《占星術入門大全》，在一一三〇年左右被翻譯為拉丁文，書中詳細記載了占星術歷史、哲學原理、以及天文學的基礎理論等。此時的西洋占星術出現復活的徵兆，不過十三世紀後半時天主教會再度對占星術展開攻擊，擔任先鋒的就是發行《禁令集》的巴黎主教鄧比爾以及多瑪斯‧阿奎那。

不過當時的經院學者對於占星術的看法相當分歧，其中多瑪斯‧阿奎那的老師大雅博便是站在擁護占星術的立場。多瑪斯‧阿奎那最後也以《神學大全》一書促成了占星術與天主教會的融合。此外，羅傑培根也被視為是占星術的擁護者之一。

托勒密的周轉圓

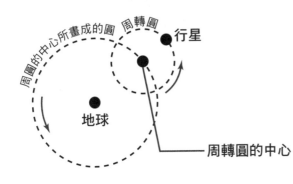

也有認為地球稍微偏離了宇宙中心的離心圓理論存在。

因遠征而負傷的士兵與疾病的流行提升了醫學的地位
十字軍與中世紀的西洋醫學

十字軍東征不僅擴大貿易、促進了商業都市的發達，也為醫學與醫院
的發展帶來極大的影響。

從拜占庭醫學到修道院醫學

　　在羅馬帝國，伽列諾斯的希臘醫學沒有任何的進展。羅馬人雖將希臘醫學的典籍翻譯為拉丁文，但僅侷限於編輯與解釋。

　　在羅馬帝國分裂之前，西洋醫學的舵手是拜占庭文化圈的醫師。例如尤里安皇帝的侍醫奧利巴修斯（三二五～四〇三）奉皇帝之命完成《醫典》一書。六世紀時，艾提斯曾在亞歷山卓學習醫學，後來他在拜占庭（譯注：即現在的伊斯坦堡）一面行醫一面從事著作，並特別針對毒物學進行深入研究。

　　同樣是在六世紀，另一位醫師亞歷山大在羅馬培育了眾多弟子，更以拉丁語及阿拉伯語從事著作。包魯斯也是同時期活躍於羅馬的醫師，他所寫的《醫學要覽》後來被翻譯為阿拉伯語。

　　亞歷山卓與雅典的學院雖然也從事醫學的研究，但在羅馬帝國分裂之後，亞歷山卓被伊斯蘭化，而雅典的學院也在五二九年時被拜占庭帝國查士丁尼大帝所關閉。

　　就這樣，能提供有系統地學習醫學的管道遭到封閉，同年基督教本篤派僧侶成立了蒙特卡西諾修道院，以此為中心，修道院醫學的時代就此展開，而這也是從西元五〇〇年到一五〇〇年醫學發展荒脊不毛時代的開端。

薩萊諾醫學的興起與普及

　　西元九世紀時，日耳曼民族其中一支的倫巴底人，在其統治的南義大利港口城市薩萊諾設立醫學院。之後城市的統治者不斷更迭，但這個醫學院從十一世紀至十二世紀都一直非常興盛。由於薩萊諾在地理上十分靠近伊斯蘭世界的西西里，因此受到了伊斯蘭醫學的影響。此外，蒙特卡西諾修道院中有一位名叫康士坦丁諾斯的修士，他將伊斯蘭醫學翻譯為拉丁文，他所翻譯的書籍對於薩萊諾的醫學教育亦有非常重要的影響。

 科學筆記　萊茵河畔艾賓根修道院的希德嘉修女（一〇九八～一一七九），擅長於醫學及藥學，是德國史上第一位女醫師。

為了取回被伊斯蘭教徒奪走的基督教聖地巴勒斯坦，基督徒發動了十字軍東征，伊斯蘭文化與中國文化也因此傳入歐洲，多數傷兵則被送到薩萊諾接受治療。在那裡，他們使用傳承自伊斯蘭醫學的方法，將海綿浸泡在麻醉藥中，藉由呼吸吸入的方式幫病人麻醉以進行手術。

薩萊諾醫學的基礎繼承自伽列諾斯的體液病理說（體液若不平衡就會引發疾病的學說），認為體液異常會表現在血液和尿液上，因此進行了尿液檢驗的研究。中世紀末期時，尿液的檢驗甚至被認為是醫師最重要的工作。

西元一二二〇年，法國的蒙貝里耶成立了醫學院。這個靠近伊伯利亞半島的學校受到哥多華、托利多、以及格拉納達等地的伊斯蘭醫學院很大的影響，初期便引入了伊斯蘭的醫學。蒙貝里耶的肖利亞克被稱為是西洋外科醫學的始祖，但事實上他經常援引伊斯蘭醫學的文獻。蒙貝里耶醫學的基礎建立在占星學、「冷、熱、溼、乾」的元素說（認為體內這些元素平衡的異常是引起疾病的主因）、以及體液病理說。

醫院的變遷

中世紀時，以蒙特卡西諾修道院為中心，許多修道院也同時經營以看護為主的醫院。其中有像里昂的濟貧醫院那樣，由貧民收容所發展而來的醫院。到了十二世紀，更出現了以教會捐款所成立的醫院。其中一一四五年時設立於蒙貝里耶的聖靈醫院除了享有極佳的聲譽，也成為訓練醫師的中心。

十字軍東征開始之後，醫院的需求也逐漸增加。為了治療苦於傳染病與罹患各式各樣疾病的戰士，聖約翰騎士修會於一〇九九年時組成了救傷騎士團，並在聖地成立醫院。到了十二世紀，醫院數量急速增加，其中大多是由教會出資興建。

十四世紀之後，由於十字軍東征的影響，使得包括義大利內的許多地方都出現了十分繁榮的商業都市，從教會與皇帝統治下獨立出來的七個自由城市陸續誕生。十五世紀末時，這些自由城市裡也建設醫院來收容痲瘋病患、貧民與妓女，並埋葬因傳染病而死亡的患者，確立了公共衛生的概念。就這樣，保健、衛生、醫療等事業逐漸從教會手中轉移到世俗城市的權力者手裡。

然而醫院的發展並沒有想像中來得順利。英王亨利八世宣稱自己是「英國教會唯一且最高的首長」，他在西元一五四〇年沒收英國境內所有修道院的財產，並藉此關閉了超過一百所以上原本由教會管理的醫院。後來雖然重新開放了一部分的醫院，但負責看護工作的不再是修女，而是沒有受過特殊訓練的一般女性，因此她們的待遇很低，一直到十九世紀為止，看護的素質幾乎沒有什麼提升。

地位低下的外科醫學

在醫學院的名望提高之前，所謂的醫學指的都是內科，而且地位十分低下。外科醫學的地位更是低落，手術被教會認為是野蠻的行為，因而遭到了禁止。外科只負責處理傷口、固定骨折與脫臼等小事，仍停留在十分原始的階段。也因為這樣，當時還出現了兼任外科醫師的理髮師，他們會協助處理刀劍的創傷以及化膿的傷口。

十三世紀時，薩萊諾的醫學院陸續培育出優秀的外科醫師，有些醫師甚至還開發出獨特的治療方法。弗魯伽迪的《臨床外科學》，以及夏里葉的《大外科學》等，都被認為是附有精美插圖的優秀著作。然而薩萊諾的醫學院誤解了希波克拉底與伽列諾斯的著作，固守「傷口化膿是一件好事」的教義，這也是薩萊諾醫學院後來與主張完全相反的波隆那醫學院分道揚鑣的原因。

十三世紀末到十四世紀間，法國的醫學院取得了醫學的領導地位。當時出現了夏里葉與帕雷等優秀的外科醫師，他們將可以說是近代醫學先驅的外科醫學加以體系化。然而，由理髮師兼任外科醫師進行手術的情形依然存在。即使外科醫學在一五一五年就已獲得大學醫學院的認可，但實際的治療大都還是由理髮師兼任的外科醫師執行。

中世紀是與傳染病奮戰的時代

中世紀也是一個傳染病陰影揮之不去的時代。六世紀時，黑死病一再地引發大流行，拜占庭帝國就是因為黑死病的影響而衰退。一三四七年，黑死病又再度爆發大流行，這次的流行造成歐洲將近四分之一的人口死亡，就連封建制度也面臨動搖。而即使在沒有黑死病的時期，也還有癩瘋病的流行，十二世紀時歐洲就曾發生癩瘋病的大流行。

科學筆記　一二四〇年時，義大利的腓特烈二世允許領地內的屍體解剖，因而培育出蒙迪諾等優秀的解剖學者。

到了十四世紀，一般認為急性疾病在四十天以內就會結束，若超過這個時間而症狀依然持續的話，那麼這個疾病就屬於慢性病。威尼斯以此為根據，在一三七四年實施檢疫制度，對疑似染有傳染病的患者施以「四十天的隔離」。此外，各地也開始注意排水設施與食品衛生的管理。

中世紀時主要的醫學院和醫院

紐倫堡

圖賓根

巴黎

濟貧醫院
（里昂）

巴塞爾

聖靈醫院
（蒙貝里耶）

托利多

哥多華

薩萊諾

格拉納達

蒙特卡西諾修道院

■ 為醫學院
● 為醫院

藉由「詮釋」融和亞里斯多德體系與聖經之間的矛盾
中世紀的數學、物理學與生物學
中世紀時的數學和物理學雖然荒脊不毛，但其中還是透露出些許光明。

沒有任何數學家的時代

以古典拉丁語文獻為基礎的占星術復活之後，開始有人注意到伊斯蘭數學的存在，然而整個中世紀並沒出現足以稱之為數學的東西。西元十二世紀，應用於天文學與占星術的數學雖然一點一點地傳入歐洲，但是並沒有培育出優秀的數學家，與數學相關的資料也非常地匱乏。

十二世紀結束時，義大利比薩大貿易商波那契之子裴波那契（一一七四～一二五○）曾與伊斯蘭世界交易，他在《算盤書》中寫道：「印度有9、8、7、6、5、4、3、2、1九個數字。這些數字再加上稱之為『sifr』的阿拉伯記號『○』之後，就可以用來表示所有的數目。」不過歷經十五世紀末到十六世紀，這些內容都不為人們所理解。在基督教世界裡，數目是由上帝所支配，因此有些數字人類無法書寫出來也被視為是理所當然的事。

將亞里斯多德的體系導入聖經之中

關於基督教聖職人員第一次接觸到亞里斯多德著作時所受到的衝擊，在本章第一節已經提過。聖經告訴人們說神在有限的過去裡創造出宇宙，但亞里斯多德主張的宇宙則是永恆不變。

十三世紀中葉時，多瑪斯・阿奎那為了融合亞里斯多德的天動說（主張地球是宇宙中心）與神學的教義，而以亞里斯多德的權威說法做為聖經裡上帝相關記述的根據。

根據多瑪斯・阿奎那所提出的天動說，至高無上的神存在於宇宙中心的地球，這也讓為神服務的教會是現世統治領導者的主張獲得保證。多瑪斯・阿奎那成功地把基督教世界團結在一起，提高了聖經的權威，但也因為他利用了當時最重要的科學信念，於是引發了是否能夠直接依照字面來解釋聖經的疑慮。不過多瑪斯・阿奎那讓人們知道不一定什麼都得要依照字義來解

科學筆記 中世紀最後的植物學家康拉德（一三○九～一三七四）曾學習亞里斯多德的學說，在進行詳細的自然觀察之後寫下《自然之書》。

92

釋聖經，這也表示他認同從自然科學中可以獨自探索真理。

之後，但丁（一二六五～一三二一）在《神曲》一書中成功地將亞里斯多德以地球為中心的宇宙觀、聖經、以及多瑪斯‧阿奎那的神學融合在一起，使得中世紀的物理學成為解釋亞里斯多德古典理論的學問。

中世紀的生命觀

亞里斯多德被稱為萬學之祖，在許多領域都是極具權威的學者。因此除了物理學與宇宙論之外，他也為生物學與生命觀帶來了非常大的影響。

亞里斯多德把生命的原理稱呼為「Psykhē」，認為這是區分生命體與非生命體的基本特質。「Psykhē」的語源是「呼吸」，但是他在其中還加入了「靈魂」的意義，根據「Psykhē」的種類不同，讓生物分成了植物、動物、人類等各式各樣不同的物種。

亞里斯多德的生命觀也被十三世紀的藝術所採用。由於受到亞里斯多德的自然主義的觸發，出現了像大雅博這樣對事物原本樣貌進行觀察的植物學家，而他的弟子正是讓亞里斯多德與基督教一體化的多瑪斯‧阿奎那。

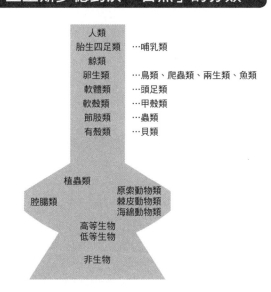

亞里斯多德對於「自然」的分類

人類
胎生四足類 …哺乳類
鯨類
卵生類 …鳥類、爬蟲類、兩生類、魚類
軟體類 …頭足類
軟殼類 …甲殼類
節肢類 …蟲類
有殼類 …貝類

植蟲類
腔腸類 原索動物類
棘皮動物類
海綿動物類

高等生物
低等生物

非生物

對教會的反彈開啟了下一個時代的大門
新科學方法論的萌芽

到了中世紀末期，有人開始深切體悟到科學研究勢必要排除基督教的影響，並企圖如此實踐。

亞里斯多德的再詮釋

十三世紀時，曾有人試圖將亞里斯多德的理論與基督教神學教義分開。綽號「萬能博士」的神學家大雅博考慮到阿拉伯語的譯本可能不全然正確，因此親自將以希臘文書寫的亞里斯多德著作譯為拉丁文，同時他也明確指出：「教會若不停止干預自然科學的研究，真實就會遭到扭曲。」

數學家葛羅斯特以伊斯蘭世界的實驗科學概念重新解釋亞里斯多德的《分析論後篇》以及歐幾里德的《幾何原本》，可說是結合了數學合理性與實驗實證性的新科學方法論的先驅。

羅傑培根（一二一四～一二九四）雖然是個修士，但是他反對植基於教會神學的獨斷，主張「應重視基於實驗的實證精神」。為此，他被監禁於修道院中長達十四年。

十三世紀中葉時，喬當思於《重力論》一書提出了反對亞里斯多德理論的意見。他認為：「重量所造成的運動會朝向地球的中心，和向上運動的方向相反。而沿著垂直方向的運動則會比沿著傾斜方向的運動來得沉重。」

科學革命的先驅出現

一二七七年，巴黎主教鄧比爾試圖證明亞里斯多德的自然學具有非基督教的異端性，以此為契機，亞里斯多德運動論的革命時代終於在十四世紀來臨，而同時間也出現許多科學革命的先驅。

牛津大學的布雷德沃丁（一二九〇～一三四九）等人重新探討了亞里斯多德的運動方程式，嘗試從數學角度去除不合理之處。此外，巴黎大學的比里當（一二九五～一三五八）等人則試著以獨創的理論來改善亞里斯多德運動論裡自然學所遭遇的困難。最近的研究漸漸顯示出，這些中世紀末期的運動理論在後來都成為引領伽利略與笛卡兒的指標。

 科學筆記 義大利的喬亞在一三一〇年時改良了中國發明的羅盤，並將羅盤裝置於航行在地中海的帆船上，實現了自由航海的想像。

自國語言的創作以及變革的時機

在藝術方面，但丁以義大利文而非拉丁文來創作文學，喬叟則以英語進行寫作。受到他們兩人的影響，許多作家與具有先見之明的科學家或哲學家也紛紛以本國的語言進行寫作。中世紀中葉以後，拉丁語不再為一般人所使用，一般市民也開始以自國語言來學習新知識，社會上到處充滿著活力（譯注：中世紀時官方文書與教堂禮拜使用拉丁文，但一般民眾則使用由通俗拉丁語衍生而來的羅曼語族〔Romance〕，如法語、義大利語、西班牙語、葡萄牙語等，這裡的本國語言指的便是這些羅曼語族）。

就這樣，中世紀進入尾聲，新的時代即將到來。隨著造紙術與活字印刷的傳入，新知識與資訊廣泛地普及，變革的時機終於成熟，而成為文藝復興時代的發端。

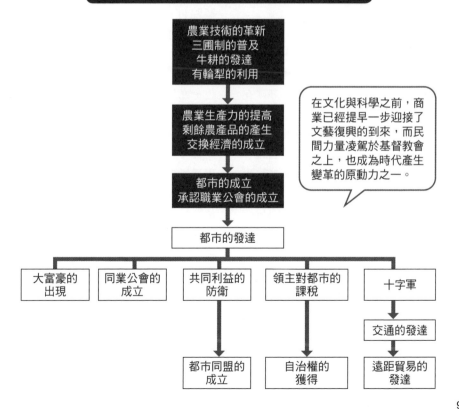

早一步發生的商業文藝復興

農業技術的革新
三圃制的普及
牛耕的發達
有輪犁的利用

↓

農業生產力的提高
剩餘農產品的產生
交換經濟的成立

↓

都市的成立
承認職業公會的成立

在文化與科學之前，商業已經提早一步迎接了文藝復興的到來，而民間力量凌駕於基督教會之上，也成為時代產生變革的原動力之一。

↓

都市的發達

- 大富豪的出現
- 同業公會的成立
- 共同利益的防衛
- 領主對都市的課稅
- 十字軍

十字軍 → 交通的發達

共同利益的防衛 → 都市同盟的成立

領主對都市的課稅 → 自治權的獲得

交通的發達 → 遠距貿易的發達

先有神？還是先有自然？
中世紀末期的經院哲學與近代科學

經院哲學原屬於擁護基督教的神學當中的一派，但最後反而讓基督教喪失了權威。

實在論與唯名論的對立

最初，神學只是單純地用來解釋以奧古斯丁為代表的教會聖師們的著作，然而十字軍東征之後，希臘哲學藉由拜占庭與伊斯蘭世界傳入歐洲，因而使歐洲發展出將基督教信仰與教義加以體系化的經院（意指為教會所附屬的學校）哲學。

生於義大利、後來成為坎特伯里樞機主教的安瑟爾謨（一〇三三～一一〇九）提倡「神與普遍性先於種種事物而存在」的實在論，他被稱為「經院哲學之父」。相對於此，法國的阿貝拉爾（一〇七九～一一四二）則主張唯名論，他認為實際存在的只有種種的事物，不論是神或是普遍性，都只是後來才附加上的名稱。由於阿貝拉爾認為理性重於信仰，因此被基督教會視為異端。這種實在論和唯名論之間的對立被稱為「普遍性論戰」，曾經在歐洲各地引發了長期的爭論，最後則是在多瑪斯·阿奎

那導入亞里斯多德的體系才得以解決。

多瑪斯·阿奎那認為：「若要在與異教徒的鬥爭中取得勝利，採取的不應該是宗教，而是必須以科學的真理為武器。」我們可以說，因為多瑪斯·阿奎那融合了被視為「異教徒」亞里斯多德與基督教，經院哲學才得以完成。多瑪斯·阿奎那認為科學的真理並不會與信仰相互矛盾，才使得「自然學」得以存在於基督教世界之內。換句話說，實在論暫時獲得了勝利。

唯名論引導了近代科學的誕生

多瑪斯·阿奎那死後，十字軍東征所帶動的自由都市的發展，以及隨之而來的世俗權力（譯注：依據基督教二元政治觀，與教會所掌握的精神權力相對的，即為國家所掌握的世俗權力，負責人們的世俗生活）的擴大，都讓教皇的權力急速地衰退，中世紀末時，英國的奧坎（一二八五左右～一三四九年左右）等人所提出

科學
筆記
阿貝拉爾曾和某巴黎教會參事會員的姪女哀洛綺思相戀，但最後被哀洛綺思的伯父所拆散，阿貝拉爾甚至因此遭到去勢。

的唯名論已變得十分具有影響力。奧坎在類似的理論中主張：「若同時有困難的解釋和簡單的解釋，在找到證據證明困難的解釋有效之前，應該要使用簡單的解釋。」他又說：「若無必要，不應增加無謂的事物」。簡單地說，當時的經院哲學為了證明上帝的存在以及全能性，使用了非常繁複的理論來解釋，而他認為這些都是不必要的。奧坎認為，神的存在以及全能性不是哲學應該去證明的東西，只要單純地將其視為信仰即可。奧坎的主張使現實世界得以與上帝切割開來，讓現實世界本身成為可以加以探討的對象，為科學思考的經驗論提供了基礎。此後，由於信仰與哲學應該各自獨立的觀念逐漸被接受，以融合兩者為目標的經院哲學在實質上已經解體，因此，近代科學於是在唯名論的立場開始發展。

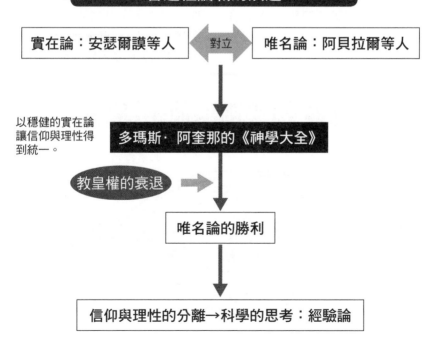

普遍性論戰的演進

實在論：安瑟爾謨等人　對立　唯名論：阿貝拉爾等人

以穩健的實在論讓信仰與理性得到統一。

多瑪斯・阿奎那的《神學大全》

教皇權的衰退

唯名論的勝利

信仰與理性的分離→科學的思考：經驗論

事物、人員與技術的交流
東西文化的交流

中世紀時的東西文化交流，讓歐洲人對東方產生濃厚的興趣，而這也成為歐洲人日後迎向大航海時代的基礎。

三條通道

自古以來，亞洲與歐洲之間共由三條通道所聯繫，分別是草原之路，綠洲之路，以及海路。

草原之路是西元前七世紀時由游牧騎馬民族月氏人所開闢。西元十三世紀，蒙古人的征服行動威脅了中世紀歐洲，同時也促進了東西文化的交流。

綠洲之路則是連結起中亞乾燥地帶的綠洲城市所形成的通道，駱駝商隊往來於其中，使這條通道成為東西方科學與文化交流的主要路徑。

至於海路則是從地中海開始，沿著紅海、波斯灣，經由阿拉伯海到達印度，然後再延伸到東南亞以及中國的通道。在古羅馬時代，希臘的商人便已積極利用海路與印度進行貿易，而西元八世紀時的伊斯蘭商人也曾利用海路與中國進行貿易。

宋朝以後，由於中國北方有騎馬民族的外患，使得經由陸路的貿易變得十分困難，因此海路貿易成為當時貿易的重心。一般認為，中國的火藥與羅盤便是經由海路傳到西方，而伊斯蘭的科學技術也是透過海路傳到中國，造成了深遠的影響。十三世紀時，中國製作的授時曆便是活用了伊斯蘭的天文學才得以正確地計算出一年的長度。

中世紀歐洲人的西方之旅

進入中世紀，歐洲人也開始來到中國。最初，基督教的聶斯托里教派於中國唐朝時傳入，並以景教之名宣教。

當時雖然有不少中國人信仰景教，但景教到了唐朝後期便已經衰微。中世紀時，方濟會也曾藉著十三世紀蒙古帝國整修驛站制度交通網的機會，將正統基督教傳入中國，但全面性的傳教則是在十六世紀之後。

中世紀最有名的旅行家是出生於義大利威尼斯的馬可波羅（一二五四～一三二四），他經由

 科學筆記 在義大利有民間傳說認為，通心粉與義大利麵等麵食是馬可波羅自中國傳回義大利的。

中亞前往中國，在中國停留了十七年，之後才又經由海路回到義大利。馬可波羅回國後在戰亂之中因故入獄，他在獄中以口述方式完成了《東方見聞錄》（譯注：又名《馬可波羅遊記》）。這本書是當時與亞洲有關的最重要的文獻，其中最有名的就是把日本誇張地描述為「黃金之國」，引起中世紀時的歐洲人對東方的憧憬，成為大航海時代來臨的遠因。

十四世紀時，摩洛哥出身的伊斯蘭教徒旅行家伊本‧拔圖塔，也曾花了將近三十年的時間遊歷於亞洲各地、非洲及西班牙，留下了《伊本‧拔圖塔遊記》一書正是這類的遊記，讓歐洲人對於東方的興趣愈來愈濃厚。

東西交流的三條通道

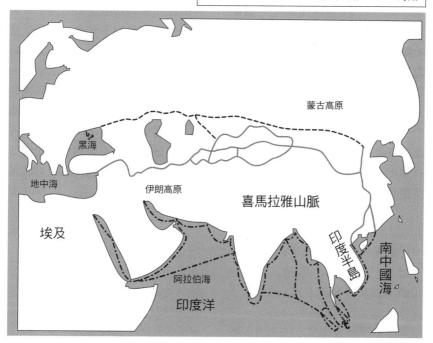

---→ 草原之路　──→ 綠洲之路　--‧→ 海路

蒙古高原

黑海

地中海

伊朗高原

喜馬拉雅山脈

埃及

印度半島

南中國海

阿拉伯海

印度洋

為了戰勝，必須擁有科學的力量
戰爭中的科學革命

十字軍東征帶動自由都市的繁榮，再加上王權的提高與教會勢力的衰退，使得英法百年戰爭與農民反抗領主的武裝運動不斷發生。

封建制度與莊園制度的崩壞

十字軍東征後，都市與商業的發展促進了貨幣制度的普及，使得原本依存於實物經濟的領主們也必須順應這種新的經濟體制，盡其所能地取得貨幣。影響所及，地租等稅金也逐漸改以貨幣支付。隨之而來的結果是領主失去對人民的統治權，因為只要農民積存了足夠的貨幣，付給地主高額的解放金，就能脫離領主的管轄成為自由之身。

西元十四世紀以來的英法百年戰爭、農民反抗領主的武裝運動、黑死病的流行等都造成了農村人口減少，促進了農奴的解放。就這樣，獨立的自耕農增加，封建制度與莊園制度於是崩解。而這些社會制度的崩解在歐洲引發了戰爭，並且讓權力逐漸集中於少數的國王身上。

羅傑培根的不安

羅傑培根曾經預測，當希臘科學遺產大量流入歐洲之後，會使得人們的思想產生重大變革，而將人們從迷信當中解放出來的科學革命將會到來。但是在同時，羅傑培根也考量到人類有所謂慾望的本性，因而感到強烈的不安與恐懼。對於自己把可以在空中飛行的機械與火藥的製造方法、以及自動船等科學技術公開一事，也曾擔憂其可能被誤用，而成為大型傷害性武器，他預言：「或許有一天，道德會屈服在科學之下。」

不安的預言成真

十字軍從伊斯蘭世界略奪而來的《兵法要說》一書，被義大利的印刷業者更改書名為《論羅馬的軍事制度》之後出版。羅傑培根的不安果然成真，隨著這本書的出版，出現了「為了在戰爭中取得勝利，必須要擁有科學力量」的思想革命，這種思想讓歐洲人登上世界的軍事支配者寶座，也讓歐洲的科學與文化成為世界的主流。

在英法百年戰爭之中，法國長期為英軍的長弓兵所苦，明顯居於

科學筆記　西元十三世紀初麥迪奇家族以販賣藥物起家的，十四世紀時他們已擠入豪商之列，後來更藉由金融業而不斷累積財富。

劣勢。然而就在一四五〇年，法國發明了把火藥與無數石頭塞入鐵製壺裡的大砲，曾在短短的幾分鐘之內就炸死了敵方三千七百七十四名的長弓兵。

大型傷害性武器的出現

而在一四九四年，法國計畫征服那不勒斯（譯注：那不勒斯王國的首都，即今日的拿坡里），那不勒斯王國為當時義大利境內主要國家之一。當時的法王查理八世自小便夢想著以那不勒斯為基地進攻土耳其收復聖地，此外查理八世也是安茹的勒內（那不勒斯勒內一世）所指定的繼承人，而阿方索五世迫使安茹的勒內放棄王位

後，流亡到法國的安茹派便不斷地遊說查理八世進攻那不勒斯，在種種的背景下促成了查理八世展開其義大利事業，而法國這次的征戰也就是義大利戰爭的開端，這次他們也利用大砲發動攻擊，僅僅八個小時就攻下了那不勒斯。而義大利隨後也被捲入一直持續到一五四四年的義大利戰爭中。

法國大砲的原理，在於控制火藥爆炸後所產生的反作用力，而這項技術還是伊斯蘭科學家所發明的。由於伊斯蘭的科學家對這項研究的運用不感興趣，使得他們的科學技術落後於蒙古帝國與歐洲，而這也是伊斯蘭世界之所以衰微的原因之一。

百年戰爭時的英法關係

英格蘭王國　加萊
1429年奧爾良戰役
弗朗德勒
巴黎
漢斯
特瓦
多雷米
奧爾良
神聖羅馬帝國
戰爭結束時的英國領土
英王的領土
波爾多
勃艮第公領
聖女貞德的進攻路線
圭亞那公國（支持法王）
（亞維儂教皇領）
法王承認的區域

東西占星術的比較

　　歐洲的西洋占星術雖然是源自於從伊斯蘭世界傳入的埃及占星術，但不論是伊斯蘭世界或是埃及的占星術，都曾經受到美索不達米亞與印度的影響。

　　在西洋占星術、印度占星術或是中國占星術中，其共同點就是都會使用星象圖。星象圖的外形或圓形，或四方形，即使是同一個時代，使用的星圖形狀也並不一定相同，但不管是哪一種星象圖，皆是藉以觀察星體運動，再依各自不同的思考體系針對星體運動的方式來進行占卜。

　　西洋占星術雖與亞洲的占星術有類似之處，但相異之處也不少。西洋占星術在一七八一年天王星發現之後，便把天王星以外的太陽系行星也都考慮進去。相對於此，印度占星術（九曜吠陀）則是以太陽到土星為止的七個星體，以及他們稱為「羅睺」與「計都」的兩個行星共九個星體為基準，天王星之外的行星所產生的影響則被還原到這九個星體上，而未將其他的星體含括進去。

　　除此之外，西洋占星術認為：「無法成功是因為不夠努力，而不是因為未能發揮自己命盤的緣故。」印度與中國的占星術則認為命運或是天命乃是由神明決定，表示：「之所以無法成功，全是命中注定」，這是兩者在解釋上最大不同。

　　所謂個人的星象圖（譯注：個人命盤），是指占卜對象出生日當時的行星與星座的位置關係圖，這個圖的狀態與命運之間的關係並沒有受過科學方法的調查與驗證。換句話說，占星術並未被視為科學。

第4章

人文主義的誕生
——文藝復興時代

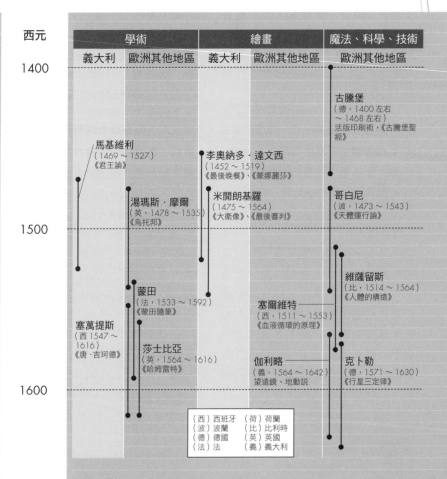

西元	學術		繪畫		魔法、科學、技術
	義大利	歐洲其他地區	義大利	歐洲其他地區	歐洲其他地區
1400					

古騰堡
(德，1400 左右
～ 1468 左右)
活版印刷術，《古騰堡聖經》

馬基維利
(1469 ～ 1527)
《君王論》

李奧納多·達文西
(1452 ～ 1519)
《最後晚餐》、《蒙娜麗莎》

湯瑪斯·摩爾
(英，1478 ～ 1535)
《烏托邦》

米開朗基羅
(1475 ～ 1564)
《大衛像》、《最後審判》

哥白尼
(波，1473 ～ 1543)
《天體運行論》

1500

維薩留斯
(比，1514 ～ 1564)
《人體的構造》

蒙田
(法，1533 ～ 1592)
《蒙田隨筆》

塞爾維特
(西，1511 ～ 1553)
《血液循環的原理》

塞萬提斯
(西 1547 ～
1616)
《唐·吉珂德》

莎士比亞
(英，1564 ～ 1616)
《哈姆雷特》

伽利略
(義，1564 ～ 1642)
望遠鏡、地動說

克卜勒
(德，1571 ～ 1630)
《行星三定律》

1600

(西) 西班牙	(荷) 荷蘭
(波) 波蘭	(比) 比利時
(德) 德國	(英) 英國
(法) 法	(義) 義大利

對於文藝復興的天才而言，並沒有「領域」的分野
從義大利開始的文藝復興

「Renaissance」是「重生」之意，指的是讓希臘、羅馬時代的藝術再一次地復活與重生。

緩步來臨的文藝復興

文藝復興是指西元十四世紀到十六世紀間，從義大利開始向外擴展的文化運動。佩脫拉克、伊拉斯謨斯、湯瑪斯‧摩爾等人文主義者從希臘、羅馬時代的古典文化中看到了「人性」的部分，因而對基督教所統治的中世紀社會投以強烈的關注與批判。

除此之外，文藝復興還培育出達文西、米開朗基羅等為數眾多的優秀藝術家。他們對於個性與個人的價值產生了自覺，並試圖展現出人類的無限可能性，這種對於「人」本身的關懷也孕育出全新的科學精神。

然而，文藝復興的發生並不是突然開始的。十二世紀以來伊斯蘭文化與科學便逐漸流入歐洲，使歐洲得以透過伊斯蘭而重新認識古希臘與羅馬的古典文化，其所帶來的衝擊與影響經過了中世紀到近代的過渡時期，文藝復興便是在這段時期內以極慢的腳步緩緩來到。

從義大利往外擴展的原因

義大利的商業都市發展，乃是以十字軍東征帶來的繁盛貿易為基礎，富裕的都市成為推動文藝復興的重要原動力。當時義大利雖然分裂為都市共和國、小型王國、教皇領等，彼此相互對立，都市裡也不斷上演著權力鬥爭的戲碼，但這種不安定的政治情勢也為文藝復興帶來了各種不同的影響。

而義大利富商對於文藝復興可說是貢獻良多。文藝復興時期，對藝術與學問的保護可以讓身為知識分子的統治者相對地提高權威。因此，許多富商都對藝術與學者提供經濟上的援助，其中像是威尼斯的麥第奇家族更是經常邀請人文主義者、藝術家以及學者來到他們的別墅，進行古典文化的研究並開闢講座。

文藝復興時期的藝術家與建築師就在這樣的場合裡學習到各種知識，並表現在自身的作品上。這是一個重視學問、藝術等教養的時

 科學筆記　佛羅倫斯的外交官馬基維利曾經在混亂的義大利政界中研究羅馬的歷史，探尋人與政治的本質。

104

代，能夠優雅地生活被視為是一種美德。

通才的出現

　　文藝復興的時代精神之一就是個人自由的解放，以及對個人潛能的追求。當時的藝術家就在這樣的精神下，在工房內的共同作業過程中接受職業技能的訓練，磨練自身的技巧。當時的藝術家與工匠並沒有明確的區別，工作同時涉及建築、繪畫、雕刻等各領域是常見的情形。

　　也就是這樣的社會環境，才能夠培育出像亞伯提、達文西、米開朗基羅這些在各領域都有傑出表現、被稱為「通才」的天才。而在歐洲各地也因為受到義大利的影響，出現許多優秀的藝術家與思想家。

文藝復興由兩個中心向外傳播

法蘭德斯文化圈

英格蘭王國　倫敦　布魯塞爾　神聖羅馬帝國

日內瓦　亞維儂

里昂

法蘭西王國　米蘭

威尼斯

西班牙王國　　佛羅倫斯

羅馬

葡萄牙王國

義大利文化圈

從科學史看文藝復興時代

歐洲的文藝復興雖是受「科學革命」影響，準備往近代科學邁進的一個時代，但這條路走來並不平坦。

魔法與煉金術的傳承

即使文藝復興時代來臨，歐洲人依然相信流傳自古代的迷信與巫術。除了相信有女巫與魔法存在，更有許多人認為自己就是女巫。當時也有人把占星術視為一門學問，而藉由觀察恆星、太陽、月亮、行星的運動所獲得的資料也確實成為天文學的基礎。但是到後來，占星術依然被人們視為巫術與魔法，並以這樣的形態繼續傳承。

此外，煉金術也沒有消失。當時煉金術的技術被應用於金屬加工，以及醫學藥品的製造上，當然也有人是認真地想要藉煉金術來取得黃金。人們藉此累積了許多使用煉金術的經驗與數據，並將這些經驗與數據進行科學的活用與探索，因而促成了化學家的誕生。

赫密斯主義的盛行

相傳《赫密斯祕義書》為希臘神話中神的信使赫密斯所寫，文藝復興時期，人們對《赫密斯祕義書》進行各種不同的闡述，以此為根據來探討宇宙、人類或宗教本質的風潮非常盛行，而這也就是所謂的赫密斯主義。

《赫密斯祕義書》是有關泛希臘文化所孕育出之古代末期神祕主義思想的紀錄，其中神祕學的色彩非常濃厚，主要是說明靈魂、物質、自然現象以及人類與宇宙的關係。人文主義者費奇諾翻譯了《赫密斯祕義書》，讓《赫密斯祕義書》在歐洲被廣泛地閱讀。此外，將神祕學要素納入柏拉圖永恆說、神祕思想傾向十分強烈的新柏拉圖主義在當時也非常盛行。於是迷信、巫術、魔法、神祕主義等全與科學混合在一起，難以明確區分。正因為赫密斯主義的流行，文藝復興時代才無法誕生出真正的科學。

科學筆記 直到八十九歲去世為止，米開朗基羅都沒有收任何弟子，就這麼地以一個孤傲的天才畫家、雕刻家與建築家的身分結束了一生。

科學發展休息的時代

一般來說，文藝復興時期在科學史上的評價並不高，在科學的發展過程中，文藝復興時期通常被認為是介於伽利略等科學先驅崛起的時代，與十七世紀伽利略的學說以及牛頓等人活躍的科學革命時代之間的休息時期。

然而在思想史上，文藝復興的確打破了以往的既定概念，是人類思想擺脫基督教規範的世界觀，一變為近代崇尚個人自由的世界觀的過渡期，新文化的風潮遍及整個歐洲。

不過這個時代仍可見到「獵殺女巫」等迷信的思考方式，以及狂熱的信仰態度，因此文藝復興時期並不能說是一個完全光明的時代。

藝術上的自然觀察

在文藝復興時期，儘管當時人們已超脫基督教的生命觀，不再認為所有與生存相關的事物都必須順從上帝的旨意，但人們對於生命依然持有一貫的基本看法，將人類與所有生物的生命皆視為上帝所賜予。在藝術方面，大雅博就現有自然事物的原始樣貌進行觀察後所提的自然主義也開始蓬勃發展。

於是，文藝復興時期亦出現許多博物學者，包括以康拉德（一三○九～一三七四）為首，後繼者有《本草圖譜》的布朗菲斯（一四八八～一五三四）、《鳥類博物誌》的朗德勒（一五○七～一五六六），《新本草書》的特納（一五一○～一五六八），《動物誌》的蓋斯勒（一五一六～一五六五），以及《海洋生物誌》的貝隆（一五一七～一五六四）。他們精確地觀察、記錄了許多生物，並注意到這些生物之間的共同點與相異之處。

博物學經過了長時間的發展，十七世紀之後相繼衍生出分類學、生態學、進化生物學等學科。

科學發明與發現被祕密地隱匿起來
近代科學誕生的前夕

受到伊斯蘭世界的影響，使中世紀不至於是個黑暗時代，但反過來說，文藝復興時期也沒有想像中的光明。

萬能天才達文西的苦惱

被譽為萬能天才的達文西（一四五二～一五一九），不僅在繪畫領域享有極高的聲望，在攻城機、戰車、飛行機、機關槍的設計等理工領域，也有過人的才能。達文西認為：「實驗雖不會做假，但人的判斷卻可能會發生錯誤。」他又說：「在建立一般法則之前，應重覆實驗是否能得到相同結果。」

然而，當時的科學才初步確立進行自然觀察的發展方向。而積極介入自然進行實驗的研究態度，也就是所謂的科學方法，則一直要等到十七世紀伽利略出現之後才得以確立。

眼看當時的人們依然沉迷於迷信與巫術，無法脫離傳統基督教對思想的侷限，現實與理想之間的鴻溝讓達文西深感苦惱。對於科學被利用在義大利戰爭（譯注：義大利戰爭中運用了加上輪式砲架的可攜式野戰砲與毛瑟槍等新式武器，並發展出齊射與混合兵種等新式戰術）等多場戰爭，也讓達文西十分地不安，然而他自己也無法不參與戰爭（譯注：達文西曾於佛羅倫斯擔任教皇軍指揮官凱薩波吉亞〔教皇亞歷山大六世之子〕的軍事工程師，為其設計武器）。

達文西的個性特立獨行，一直都沒有正式的工作，但後來他受雇於威尼斯的官營兵器製造局，負責研發新式大砲的鑄造。據說達文西一生深受兩種情緒所苦：一是對科學的熱愛，另一則是將科學應用於戰爭的罪惡感。然而達文西到底對戰爭做出了什麼樣的貢獻，歷史上並未留下完整的紀錄。

達文西把自己設計的兵器及裝置看做邪惡之物，為了稍微減輕道德良心上的譴責，他並未寫下詳細的說明書，只簡略做了一些註解，為的就是擔心邪惡兵器會遭邪惡之人所掌握。

此外，為了能夠描繪出更細緻的人物畫，達文西也學習解剖學，留下了為數不少的解剖圖。他還進一步研究機械學、流體力學、地質

科學筆記 伊斯蘭帝國成立之初，伊斯蘭世界便已知道赫密斯主義據以為根本的《赫密斯祕義書》所講述的是古代末期的神祕思想。

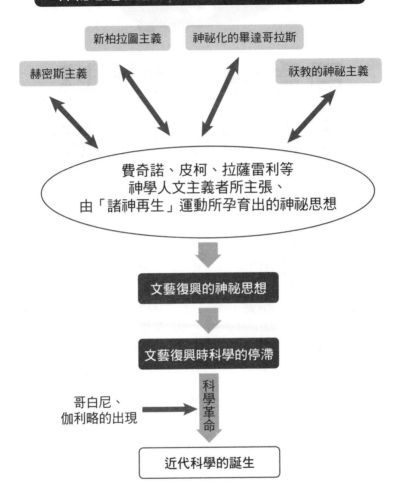

神祕思想與復古主義扭曲了古典的解釋

新柏拉圖主義

神祕化的畢達哥拉斯

赫密斯主義

祆教的神祕主義

費奇諾、皮柯、拉薩雷利等
神學人文主義者所主張、
由「諸神再生」運動所孕育出的神祕思想

文藝復興的神祕思想

文藝復興時科學的停滯

哥白尼、
伽利略的出現

科學革命

近代科學的誕生

學、水利學等各種學問，並將成果記錄下來，也因為如此，達文西才會被稱為「萬能天才」。

文藝復興的意義

文藝復興時代的人文主義者對於科學的發展幾乎沒有貢獻，而自然哲學家除了動搖了經院哲學家的主張之外，也並沒有什麼值得一提的成就。

當時，除了以赫密斯主義為基礎的神祕思想之外，與祆教（譯注：又稱拜火教，西元前七世紀由哲學家瑣羅亞斯德創立。主張善、惡二元論，認為世界處在善惡兩神的鬥爭中，人們應從善避惡）相關的古代神學於此時再度復活，而受到人文主義者費奇諾、皮柯等人影響，相信祆教魔法存在的神祕主義者也為數不少，這些發展在在限制了科學的進步。就科學史來說，文藝復興並非科學發展的黎明時期，而是確立科學方法論之近代科學誕生的前夕。

即便如此，文藝復興做為時代轉變的時期，可說讓歐洲世界在知識、社會、經濟等各層面都產生了重大變革，也為歐洲在爾後科學革命的創新發展打下了思想與社會的基礎。

此外，文藝復興也破除了以往市民社會（譯注：中世紀時古希臘的城邦社會在城市化過程中，許多出身自農奴的工匠在城市中形成共同遵守城市自治規章的市民階級，這些市民享有參與政治共同體各種活動的基本權利）中學者與工匠的隔閡，讓兩者得以融合。學者所提出的合理理論透過工匠的實作獲得了驗證，而理論與實踐的結合也成為孕育近代科學的基礎。直到十七世紀科學方法論確立之後，近代科學終於真正地誕生。

封閉的研究態度

一直到十六世紀末為止，研究自然科學方面的書籍，其敘述與表記方式均會隨著學者不同而有完全不同的呈現，使得內容的理解上很容易產生誤解。由此可見，當時的科學並不具有普遍性與客觀性這兩項科學應有的特性，而學者本身也認為研究成果只須讓周遭同領域的研究者知道就好，整體上，科學研究仍處於非常封閉的狀態。此外，由於當時沒有定期發行的學術期刊，因此也有學者認為沒有早別人一步公開研究成果資訊的必要。

也因為如此，即使當時活字印刷技術已經十分普及，但一般民眾獲知最新科學研究資訊的機會是少之又少，反而是人文主義者的思想以及與神祕思想等相關資訊非常普及。

從懷疑主義衍生出客觀觀察與實地驗證的精神

科學精神的誕生與印刷機

挑戰絕對權威的懷疑精神，隨著基督教會權威的動搖而出現，這種懷疑精神與科學的誕生有著密切的關係。

誕生自懷疑主義的科學精神

文藝復興解放了基督教權威對於人們精神上的束縛，不僅破壞以基督教為中心的價值觀，同時也孕育出懷疑主義，對教會既是絕對權威、卻無法滿足個人經驗或感覺的理論抱持著懷疑的態度。

當時實踐懷疑主義並強調科學思考重要性的就是達文西等天才，在這些天才的薰陶下，哥白尼與其後繼者則進一步地確立了科學精神。

古騰堡的印刷革命

一四〇〇年左右出身於梅因茲（譯注：德國西部城市）望族的古騰堡，是最早利用伊斯蘭世界活字印刷術開發出印刷機的人，然而整個開發過程可謂一波多折，十分艱辛。

一四二八年，古騰堡開始研究印刷術，但他所繼承的家產並不敷研究使用，而共同出資的親戚又突然要求他償還借款，為此古騰堡一

度放棄研究。就在這個時候，金融業者約翰・福斯特提供貸款給古騰堡，古騰堡才得以重新展開研究。

古騰堡對約翰・福斯特非常信任，全心投入印刷機的研究，然而就在印刷機即將完成之際，約翰・福斯特突然要求古騰堡償還所有債務，並對沒有還款能力的古騰堡提出告訴。對此，法院最後裁定古騰堡必須將印刷機以及正在印刷中的《古騰堡聖經》的版權全歸為約翰・福斯特所有。

為此，古騰堡流落街頭，幾乎失去了所有的出資者與友人。後來梅因茲市的法律顧問康拉德・胡梅利伯爵對古騰堡伸出援手，協助古騰堡成立印刷工廠。之前被約翰・福斯特奪走的工廠，則在一四六一年時因內亂遭到焚毀。

由於印刷機的開發過程錯綜複雜，當時許多印刷業者都趁亂宣稱自己是印刷機的發明者。然而古騰堡與約翰・福斯特之間的詳細訴訟紀錄都被保存下來，古騰堡最終被

科學筆記 義大利天才李奧納多・達文西於一五一九年五月二日去世，享年六十四歲，亡故的地點是法國巴黎。

認定為印刷機的發明者，不過這已經是古騰堡去世之後的事了。

印刷術的出現是為了將聖經翻譯為各國語言，而馬丁路德宗教改革的思想也因為這項新的印刷技術而得以流傳至歐洲各地。由於古騰堡印刷術的影響至為深遠，因此古騰堡的發明經常被稱為「印刷革命」或「古騰堡革命」。

採用數學方法的科學精神誕生

出生於波蘭的哥白尼（一四七三～一五四三）曾在佛羅倫斯求學，在那裡他接觸到了古希臘學者阿利斯塔克斯的地動說，於是一頭栽進了天文學的研究。

哥白尼在觀察行星時發現了逆行現象的存在，他表示：「有時行星看起來會往與原本前進方向的相反方向移動，而經過一段時間後，行星看起來又轉回了原本前進的方向。」哥白尼進行了更詳細的天文觀測後發現，以往的天動說（譯注：天動說主張地球是宇宙的中心，地球本身不會移動，移動的是其他的星體，此說最早由亞里斯多德提出，後由托勒密匯整，基督教的宇宙論即以此為本）並無法說明星體運轉的所有現象，有些現象若不使用結構複雜的天球圖，根本就沒有辦法解釋。

此時哥白尼想到可以利用數學來驗證地動說，他知道如何在地動說的架構下用數學來解釋行星逆行的現象。然而哥白尼無法證明自己的說法是正確的，再加上害怕被教會指控為反叛者與異端，因此雖然他把自己的想法整理成《天體運行論》一書，但並沒有公開發表。由於當時的觀測技術尚無法確認天體日心視差的存在（譯注：所謂「視差」，是指從兩個觀察位置觀察同一物體時，兩道視線所形成的夾角。「日心視差」為同一天體的「地心座標」與「日心座標」之差，地心座標指的是以地心為天球中心的天體座標，日心座標則是以日心為天球中心的天體座標），使得哥白尼終究無法證明其學說的正確性。

一直到哥白尼去世前的一五四二年，《天體運行論》才由哥白尼的弟子公開，這一公開也動搖了支持以天動說為基礎、持古老宇宙觀的基督教會。

而這種將客觀的觀察結果以數學方法加以驗證的研究方法的出現，正象徵了科學精神的誕生。

 科學筆記　古騰堡製作出規格相同、方便置換的金屬活字，再以亞麻油製作油墨，開發出以印刷機進行大量印刷的技術。

火星的「逆行現象」

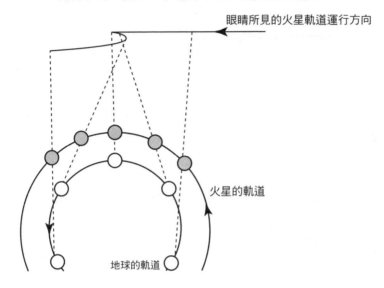

眼睛所見的火星軌道運行方向

火星的軌道

地球的軌道

哥白尼所提出的天球圖

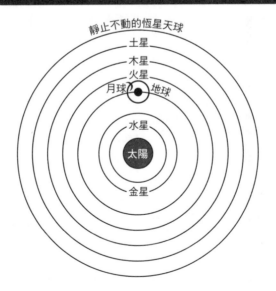

靜止不動的恆星天球

土星
木星
火星
月球　地球
水星
太陽
金星

醫學也因「觀察」而進步
近代醫學的發展從解剖學開始

十三世紀末到十六世紀間，許多學者拋除中世紀基督教對人體解剖的偏見，積極從事人體解剖的研究工作。

義大利的解剖學

西元一三七六年，路易・安茹公爵允許肖利亞克每年對一名死囚進行大體解剖，使得他能夠清楚並客觀地寫下《大外科學》一書，但肖利亞克並不是中世紀研究解剖學的第一人。一二四○年時，肖利亞克的師祖蒙迪諾便在腓特烈二世的允許下，於其領地內進行屍體的解剖。蒙迪諾在一三一六年發表了《解剖學》一書，留下了精細的解剖圖。

就這樣，整整兩個世紀的時間，義大利一直是解剖學領域的先驅。而達文西之所以能夠學習解剖學，也正是因為義大利有如此的歷史背景。

推翻伽利諾斯學說的重大發現

有些人認為，若與中世紀相較，文藝復興時期的醫學與醫療幾乎沒有什麼改變，但當時的解剖學與生理學確實是有長足的進步。文藝復興時期的藝術家深入研究人體的型態以及解剖學，例如知名的米開朗基羅便是帕多瓦大學解剖學學者科隆博的弟子。

維薩留斯（一五一四～一五六四）是比利時布魯塞爾的宮廷藥劑師之子，一心想學習解剖學的他進入巴黎大學就讀，但課堂上教授只是把希臘解剖學大師伽列諾斯的理論拿起來照本宣科地讀，讓維薩留斯感到非常失望。雖然維薩留斯對解剖學的熱情感動了巴黎大學的教授，讓他得到許多進行人體解剖的機會，但巴黎大學最終還是無法滿足維薩留斯對解剖學知識的追求。一五三六年維薩留斯進入帕多瓦大學就讀，一五三七年畢業，當時才二十三歲的他立刻被聘任為外科與解剖學教授。

維薩留斯知道伽列諾斯的解剖學是基於解剖豬或山羊等動物的結果，因此他將自己從事人體解剖所得的研究成果寫成了《人體構造》一書共七冊，維薩留斯根據的不是權威的文獻，而是從實際觀察所得

科學筆記 馬丁路德有「撒謊博士」的綽號，而以「麥比烏斯環」（譯注：將一條帶子扭轉180度後接合，就變成一個表裏不分、只有單面的奇妙環形）享有盛名的數學家麥比烏斯的母親，就是路德的子孫。

的事實，他將這些內容以詳細的圖示表現出來，為近代解剖學打下了穩固的基礎。巧合的是，哥白尼的《天體運行論》也在同一年出版（譯注：兩書均於一五四三年出版），這兩本著作皆是確立了近代科學里程碑的重要著作。

之後，維薩留斯追隨父親的腳步進入宮廷，相繼擔任神聖羅馬帝國皇帝查理五世以及西班牙菲利普二世的侍醫。然而，當否定伽列諾斯學說的《人體構造》廣為人知之後，當時的人們因無法接受維薩留斯的主張而指責他詐欺。對此，西班牙的基督教會藉由宗教審判，將維薩留斯判為異端。

一五六四年，失意的維薩留斯越過阿爾卑斯山來到威尼斯。為了證明自己是一個虔誠的基督徒，維薩留斯從威尼斯搭船，展開他前往耶路撒冷的朝聖之旅。不幸的是回程途中發生船難，維薩留斯最後病死於愛奧尼亞地方的札金索斯島。

維薩留斯證明了心臟具有兩個心房與兩個心室，以及心室間與心房間並沒有連通的孔洞，正式這項重要發現推翻了伽列諾斯學說。

■法國作家波萊爾在奇幻小說《解剖學者維薩留斯》中，把維薩留斯描寫為半夜在墓地裡與野狗搶奪屍體的十六世紀解剖學者。

與維薩留斯同一時代，還有其他優秀的解剖學者，法羅皮歐（一五二三～一五六二）與歐斯塔修（一五二四～一五七四）便是其中的代表人物，今日人們熟知的輸卵管（Fallopian tub）與耳咽管（Eustachian tub）就是以他們兩人的名字所命名。

喪生於宗教革命的醫學家

中世紀時，歐洲各地雖然多次發生針對教會的墮落與腐敗而進行的改革運動，但目的並不是為了否定教會的權威或制度。十四世紀英國的威克里夫，十五世紀布拉格的胡司與佛羅倫斯的撒芬挪拉等人，他們都曾發起回歸聖經、否定教會權威的改革運動，但最後都被視為異端而遭到迫害。

十六世紀時，德國的馬丁路德、瑞士的慈運理、法國的喀爾文等人成功地進行了宗教改革，建立起以聖經為中心、倡導民主信仰的新教（即今天所說的基督教）。

在喀爾文的帶領下，法國也吹起了宗教改革的風潮，新教徒與舊教徒（天主教徒）之間的流血事件引發了胡格諾戰爭（一五六二～一五九八），一直到亨利四世頒布〈南特詔書〉特承認新教徒與舊教徒地位平等為止，法國一直處於為狂熱與憎惡所襲捲的混亂狀態。

喀爾文教派是一個狂熱的激進教派，當時獵殺女巫的行動甚至比中世紀時還要激進，也因此造成了大量的犧牲者。其中，西班牙的醫師兼神學家塞維圖斯雖是一名優秀的生理學家，發現了血液的肺循環，然而由於他匿名發表了批評新教徒與舊教徒的著作，被喀爾文認定為異端而遭處火刑。

觀察、實驗，以及病原菌存在的假設

十六世紀的偉大實驗醫學家

西元十七世紀的科學革命發生前，為科學革命奠定基礎的先驅當中也包含了臨床醫學家。

史上第一部職業病相關著作

十六世紀是宗教革命的年代，活躍於這個時代的神學家有馬丁路德與喀爾文。同一時期，有幾位臨床醫學領域的醫師也非常地活躍，其中的代表人物便是出身瑞士的帕拉塞瑟斯（一四九三～一五四一）。

「帕拉塞瑟斯」並非帕拉塞瑟斯的本名，而是以古羅馬時代的博物學者塞爾瑟斯（Celsus，意指「精通萬學之人」）之名所取的別號，意思為「勝過塞瑟斯」。帕拉塞瑟斯的本名非常地長，叫做菲利普斯・奧利俄盧斯・塞俄弗拉斯圖斯・馮・霍亨海姆。

帕拉塞瑟斯把引發人體內在生命現象的力量稱為「生基」，認為只要能提高生基的力量，便能將疾病治癒。帕拉塞瑟斯提倡基於自然的觀察以及實驗醫學的重要性，認為基督教會引為規範的伽列諾斯與伊本・西那的醫學書籍沒有實證做為依據，內容毫無意義，並在群眾面前燒了這些著作。帕拉塞瑟斯如此偏激的舉動讓他失去了瑞士巴塞爾大學的教授職位，由此亦可想見帕拉塞瑟斯的個性非常剛烈。

帕拉塞瑟斯藉由敏銳的觀察力，研究礦坑工作者所罹患的疾病，並且在《礦工病》一書中詳細解說了肺部疾病、精練與冶金工人的疾病，以及水銀所造成的疾病等。而這本書也是歷史記載上關於職業病的第一本著作。

而帕拉塞瑟斯亦無法躲過當時時代的潮流，他的研究受到了神祕思想與鍊金術的影響。帕拉塞瑟斯明白不可能藉由鍊金術來得到金子，但他嘗試以鍊金術提煉新藥，以金屬與其他礦物製造藥品，而占星術也被帕拉塞瑟斯當做醫學的一部分而加以運用。若從這個角度來看，認為帕拉塞瑟斯等同於騙子或魔法師的說法似乎也沒有什麼不對。

 科學筆記　「帕拉塞瑟斯」這個別名可能是他人所取，也可能是帕拉塞瑟斯為了讓自己的名聲更響亮而自己取的。

哥白尼的同學

哥白尼是義大利北部帕多瓦大學的醫科學生，當時他有一個年紀小他十歲的同學，也就是研究流行病學的醫師吉洛拉莫・弗拉卡斯托羅（一四八三～一五五三）。

除了醫師身分，弗拉卡斯托羅同時也是個詩人、神學家，以及天文學家。此外，他還寫過與地理有關的書。弗拉卡斯托羅的代表作《西菲力士或法國病》與《論傳染與傳染病》是十六世紀時最重要的流行病學著作。最早把梅毒稱為Syphilis（西菲力士）的就是弗拉卡斯托羅，而這個名稱一直被沿用到今日。

根據臨床觀察結果，弗拉卡斯托羅主張傳染病的傳染途徑分為人與人之間的直接傳播，以及透過其他物體傳染的間接傳播。弗拉卡斯托羅認為傳染病的傳染源具有在人體內繁殖的能力，這表示他已經掌握住今日所謂的病原體的存在，可以想見當時他擁有極為優秀的觀察力。事實上，弗拉卡斯托羅還認為依據傳染病種類的不同，傳染源的性質也不一樣，並將水痘、麻疹、黑死病（譯注：即鼠疫）、結核、痲瘋病、梅毒、斑疹傷寒等傳染病區分開來。對於各種疾病的區別與認

識，可說是他開啟新時代醫學所做的最大貢獻。

戰爭與外科醫師

十六世紀時，有一位一生都活在戰爭中的外科醫師，他的名字叫做帕雷（一五一〇～一五九〇）。帕雷出生的年代，是歐洲各國國王彼此爭奪霸權的時代，其中對帕雷造成最大影響的，就是法國王室入侵義大利而與哈布斯堡王室對立所引發的義大利戰爭，這場戰火延燒了整個歐洲。

西元一五三六年，帕雷加入法軍行列，為在戰場上受傷的士兵進行手術。當時處理大砲或槍彈所造成的創傷必須使用接骨木油來燒灼傷口，但由於手邊的接骨木油已經用完，在逼不得已的情形之下，帕雷便將蛋黃、玫瑰精油與松香油混合在一起，製成軟膏塗在傷兵的傷口上。

帕雷曾說：「當時我一想到那些傷口沒有經過燒灼處理的傷兵就無法成眠。但隔天早上我很驚訝地發現，被我塗上了自製軟膏的人，幾乎都沒有疼痛、發炎、腫脹等症狀，反而是傷口用接骨木油燒灼過的人因為出現高燒、發炎、與腫脹而痛苦不已。當下我就發誓，從此

科學筆記　一五〇六年起的數年間，達文西與米開朗基羅曾在佛羅倫斯與畫家拉斐爾一同工作。

以後不再使用這種野蠻的燒灼方法來進行治療。」一五四五年，帕雷將自己的經驗出版成書，之後也留下了基於實證結果的治療技術。

除此之外，帕雷還在戰爭中開發出四肢斷裂時的血管止血法。另外像是疝氣的手術方法、難產時採取的胎兒迴轉術，以及骨折或脫臼時的處置方法等也都是他的貢獻，而最早開發出具有實用性功能義肢的也是帕雷。

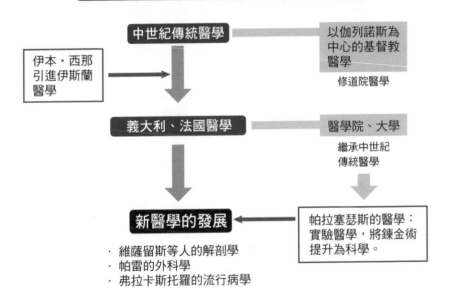

截至十六世紀為止的中世紀醫學系譜

中世紀傳統醫學

以伽列諾斯為中心的基督教醫學

修道院醫學

伊本・西那
引進伊斯蘭醫學

義大利、法國醫學

醫學院、大學

繼承中世紀
傳統醫學

新醫學的發展

帕拉塞瑟斯的醫學：
實驗醫學，將鍊金術
提升為科學。

・維薩留斯等人的解剖學
・帕雷的外科學
・弗拉卡斯托羅的流行病學

證明地球是圓的，以及世界觀與社會情勢的變化
大航海時代的到來

始於文藝復興時期的大航海時代，讓人們在獲取物資的同時，也得到了全新的視野。

迎向大航海時代的準備

　　義大利城邦連結起蒙古帝國統治下的大貿易圈、地中海、埃及與黑海，藉由貿易獲得了巨大的利益，也讓義大利的文藝復興得以實現。

　　西元十四世紀初，中國人發明的羅盤在義大利獲得改良，同時期造船技術也十分地發達；十五世紀末到十六世紀中葉間，哥白尼與其弟子的研究讓天文學知識廣為普及，關於地理學的知識也隨之傳播開來。

　　當時托勒密的地理書除了被譯為拉丁文，也有義大利文與西班牙文的譯作出版。此外，被稱為「航海指南」的遠洋航行用海圖，以及雷喬蒙塔努斯（一四三六～一四七六）所發明的星盤也相繼出現。主張地球是一個球體的義大利地理天文學家托斯卡內利（一三九七～一四八二），根據自己的學說製作出世界地圖，而畢翰則依據托斯卡內利學說在一四九二

年時製作出世界上第一個地球儀。

　　當然，大航海時代到來的基礎不僅只是科學知識的普及而已。基督教會為了找出據說位於非洲的

聖薩爾瓦多

亞馬遜河

巴西

麥哲倫海峽

科學筆記　哥倫布在西元一四九二年發現美洲，但當初他以為自己所抵達的是印度的某處。

120

聖地「聖約翰」，在非洲西岸進行了探查以及傳教活動，而這也是歐洲向海外擴張的動機之一。再加上鄂圖曼土耳其帝國興起後，以往的貿易路線無法再繼續使用，迫使商人為了生存必須改與大西洋沿岸各地進行交易。由於只要能以不經過鄂圖曼土耳其帝國的方式取得辛香料，幾乎也就確保了巨大的利益，因此歐洲各國的君主為了進一步強化中央集權，皆以取得經濟優勢地位為目的，擬定支持探險家的方針。就這樣，大航海時代已經為揭幕做好準備。

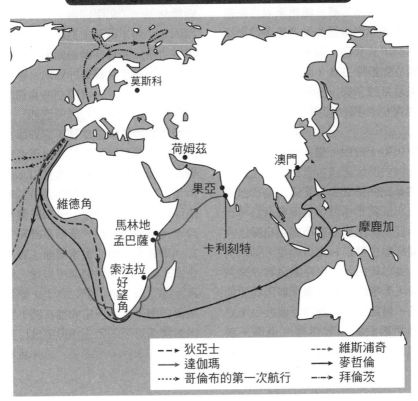

歐洲人的發現與探索

- - - ▶ 狄亞士
- ──▶ 達伽瑪
- ‥‥▶ 哥倫布的第一次航行
- ‥‥▶ 維斯浦奇
- ──▶ 麥哲倫
- -‥▶ 拜倫茨

莫斯科

荷姆茲

澳門

果亞

維德角

馬林地
孟巴薩

摩鹿加

卡利刻特

索法拉
好望角

始於葡萄牙的大航海時代

葡萄牙在十五世紀前半展開了非洲西岸的探索事業，被稱為「航海王子」的亨利王子（一三九四～一四六〇）在薩格雷斯岬設立了航海學校，進行航海技術與天文學的研究，並成功地培育出航海家。葡萄牙於是開拓了東印度航線，一四八八年狄亞士在非洲南端發現了「風暴角」，後由葡萄牙國王約翰二世更名為「好望角」。

之後，葡萄牙繼續探索非洲的東海岸，一四九八年，貴族出身的葡萄牙航海家達伽瑪在經過大約十個月的航行之後，發現了前往印度卡利刻特的航線，開闢了取得香料的途徑。葡萄牙因此獲得了巨大利益，並開啟了十六世紀前半葡萄牙對印度與東亞的侵略。

大航海時代的成果

受到伊莎貝拉女王支持的哥倫布相信托斯卡內利所主張之地球是個圓體的理論，認為從西邊的航線出發應該也可以到達印度與中國，因此決定要橫渡大西洋。一四九二年，從西班牙出港的哥倫布先是發現了聖薩爾瓦多島（即華特林島）（譯注：位於今巴哈馬群島中），後又繼續往南美洲大陸進行探險。之後

在西班牙航海家巴爾沃亞等人的探索下，大家才慢慢認識到哥倫布所發現的土地是新大陸。葡萄牙後來派遣亞美利歐・維斯浦奇（一四五四～一五一二）前去調查巴西海岸，維斯浦奇留下了記錄新大陸各項細節的遊記，而新大陸也因為他的遊記被冠上維斯浦奇之名亞美利歐（Amerigo），稱為「亞美利堅」（America，即美洲大陸）。

西班牙進軍海外

這許許多多探險的結果，使世界地圖逐一地被修正。西元一五〇七年，沃爾德塞姆勒所製作的木版畫世界地圖中首次記載了亞美利堅這個地名。一五六九年時，麥卡托開發出用來繪製世界地圖的圓柱投影法（麥卡托投影法），為海圖的發展帶來重要的貢獻。雖然最近的研究發現，明朝時鄭和所率領的船隊就已經詳細調查過美洲大陸與南極洲，同時也製作了世界地圖，但當時的歐洲人幾乎完全沒有得到這些資訊。歐洲人得知南極大陸的相關知識已經是十八世紀時庫克船長探險之後的事情，在這之前歐洲只知道南方有一廣大的大陸存在。

大航海時代對歐洲影響甚深，貿易的中心先是從義大利轉移到里

 西班牙軍人伊納爵・羅耀拉與其同志組成了耶穌會，在殖民地宣揚天主教。

斯本，再由安特衛普變成了阿姆斯特丹。新大陸所開採的廉價白銀流入了歐洲，造成歐洲物價的上漲，使得南德的銀礦業因此衰微，而義大利的地中海貿易，以及以北德為中心的北海貿易的地位也跟著下降。當時貿易的中心移往了大西洋，歐洲各國從美洲大陸輸入價格低廉的栽培作物（馬鈴薯、蕃茄、可可、玉米、花生、菸草、辣椒等）以及辛香料，葡萄牙與西班牙也因著貿易的繁榮而成為強盛之國。

從新大陸所得到的資訊也影響了歐洲人的思想。有關新大陸的自然、人種、文明等資訊，讓歐洲的知識分子對於人類與世界的多樣性有了更深一層的認識。希臘的摩爾（一四七八～一五三五）藉由對新大陸的想像描繪出一個不曾

美洲的古文明與征服者前進的路線

大西洋

阿茲特克王國
蒂奧提華岡
特諾奇蒂特蘭

奇琴伊查
猶加敦半島

馬雅

太平洋

亞馬遜河

印加帝國
馬丘比丘
庫斯科

安地斯山脈

聖地牙哥

→　科德斯的路線
--→　皮薩羅的路線
·····→　皮薩羅與麥哲倫的路線

麥哲倫海峽

存在的理想社會，藉以批判現實中的政治與社會，著有《烏托邦》一書；生於法國宗教內亂漩渦中的蒙田（一五三三～一五九二）則留下了對歐洲舊有傳統進行深刻反省的《蒙田隨筆》一書。蒙田也比較了舊大陸（歐洲）與新大陸（美洲）在民族與文化上的差異，闡述了人類與文化的多樣性。

美洲古文明的科學

西元十六世紀後，美洲大陸被以西班牙為中心的歐洲人所征服，其中的代表人物包括了征服中美洲巴拿馬海峽一帶的巴爾波、征服墨西哥的科德斯，以及征服秘魯的皮薩羅等人。

中美洲栽培玉米、馬鈴薯、南瓜等作物的農耕文化早在紀元前就已經存在。十六世紀時，位於墨西哥中央高原地帶的阿茲特克王國與安地斯的印加王國曾經非常繁榮。這些地區雖然未使用鐵器，但卻能在使用青銅器之下，發展出高度的都市文明，實行神權政治。西元前二〇〇〇年左右，墨西哥也曾出現非常發達的奧爾梅克文明。西元前五〇〇年左右，繼承了奧爾梅克文明的文化圈還曾經形成大型都市，但在八世紀中葉時，這些都市因為不明的原因而沒落。

猶加敦半島上的馬雅文明在四世紀到十世紀之間極為興盛，其後由都市同盟結合而成的馬雅帝國一直延續到了十二世紀。馬雅帝國雖然沒有金屬文化，但是會使用象形文字，並依據其獨特的天文學使用天文曆數，也採用納入「零」的概念的二十進位法來計算。

印加帝國雖然不使用文字，但是他們會使用一種稱為「魁普（Quipus）」（譯注：古秘魯人的結繩文字）的繩結，以十進位法來進行計算，用於記錄、計量與計數上。

後來西班牙消滅了這些文明國家，並進行殖民統治。為了將美洲的原住民奴隸化，西班牙利用了亞里斯多德的政治學主張，以「野蠻人就是必須接受他人統治的奴隸」為由，將殖民行為合理化。這樣的獨斷與偏見也影響了一般歐美人的思考，使得亞洲與非洲在後來也面臨被殖民的命運。而中世紀時的基督徒之所以把伊斯蘭教徒視為敵人，也是基於同樣的理由。

航海技術與天文學齊頭並進

十四到十六世紀的科學技術

大航海時代之所以能夠來臨，科學技術的進步是其中非常重要的一個因素。

技術能力的提升

中世紀後半時，歐洲各地的工匠組成稱為guild的工匠職業公會，一方面強化了師傅與學徒關係的師徒制度，另一方面熟練的工匠也得以與生澀的工匠區分開來。職業公會成立的目的除了在於避免彼此爭奪工作之外，也具有傳承優秀技能、在傳統技術上嘗試創新等意義。

當時歐洲各國的國王為了爭奪霸權，不斷地要求工匠開發新型兵器與武器，各項工藝技能也因此變得十分地發達。而工匠們跳脫出理論，不斷地對實際運用的技術進行實驗，亦提升了科學技術。

到了文藝復興時期，手下擁有大量工匠的匠師與富商合作賺得了大筆的財富，並成功地鞏固公會組織，培育出優秀的工匠。

身為文藝復興保護者的麥第奇家族是商人公會的主席，他們在十五世紀末到十六世紀獨占性地經營南德的銀礦。而工匠公會的主席

據說是能夠左右皇帝與教皇地位的奧格斯堡的富格家族。這些家族的勢力雖然隱身於大航海時代的暗幕之下，但實際上對於促成文藝復興與大航海時代的到來具有莫大的影響力。

造船技術的進步

十三世紀時，歐洲已經能將木製大型舵板固定於船尾中央，實現了安定操舵的設計，藉此促成大型船艦的出現。此外，船帆也經過改良，出現了不需操槳便可航行的帆船。在此之前，各國皆是使用奴隸或囚犯來操槳，因此對於特別要求速度的軍用船來說，大型船隻的操作就顯得十分困難，為了解決這個問題因此才針對帆船進行了改良。而主要用於地中海、必須要有船槳與操槳手的單層甲板大帆船，則無法用於大航海上。

西元十四世紀時，出現了只有一面帆的單桅帆船；十五世紀中葉則出現了有三根桅柱與三面帆的輕

 科學筆記 工匠職業公會雖然是封建式的組織，但在維持歐洲工匠師徒制度的同時，也為保持高度的技術做出了貢獻。

帆船。輕帆船除了進一步地大型化之外，在航行速度上也有顯著的提升。

造船技術之所以能有此進展，其中很大的一部分乃是來自葡萄牙航海家亨利王子的航海學校的貢獻。十六世紀時出現了四根桅柱的全帆船，名副其實的大型船終於在此時登場。

各式各樣的機械技術

十四世紀左右，從伊斯蘭世界傳來的風車在荷蘭十分普及；一五八八年，拉梅利設計出改良型的塔型風車。藉由風車的動力可以打碎建材或礦石，也可以用來搾油與紡紗，生產力因而獲得提升。

德國的阿格里柯拉（一四九〇～一五五五）對採礦學進行研究，開發出坑道建造法、汲取地下水時所使用的幫浦機，以及利用水車動力的礦石搬運機等。

十三世紀中葉時出現了機械鐘，十四世紀中葉公共的報時機械鐘也被製作出來。一三六四年時喬凡尼‧德丹第（一三一八～一三八九）製造出室內用的附有天球圖的時鐘。

十五世紀中葉時可攜式時鐘開始發展，時鐘裡開始使用發條。

十五世紀末米蘭等北義地區已經是著名的時鐘產地，到了十六世紀，南德的紐倫堡等地也成為著名的生產地。

一五三〇年，德國的尤根改良了紡織機，讓紡紗與捲紗的動作得以同時進行，大大提升了生產力。

從儒略曆到格勒哥里曆

從事貿易的商人為了交易而航海時需要知道船隻的正確位置，因此對於能夠正確地定出經緯度的天文學抱持著高度的期待。

此外，為了確保貿易時的交期正確也需要有正確的曆法，而天文學在這方面也受到了很大的期待。儒略曆自西元前四六年被凱薩大帝引進歐洲以來，使用的時間已經超過了一千五百年。由於儒略曆的一年為三百六十五點二五日，而實際上的一年為三百六十五點二四二二日，誤差因此愈來愈大。到了天主教皇格勒哥里十三世時，春分已從原本的三月二十一日變成三月十一日。一五一四年時歐洲各國為了討論解決時間誤差問題的對策而召開宗教會議，但並未討論出任何具體可行的方法。

為解決這個問題，哥白尼進行了天體觀測，最後寫下了《天體

科學筆記 哥白尼雖是為了討羅馬教皇的歡心才全心投入曆法的研究，但據說他在一五〇六年或更早之前應該就已經想到了天動說。

運行論》一書。在哥白尼死後的一五八二年，教皇格勒哥里十三世令天文學家利用《天體運行論》裡的改良天文表重新製作出新曆法，也就是所謂的格勒哥里曆。

當時開發出許多造船與航海技術

文藝復興時代的數學

文藝復興時期的數學沒有太大的進展，唯一發光發熱的是義大利的代數學。

代數學與數學競賽

在歐洲的數學史上，最早受到青睞的是文藝復興時期的義大利代數學。當時的代數學繼承自伊斯蘭數學，而具有影響力的商人與貴族則提供賞金在各地舉辦數學競賽。這些比賽的名義雖然是要推廣與保護學問，但一方面也有預測誰將在比賽中勝出的賭博成分在內。總言之，當時的數學家便是藉著在比賽中獲得勝利賺取獎金的方式來維持生計。

數學競賽中使用的是傳自伊斯蘭的方程式技巧，比賽的題目不是二次方程式，而是伊斯蘭詩人兼數學家海亞姆（參見P63）所提出之三次方程式與四次方程式，以對戰雙方互相出題的方式來競賽。

為賭博而研究機率論

西元十六世紀時最偉大的數學家應該是卡爾達諾（一五〇一～一五七六）。卡爾達諾是達文西的朋友，父親是貴族，母親是娼婦，而他本人則與強盜的女兒結婚。卡爾達諾同時也是一位醫師，曾經在英國治好了愛丁堡樞機主教的病，此外他還是一位占星師。

卡爾達諾過去下鄉開設診所時學會了賭博，結果失去了全部的財產。單憑在人口稀少的農村當醫師所得的收入，生活並不好過，因此卡爾達諾便憑藉他專長的數學在大學擔任教授，並留下了自傳、醫學書、數學書，與占星術書等各式各樣的著作。

然而卡爾達諾的本業其實是賭徒，他曾經計算骰子各面數字出現的機率與硬幣正反面出現的機率等各種可以在賭博中贏錢的機率，甚至還把賭博的理論整理成一本書。雖然卡爾達諾早在巴斯卡之前就已經開始研究機率，但他的書並不是寫給數學家看的，而是賭徒必備的祕笈。

卡爾達諾對上馮塔那

西元十六世紀時，一位名叫馮

科學筆記 伊拉斯謨斯以討厭馬丁路德的自大與自私著名，帕拉塞瑟斯則因為治好伊拉斯謨斯的病而被推薦為巴塞爾大學的教授。

塔那的數學家找出了三次方程式的解法。馮塔那過去在戰爭中傷到了舌頭而變成口吃，因此有個綽號叫「塔爾塔利亞」（意為口吃者）。馮塔那找了當時最具聲望的數學家費羅來比賽，利用自己所發現的三次方程式的解法成功地打敗了費羅。

卡爾達諾得知此事，用盡了包括脅迫與哀求在內的種種手段，終於向馮塔那問出三次方程式的解法。卡爾達諾雖然承諾不會將解法告訴他人，但在成為帕多瓦大學的教授之後，卡爾達諾在其著作《大法》裡公開了三次方程式的解法，成為數學史上最早發現三次方程式解法之人。

這件事讓馮塔那氣得幾乎要發狂，於是要求與卡爾達諾進行數學競賽。但當時前來應戰的不是卡爾達諾，而是卡爾達諾的得意門生費拉里。與卡爾達諾弟子對戰時的馮塔那壓抑不住對卡爾達諾的怒意，過於激動的結果引發了嚴重口吃，馮塔那完全無法冷靜，結果被費拉里徹底擊敗。不過卡爾達諾與弟子費拉里後來的下場也不是太好，費拉里被妹妹的情夫毒死，據說卡爾達諾則是因預言了自己的死期，最後為證明自己的預言正確而自殺。

以計算為業的數學家

文藝復興時期和中世紀時一樣，數學與人文學雖然都是大學教育中必修的科目，但對於近代數學的發展並沒有任何貢獻。文藝復興時為了計算商業往來時的金錢、商品數目、船隻位置、以及到達目的地所需的距離與時間等，因此需要許多專精於計算的人。當時所謂的數學家，基本上就是以計算為職業的人，而數學本身並不被當成是一門學問。

神祕思想與宇宙物理學產生了連結
物理學與宇宙論

不僅是文藝復興時期，即使到了十七世紀，亞里斯多德的學說依然具有很強的影響力。

受亞里斯多德影響的物理學

在伊斯蘭世界與古希臘學問開始傳入歐洲的十二世紀末到十三世紀間，西班牙和義大利出現了亞里斯多德至上主義，一直到十七世紀中葉的文藝復興時期為止，亞里斯多德至上主義一直深受民眾的支持。

十三世紀時多瑪斯‧阿奎那（一二二五～一二七四）藉由《神學大全》一書確立了以亞里斯多德哲學為基礎的經院哲學，之後便被羅馬教會用來區別正統與異端，成功地強化了基督教會的權威。由於亞里斯多德的著作具有教科書與百科全書的特性，因此即使到了文藝復興時期，亞里斯多德的影響依然存在，而這也使得物理學，特別是力學的領域一直無法出現跳脫亞里斯多德框架的新學說。

發現了革命性變化的宇宙論

基督教的宇宙論內涵以亞里斯多德的宇宙論為根據，認為世界是一個以地球為中心的有限宇宙、具有由神所決定的階層狀秩序的有限宇宙。尼古拉庫薩（一四〇一～一四六四）的新柏拉圖主義則提出了無限宇宙的形象，雖然動搖了世人對於宇宙的世界觀，但並未就此顛覆亞里斯多德的宇宙論。以數學為根據提倡地動說的哥白尼亦沒有提及宇宙的無限性，自始至終哥白尼都堅持著身為一名基督徒的立場。

為近代的無限宇宙論奠定基礎、並破除有限宇宙論的人是布魯諾（一五四八～一六〇〇）。布魯諾的宇宙觀從赫密斯主義的角度重新詮釋哥白尼的學說，主張「地球的運轉」與「太陽中心說」。他依據赫密斯主義的神祕思想，將哥白尼的學說擴大解釋為擁有無限個世界的無限宇宙。

這些宇宙觀讓天文學發展出一個全新的領域，也就是宇宙物理學。藉由基於神祕思想的魔法傳統來破除古老的思想體系、並培育出

 科學筆記 十五世紀時的哲學家拉薩雷利認為魔法師赫密斯與基督其實是同一人，而聖經則是基督傳授給人們的有關基督教神祕儀式的文書。

新知識這件事，對於否定魔法的近代與現代科學來說，簡直就是一種自相矛盾的悖論。

雖然所謂的神祕主義，原是指非科學的空想，但偶爾也會得到與近代科學相似的結論。至少在現代科學當中，就有許多對過去的人們來說只不過是幻想的事，但最後卻被具體地實現，因此我們不能斷言將空想經過科學探索後所得的結果也是不科學的。這也意味著，即使歷史不斷地前進，人們的內心當中依然有些部分是不會隨之前進而改變的。

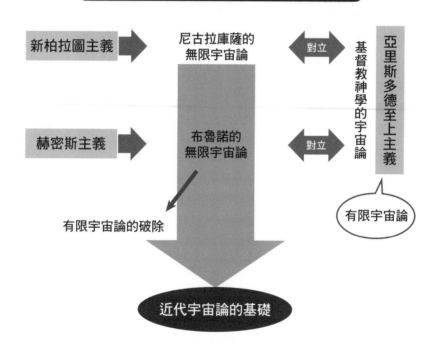

宇宙觀的對立與變遷

新柏拉圖主義　➡

赫密斯主義　➡

尼古拉庫薩的無限宇宙論

布魯諾的無限宇宙論

⬅ 對立　基督教神學的宇宙論

⬅ 對立

亞里斯多德至上主義

有限宇宙論的破除

有限宇宙論

近代宇宙論的基礎

異端與科學

　　所謂「異端」，指的是偏離了基督教正統信仰，且可能危及正統信仰之宗教思想的支派。「異端」本來只是用來指稱教義產生分歧的字詞，但西元三世紀時轉變為主觀地從精神上偏離、違反正統教義的解釋，並具備破壞正統基督教會行為之意。到了五世紀中葉，正統基督教對教義的解釋趨近於完備，對異端的定義也變得更加明確。

　　藉由客觀觀察與人類理性思考來追求真理的科學，對基督教會來說乃是違反教義、侵犯上帝領域的主觀思想與行動。也就是說，若不能毫不懷疑地順從正統基督教會的教義與解釋，客觀的科學也會被認定為主觀的異端。

　　所謂異端審問也就是宗教審判，原本的刑罰僅只是流放而已。然而到了中世紀，無視於教會存在、由市民或國王私自進行審判的情形非常嚴重。為了端正這個現象，十三世紀以後的審判加入了辯論，並由羅馬教廷統一審理的權力。但即使如此，獵殺女巫等不當的審判行為還是不斷發生，民間的審判也依然存在。

　　文藝復興時期雖然是宗教革命的年代，但天主教與基督教還是多次進行獵殺女巫的行動，火刑的執行與對科學家的鎮壓也從來沒少過。

　　即使到了西元十七世紀，為維持信仰與教會權威所需的冷酷無情仍被美其名為「對道德的監視」，並不斷地反覆上演。揭示著反對視正統教義為真理的科學，因為民眾狂熱的信念而被當成是對上帝的冒瀆，科學的發展因而遭到阻礙。

　　言及至此，現代社會裡也存在有披著偽科學外衣的宗教團體，甚至也有連應該具有科學概念的大學助理教授都被洗腦的例子，之所以有這樣的現象出現，或許是因為宗教乃是一種超越科學的領域吧！

第5章

百花齊放的
近代科學時期

	西元	
南特詔書	1598	
英國於維吉尼亞建立殖民地	1607	
	1609	葛羅秀斯發表《海洋自由論》
俄國羅曼諾夫王朝成立	1613	
五月花號抵達普里茅斯	1620	法蘭西斯·培根發表《新工具》
	1628	哈維發表《心血運動論》
	1637	笛卡兒發表《方法導論》
查理一世遭處刑，英國成為共和政體	1649	
	1651	湯瑪斯·霍布斯發表《利維坦》
英國君主制復辟	1660	
	1670	巴斯卡發表《思想錄》
	1687	牛頓發表《自然哲學的數學原理》
英國光榮革命	1688	
	1714	萊布尼茲發表《單子論》
工業革命開始	1760	
法國大革命爆發	1789	

133

理性思考方法的出現開啟了科學的黎明
近代歐洲的形成

十七世紀是科學革命發生的時代，近代科學終於登場，現在就讓我們來回顧看看當時是個什麼樣的時代。

絕對主義國家的誕生

西元十五世紀之後，隨著封建制度領主的沒落，歐洲各國的權力更加集中於以君權神授說主張其權力正當性的國王身上，也確保了國王身為一國之絕對權力者的地位。這種體制稱為絕對主義，文藝復興時各國為擴張領土與取得財富而展開航海競爭，讓原本王朝之間的對立變為主權國家之間的國際對立關係，局勢也變得更複雜。

於十六世紀大航海時代取得先機的葡萄牙與西班牙，藉由貿易的壟斷與殖民地的經營而繁榮起來。但隨後由西班牙獨立出來的荷蘭，藉著海軍戰力的強化而稱霸十七世紀前葉的東亞貿易。再加上西班牙的無敵艦隊遭英國擊敗，在在迫使西班牙與葡萄牙走上沒落之途。

西元十七世紀，英國有清教徒革命（譯注：或稱資產階級革命）與光榮革命所引發的內戰和社會動亂，法國也有內戰爆發，而德國則有三十年戰爭，可說是一個「歐洲發生全面性危機」的時代。無論願意與否，當時的科學家都必須參與戰爭提供協助，科學也因此能夠不斷地進步。然而十七世紀時宗教審判依然存在，科學家仍十分擔憂自己會被視為異端。

之後，在路易十四的領導之下，法國成為強大的絕對主義國家，德國的普魯士與奧地利也以絕對主義國家的姿態擴張勢力。另一方面，英國則藉由光榮革命的機會確立了議會政治制度。

近代科學的出現

巴洛克文化與洛可可文化在絕對主義國家盛極一時，這兩種文化並非華麗的宮廷文化，而是一種貴族文化。當時貴族當中開始有學者出現，他們經常會有保護學術的行動，各式各樣的學問以及近代歐洲的新思想於是誕生。然而科學的進步並未就此走上坦途，諸如伽利略的不幸之類的苦難還在前方等候。

十七世紀時，以英國培根的

科學筆記　中世紀時，自認為女巫者會把以藥草萃取物與礦物等做成的混合物塗抹在陰道內或皮膚上，藉此產生幻覺體驗魔法。

134

經驗論理性主義與法國笛卡兒的演繹法為基礎的理性思考方法出現，確立了自然科學在近代學術上的地位。而這也就是「科學革命」，科學革命的影響範圍遍及物理學、數學、化學、醫學等各種領域。

源於牛頓物理學的牛頓力學宇宙觀，在二十世紀愛因斯坦的相對論登場之前是當時科學思考的基礎（譯注：對牛頓來說宇宙是不變的，而時間也是絕對的，從遠古流向未來。愛因斯坦的宇宙則是相對的，星體間只有相對的運動而無絕對的宇宙空間，時間亦是相對的，與物體的運動狀態有關）。而科學革命也成為工業革命與日後工業技術持續進步的基礎。

近代歐洲的變動以及科學與思想史

國家・政治	科學・思想
1562 胡格諾戰爭（注1）爆發 ～1598	
1571 雷邦多海戰	
1572 聖巴托羅繆節大屠殺	
1580 西班牙與葡萄牙合併	
1581 荷蘭發表獨立宣言	
1588 英國擊敗西班牙的無敵艦隊	
1589 法國亨利四世即位（～1610），創建波旁王朝。	
1598 亨利四世頒布南特詔書	
1603 英國斯圖亞特王朝開始（～1714）	
1607 英國於維吉尼亞建立殖民地建立（～1917）	1609 葛羅秀斯發表《海洋自由論》(荷)
1613 俄國羅曼諾夫王朝成立	
1618 德國三十年戰爭（～1649）	
1620 五月花號抵達普里茅斯	1620 法蘭西斯・培根發表《新工具》(英)
1628 英國權利請願書	
1640 英國清教徒革命開始（～1648）	1637 笛卡兒發表《方法導論》(法)
1643 法國路易十四即位（～1715）	
1648 威斯特伐利亞條約	
1649 查理一世遭處刑，英國成為共和政體。（～1660）	
1652 英國頒布航海條例	1651 湯瑪斯・霍布斯發表《利維坦》(英)
1652 英荷戰爭開始（～1674）	
1653 英國克倫威爾就任護國卿	
1660 英國君主制復辟	
	1670 巴斯卡的《思想錄》出版 (法)
	1674 史賓諾莎發表《倫理學》(荷)
1682 俄國彼得大帝即位（～1725）	1687 牛頓發表《自然哲學的數學原理》(英)
1688 英國光榮革命	1690 約翰・洛克發表兩篇《政府論二篇》(英)
	1714 萊布尼茲發表《單子論》(德)
	1740 休謨發表《人性論》(英)
	1751 《百科全書》第一卷出版
	1758 魁奈發表《經濟表》(法)
	1759 伏爾泰發表《憨第德》(法)
1760 工業革命開始	1762 盧梭發表《社會契約論》(法)
1775 美國獨立戰爭開始	1776 亞當史密斯發表《國富論》(英)
	1776 潘恩發表《常識》(英)
1789 法國大革命爆發	

譯注：又稱宗教戰爭。

天體具規則性的優美運動是「上帝的事功」
從天動說到地動說

科學革命並非在進入十七世紀之後突然來到，當時科學的發展依然受到十六世紀以來神祕思想的影響。

恐懼成為異端者的學者

丹麥天文學家第谷（一五四六～一六〇一）奉國王之命，花了大約二十年的時間觀察太陽、月亮、行星、恆星等上千個星體。第谷發現，哥白尼在《天體運行論》當中所主張的地動說極可能是正確的。

然而第谷知道主張地動說勢必會讓他面臨宗教審判，因此在向國王報告時，第谷提出地球依然是宇宙中心的天動說，表示有五個行星繞著太陽旋轉，而太陽與這些行星又再繞著地球旋轉。但這樣的報告無法讓國王滿意，使得第谷因此而受到冷落。隨後第谷移居布拉格，在布拉格收了一名擁有優秀數學能力的德國青年為弟子，這個弟子就是克卜勒（一五七一～一六三〇）。

源自神祕思想的地動說

克卜勒針對第谷二十年來研究星體所累積的數據進行數學分析，提出行星乃是沿著橢圓形軌道環繞

太陽運行的假設，並發現以此假設所得的行星運動軌跡與實際觀測所得的數據一致。一六〇九年起，克卜勒開始發表這些研究成果。

若仔細觀察克卜勒的分析結果，可以發現他的研究受到了新柏拉圖主義的影響。克卜勒一方面抱持著利用實證數據與數學進行客觀考察的態度，另一方面則確信自然界有數學的秩序存在，而這正是新柏拉圖主義中與「數」相關的神祕思想。

支持地動說的伽利略

一六〇九年，伽利略利用望遠鏡進行觀測，他發現太陽上有黑點存在，而月亮也並非完美的球體。當時伽利略公開表示支持哥白尼的地動說，此舉大大激怒了教會。

一六一六年時天主教會將伽利略傳喚至羅馬的異端審問所，對支持地動說的伽利略提出警告，哥白尼的著作也就是在此時被列為禁書。日後一直要等到克卜勒證明

科學筆記 伽利略在一六一〇年發現了木星十六顆衛星當中的四顆衛星，這四顆衛星分別為：埃歐、歐羅巴、加尼美得，以及卡利斯多。

了「地球與行星的運動具有優美的
規則性」，並將此歸因於上帝的事
功，才讓地動說獲得廣泛的認同。

克卜勒定律

第一定律

行星的軌道是橢圓形，太陽位於橢圓焦點之一的位置上。

橢圓的性質

若P為橢圓上任一點，則PA＋PB為一定值。
畫出通過點P的切線，會使得∟α＝β。

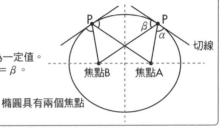

切線

焦點B　　焦點A

橢圓具有兩個焦點

第二定律

當行星與太陽的連線，在相同時間內掃過的面積相等。
(等面積定律)

行星由A→B，C→D，E→F的移動時間
相等時，則其個別的扇形面積也相等。

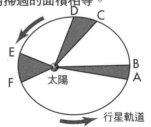

太陽

行星軌道

第三定律

行星公轉週期P的平方與軌道的長軸半徑a的三次方成正比。
若以k為比例常數則其關係為

$$P^2 = ka^3$$

頑固的伽利略
伽利略的生涯及成就

伽利略誕生的一五六四年，正好是米開朗基羅去世那年；而伽利略去世的一六四二年，則是牛頓誕生之年。

伽利略成長的時代

一五六四年，伽利略誕生於義大利比薩市。伽利略的家族在佛羅倫斯雖是號稱第一的名門，但其實是個早已沒落的貧窮貴族。

當時的比薩市受到文藝復興的影響，孕育出許多兼具數學理性與實證要素的學問，但同時也有許多人堅守亞里斯多德的理論，四處糾舉異端。換句話說，伽利略成長的時代，是讚頌新時代的人們與守護古老傳統的人們之間對立最為激烈的時候，是一個混沌的年代。

從醫學到力學

伽利略雖然在父親的堅持下進入比薩大學修讀醫學，但他最感興趣的科目是數學與亞里斯多德力學。伽利略在很短的時間內就發現到亞里斯多德理論的錯誤，他認為若不以實驗為基礎來進行數學解析，便無法真正深入地了解力學。於是他在同樣的條件下，反覆進行了上百次讓青銅球從斜面上滾下的

實驗，因而發現了加速度運動的公式。也就是說，伽利略是史上第一個以數學來描述自然界現象的人。

當時，亟欲在戰爭中取得勝利的國王與貴族紛紛前來要求伽利略的協助，伽利略於是利用加速度運動的公式進一步地研究彈道學。伽利略對於彈道學的研究顯示出，對物理學來說，數學是用來描述自然現象時非常有用的工具，而這也促進了近代科學的發展。

對天文學的興趣

在比薩大學教授數學的同時，伽利略也一直在學習哥白尼的宇宙體系。後來他轉往帕多瓦大學任教，一六〇九年時自製出望遠鏡進行天體的觀測。

藉由觀測，伽利略發現金星的盈虧週期長達一年半，從金星和月亮盈虧週期的差異，他認為哥白尼的地動說應該是正確的。於是當一六一一年伽利略獲選為羅馬科學院院士時，他公開表達支持哥白尼

科學筆記 據說伽利略被認定為異端而遭開除教籍時曾說：「即使如此，地球還是一樣地在轉動。」但其實他真正說的是：「在這個世上，我已經算是個死人了。」

的學說。

公開支持哥白尼的學說隨即讓伽利略遭到警告，但伽利略並未終止研究，在一六三二年時出版了《天文對話》。該書公然宣揚異端學說一事讓教會感到芒刺在背，教會於是開除了伽利略的教籍，並將他監禁在自宅中。伽利略後來又出版了《兩種新科學》，但馬上就被列為禁書。就這樣，一直到七十七歲辭世時，伽利略都未能恢復教籍。一九八〇年，教宗若望保祿二世修正了伽利略的宗教審判結果，承認這是一個錯誤的判決，伽利略終於得以回復教籍。

伽利略的成就與年譜

■ 伽利略的成就

- 發現鐘擺的週期性
- 發現加速度運動
- 利用數學研究物體的運動
- 發明溫度計等

■ 伽利略年譜

1564	出生於比薩的一個沒落貴族家庭	
1581	進入比薩大學修讀醫學	17歲
1583	發現鐘擺的週期性（改唸數學）	19歲
1585	從比薩大學醫學系輟學	
1586	發表最早的論文《小天平》	
1589	成為比薩大學的數學講師	25歲
1590	發表自由落體的實驗《論運動》	
1592	成為帕多瓦大學的教授	28歲
1606	出版《幾何及軍用圓規使用手冊》	
1609	發明望遠鏡	45歲
1610	辭去帕多瓦大學教職，擔任科西摩大公的專屬數學家。出版《星宿使者》	46歲
1613	出版《關於太陽黑子的書信》	
1616	第一次宗教法庭判決，受到警告處分。	52歲
1623	出版《試金者》	59歲
1632	出版《天文對話》，遭禁。	68歲
1633	第二次宗教法庭判決，被認定為異端，並監禁於佛羅倫斯附近的阿切特里。	69歲
1638	出版《兩種新科學》，隨即遭禁。	
1642	去世	享年77歲

※年齡是以在該年最後一日的實歲來計算。

活用知識，以經驗引導出推論
誕生於十六世紀的物理學家

誕生於十六世紀的優秀物理學家，雖然彷彿隱藏於伽利略活躍的身影後方，但他們在十七世紀的表現著實令人眼睛為之一亮。

新生國家——荷蘭

隨著大航海時代的展開，荷蘭藉由貿易取得巨大利益而開始繁榮。據說荷蘭當時兩週內的貿易所得就相當於十字軍時代威尼斯一整年的貿易所得。龐大的經濟利益讓荷蘭強化了以海軍為中心的軍事力量，在歷經激烈的戰鬥之後，荷蘭終於在一五六六年脫離西班牙而獨立。一六〇二年，荷蘭成立了東印度公司，一一奪取葡萄牙的殖民地，並且還征服了印尼。

有功於荷蘭獨立的物理學家

荷蘭商人司蒂文 (一五四八～一六二〇) 因遊歷世界進行交易而獲得各類的知識，他在數學、物理學以及建築學上都有很深的造詣，並因此被提拔為負責水陸營繕的最高監察官。當時的司蒂文因出版要塞建設相關書籍《軍用築城法》而聲名大噪，他在建築領域的實力獲得了很高的評價。

在數學方面，司蒂文也發揮了他的天分。目前我們所使用的小數表記法雖是納皮爾於一六一六年所發明的，但早在一五八五年，司蒂文已經在歐洲提出了小數表記法。

此外，司蒂文對於荷蘭的獨立也有非常大的貢獻。司蒂文曾為荷蘭建造新型軍艦以及沒有防禦死角的要塞。此外，他還進一步地建構了流體力學的基礎理論，並應用其理論在西班牙軍隊登陸的低地上引發人工洪水，當敵軍軍艦入侵時便以水上的定時炸彈應戰，僅僅在一擊當中就消滅了超過兩千名的西班牙士兵，這場戰役的勝利亦逼使西班牙不得不承認荷蘭獨立。

地球物理學家的出現

羅盤很早就被用於航海上，但是人們始終不清楚為何磁針會指向北邊。最早開始研究這個謎團的是十三世紀末的法國人柏爾格利納斯。柏爾格利納斯發現磁鐵具有南極與北極，南極與南極或北極與北極間具有斥力，而南極與北極間則

科學筆記 司蒂文在一五八六年曾經進行過一項實驗，他從十公尺高的地方讓兩個大小不同的球同時落下，發現兩個球著地的時間是一樣的。

具有引力；即使把磁鐵折成兩半，折半的磁鐵還是會擁有南極與北極，保持著磁鐵的性質，而他認為磁針之所以往北指，是因為受到了北極星的吸引。

吉爾伯特雖然是畢業於劍橋大學的醫師，然而當他聽到水手們說：「在北半球時，北極會指向水平面以下的地方；在南半球時，南極也會指向水平面以下的地方；緯度愈高時，其傾斜的角就愈大」，

便開始對指針受北極星牽引的說法抱持著疑問。

吉爾伯特製作了一個巨大的球形磁鐵，藉由測量小型磁針的俯角來研究磁針位置與俯角之間的關係，所得結果和水手們所說的一致。因此吉爾伯特相信地球本身就是一個巨大的磁鐵，並在一六〇〇年時出版了《磁石論》一書。另外，吉爾伯特也因在摩擦生電上的研究而被視為是電學的始祖。

俯角是相對於水平線為負的角度

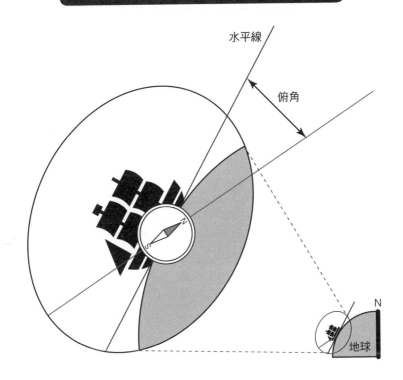

水平線

俯角

N

地球

解剖與實驗醫學家輩出，展開對真實的追求

醫學的新展開

維薩留斯雖然指出了伽列諾斯在解剖學上的錯誤，但否定伽列諾斯生理學的人此時還尚未出現。

近代醫學的誕生

維薩留斯雖然藉由解剖確認了左右心室之間沒有肉眼可見的孔洞存在，但還是無法否定伽列諾斯所宣稱的血液會從右心室流到左心室的說法。維薩留斯表示：「肉眼看不見並無法構成否定的理由」，因而繼續支持伽列諾斯的學說。

哈維（一五七八～一六五七）和伽利略一樣，以實驗與數學等科學方法從事醫學研究。哈維一方面擔任臨床醫師，一方面從比較解剖學者的觀點解剖了近一百三十種動物，同時他還以與心臟相關的定量實驗，科學地證明了伽列諾斯的血液循環說並不正確，因而建立了沿用至今日的新的血液循環學說。

哈維的《心臟與血液的循環》於一六二八年出版，而這一年也是近代醫學誕生之年。哈維的學說雖然為笛卡兒與笛卡兒學派學者所接受，但是卻受到信奉伽列諾斯傳統理論者激烈的攻訐。然而隨著眾多醫師在研究上的進展，哈維的說法終於獲得確認，而對傳統醫學擁有批判精神的實驗醫學家也一一地出現。

哈維與伽利略

哈維在帕多瓦大學求學的時候，伽利略正好在那裡擔任數學教授。關於哈維究竟有沒有上過伽利略講授的課，以及反對亞里斯多德世界觀與宇宙觀的伽利略、與身為亞里斯多德主義者的哈維之間是否有過交流，歷史上並無明確記載。但可以確定的是，他們兩人抱持著相同的研究態度，雖然這也許只是偶然，但他們的思考方式的確都符合了時代的潮流。

對傳統醫學展開批判的實驗醫學家

英國的羅爾在一六六五年時成功地對狗進行輸血，法國的丹尼斯則在一六六七年首次嘗試人體的輸血。西班牙的塞維圖斯研究流出與進入肺部的血液，認為肺部血液的組成會因

 科學筆記 哈維無法捨棄將心臟視為靈魂與生命精氣中樞的傳統思維，而以「天體的運行」來類比血液的循環。

氣體狀的物質而產生變化。而義大利的聖托力歐則率先進行脈博的計算以及體溫的測量。當時的批判精神也指向古代醫學的教科書，除了重新翻譯伽列諾斯與希波克拉底的著作之外，書中許多地方還做了修正以及加上全新的注釋。

在外科領域方面，承接十六世紀法國帕雷的研究，外科醫師將新的醫學成果應用在臨床上，義大利的費布利雪斯甚至被稱為義大利科學性外科醫學的創始者。由於科學精神的誕生以及解剖學與生理學的進步，從十六世紀末到十七世紀間，醫學有了長足的進步。

另一方面，從十五世紀以來，外科醫師與理髮師兼任的外科醫師之間（參見P90），兩者的對立就不曾中斷，路易十四為了平息這個爭端，便在一六六〇年下令所有的外科醫師都必須加入單一的公會，但外科醫師的地位仍然非常地低，一直到一七三一年，路易十五設立了皇家醫學院之後才改變了這樣的情形。

血液的循環

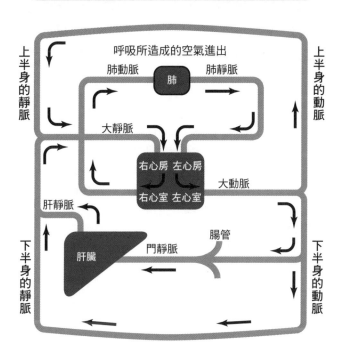

等待哲學進化的科學
笛卡兒的生涯與成就

對近代科學的成立而言，笛卡兒可說是貢獻最大之人，但身為基督徒的他也深怕自己會淪為異端。

軍旅生活的體驗

　　笛卡兒（一五九六～一六五〇）與伽利略在同一個時代出生於法國拉耶鎮（譯注：現更名為笛卡兒鎮）的貴族家庭。笛卡兒幼時因為體弱多病，他的父親晚了一年才讓他上小學。當時笛卡兒的小學校長認為要唸書就必須先培養好體力，因此允許笛卡兒在白天時可以任意地打瞌睡。笛卡兒曾回憶道，漫漫白日的瞑想就是他哲學的泉源。長大後的笛卡兒雖然到巴黎留學，但因無法集中精神唸書，因此不是和狐朋狗黨喝酒便是跑去賭博，鎮日游手好閒。

　　笛卡兒並不喜歡貴族的生活，因此一六一六年自波提葉大學的法學院畢業之後，便以見習士官身分進入摩里斯大公的軍隊，開始了他的軍旅生涯。因為某個露營於多瑙河畔的夜晚所做的夢，笛卡兒想到了以座標的概念來表示物體位置的方法，藉由這個機會他開始進行解析幾何學的研究，並於一六二〇年除役後展開研究的生涯。

恐懼宗教審判的笛卡兒

　　笛卡兒認為哲學和數學一樣，應該都有能夠證明的原理，因此他採取的思考方式是先行摒棄所有可能先入為主的觀念。最後，笛卡兒得到了一個結論，認為自身的存在不容懷疑，深信「我思，故我在」。而笛卡兒所著的《方法導論》，也成為闡釋近代科學進展的基本原理的論述。

　　擁有獨特世界觀的笛卡兒曾經寫下《世界體系》一書，但在聽聞伽利略被當成異端者定罪之後，便打消了出版的念頭。笛卡兒對宇宙的想法不同於亞里斯多德以來的傳統思考方式，他相信當時仍未被大眾所接受的地動說，發展出以太陽為中心的獨特宇宙論。

 科學筆記

有一說法表示，笛卡兒是為了與那些一起吃喝玩樂的酒肉朋友斷交才加入軍隊。

笛卡兒的獨特學說「漩渦理論」

在一六四四年出版的《哲學原理》中，笛卡兒將世界視為機械來討論，分析其現象，提出了具體說明宇宙構造的漩渦理論。這個學說在今天雖然已經被否定，但笛卡兒所提到的慣性、動量守恆，以及運動的直進特性等，皆是對後世影響至深的先進思考方式。換句話說，笛卡兒所提示的是全面性地對抗神學的自然觀、一種概括式的機械論自然圖象體系。

亞里斯多德自然觀的崩解

笛卡兒超越了以往只將數學用來解決個別問題的模式，而將幾何學加以延伸，提出了解析幾何學，使其能夠普遍應用於自然界中（譯注：笛卡兒結合以往互不相關的幾何學與代數，提出解析幾何，並導入坐標系統及線段的概念，證明幾何問題可以歸結為代數問題，代數轉換亦可用來證明幾何性質）。笛卡兒相信機械論的自然觀完全符合天主教的教義，在《沉思錄》一書裡，笛卡兒成功地把精神從物體上分離開來，把自然界的所有事物都視為缺乏人類生命要素的純粹數學對象。至此，亞里斯多德的自然觀終於完全崩解。有一點必須注意的是，笛卡兒把機械論與基督教結合在一起，乃是源自他對於基督教的虔誠信仰。

機械論的變遷

17世紀 笛卡兒 工具、機械與人類的比較

↓

1747年 拉梅特里：《人如機器》1747年

↓

19世紀 以物理及化學說明生命現象

↓

20世紀 生物與自動控制機器之間的比較

↓

控制論

對自然的了解也是一種宗教行為
人類對自然的支配

對近代科學的誕生貢獻最大的，是信仰天主教的笛卡兒以及信仰基督教的培根。

培根並非科學家

培根（一五六一～一六二六）並不是科學家，對於哥白尼與伽利略對自然科學進行數學研究的意義，培根也不具備從科學角度加以評斷的能力。簡而言之，培根其實是一個思想家。

培根的母親安・培根是一個熱心的信徒，她將英國國教會的祖爾主教為推廣喀爾文主義所寫的拉丁文著作譯為英文，並獲得喀爾文在瑞士的弟子伯撒親贈他所著的《冥想錄》。安・培根對於兒子培根施予極為嚴格的教育與宗教禮儀訓練，她的宗教觀也對成長時的培根帶來了很大的影響。喀爾文主義把日常的行為神聖化，重視日常的修行甚於神的奇蹟。而培根則相當地重視人類的行為，並對人類直接對自然進行改造的行為給予很高的評價。同時，培根也以一個基督徒的身分，明確表示人類的行為並不會侵犯到神的領域。

基督教背景下誕生的近代科學

培根基於「人類乃是從神的手中取得了對自然的支配權」這種基督教思想，認為科學或技術的發現與發明都是「一種新的創造，也是一種對神的事功的模仿」，並主張在進行這種創造時必須排除人類所擁有的各種主觀與成見。也就是說，「模仿神的行為」並不會干涉到神行造物時的祕密。培根在維持基督徒立場的同時，也為科學附加了意義。

培根所說的「自然本來就應該為人類所利用與支配」的觀念，從古希臘時代以來都不曾有過。培根的主張完全排除了魔法的要素，強調人們必須以各種方法與角度來捕捉自然與認識自然。也就是說，對培根而言，實驗也是與基督教有關的宗教行為之一。

科學與宗教雖然經常被視為兩種對立的領域，但應銘記在心的是，無論笛卡兒或培根都是從基督教的立場來認識科學，而這也說明

科學筆記　笛卡兒在一六一八年從數學家皮克曼那裡得知數學對於科學的功用之後，便開始了他的研究，後來匿名出版《方法導論》一書。

了科學之所以誕生在歐洲這個特定文化圈的一個非常重要的原因。換言之，為抵抗中世紀時基督教對人們所施加的傳統束縛所累積的能量固然是近代科學誕生的重要原動力，但基督教本身也可說是促成科學誕生的重要背景之一。

培根與笛卡兒對近代科學的貢獻

培根，生於1561年，英國政治家與哲學家

↓

1584年擔任下議院議員 → 1613年擔任法務大臣 → 1613年首相 →1614年擔任大法官 → 1617年因收賄罪被判刑

↓

1620年寫下《新工具》→ 提出利用觀察與實驗的歸納法

↓

近代科學方法的確立

↑

笛卡兒的《方法導論》與《哲學原理》→ 公理系統與自然的機械論化

神的存在與宇宙論一同進化
信仰神也放逐神的科學家

十五世紀到十八世紀間，宇宙觀發生了巨大的變化。這一節裡就來回顧一下宇宙觀變遷的過程。

以基督徒身分思考的科學家

尼古拉庫薩（譯注：出生於德國特里爾，為德國境內的天主教樞機主教，是文藝復興時期的重要哲學家之一，也是德國最早的人文主義者）擁有神祕思想的宇宙觀，他認為全能上帝所創造的不該是有限的宇宙，因此神的居所－地球是個由無限個宇宙空間重疊而成的地方。

在哥白尼的時代，人們的宇宙觀受限於亞里斯多德思想所提及的太陽系，而上帝則是存在於宇宙中心－地球的唯一真神。在發現太陽才是中心之後，虔誠的基督徒哥白尼把上帝的居所與宇宙的體系分開來考慮，堅定地認為地動說是天上的幾何學，與存在於地上的上帝無關。然而，對於左右著上帝居所的地動說，天主教會仍然感到非常憤怒；至於基督教會則認為那只不過是個假說而已。兩個教會之間的見解之所以不同，是由於兩者在宗教上的對立所造成。

布魯諾（譯注：出生於義大利，為文藝復興時期著名的自然哲學家，他接納並推廣哥白尼的地動說，並因此被認定為異端）主張，正因為上帝創造了無數個太陽與無數個宇宙，並統治這無限的宇宙，人們才更應該讚美神的卓越性。由於布魯諾主張持續運動與持續變化的宇宙觀，因此在一六〇〇年的宗教審判中被認定為異端，遭處火刑。其後，在一六〇九年，伽利略利用望遠鏡發現銀河其實是由無限個恆星所組成，於是從基督徒的立場認為上帝所統治的不只有地球，還包括了更加廣闊的整個宇宙在內。同時伽利略也證明了布魯諾的看法是正確的。

克卜勒藉由數學的分析，證明了地球與行星的運動具有唯有上帝的事功才能實現的美麗規則性，成功地讓人們認識了地動說。於是上帝從地球被放逐了出去。笛卡兒認為神是「無限者」，神所創造的「無限的大千世界」則意指著自然本身，其主張的核心為「不去考慮上帝，單純地從客觀的角度去研究

 科學筆記 笛卡兒的弟子豐特奈爾以《多元世界的對話》一書，讓哥白尼的地動說、布魯諾的無限宇宙論與笛卡兒的哲學流傳開來。

自然的物質世界，正是上帝存在的證明。」笛卡兒以哲學方式探討追求客觀所需的科學研究方法，因而導引了近代科學誕生的思想。

認為地上的法則與天上的法則相同的牛頓，在一六八二年時以萬有引力定律為基礎，證明了若宇宙是永恆的話，則宇宙就應該是無限的，揭示了上帝所對應的正是無限的宇宙。

受文學影響的宇宙觀

新的宇宙觀讓古希臘時代認為除了地球之外還有其他文明與世界存在的思想復活，而這也是盧西安《真實的歷史》（譯注：描寫與月球有關的探險故事）一書在大航海時代時被熱烈傳閱的原因。地動說的出現以及望遠鏡的發明，使得人們從對於宇宙的憧憬中發展出各式各樣的科幻小說，但「SF」（譯注：science fiction，為「科幻小說」的縮寫）這個名詞是在二十世紀時才出現於美國。

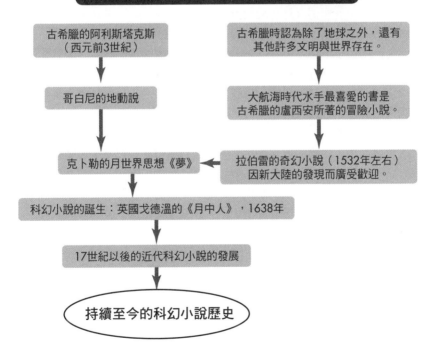

科幻小說誕生的過程

古希臘的阿利斯塔克斯（西元前3世紀）

↓

哥白尼的地動說

↓

克卜勒的月世界思想《夢》

↓

科幻小說的誕生：英國戈德溫的《月中人》，1638年

↓

17世紀以後的近代科幻小說的發展

↓

持續至今的科幻小說歷史

古希臘時認為除了地球之外，還有其他許多文明與世界存在。

↓

大航海時代水手最喜愛的書是古希臘的盧西安所著的冒險小說。

↓

拉伯雷的奇幻小說（1532年左右）因新大陸的發現而廣受歡迎。

→ 克卜勒的月世界思想《夢》

讓人無法坦然尊敬的偉大學者
牛頓的生涯與成就

使科學革命得以完成的牛頓，除了是天才以外，還是超級任性的人。

牛頓的成長過程

牛頓（一六四二～一七二七）出生於英國的鄉下小鎮烏爾索普。牛頓出生之前，他的父親就已經去世，後來母親再婚，牛頓便由祖母一手撫養長大。正如俗話「祖母養大的小孩比較驕縱」所說，從小在溺愛中成長的牛頓變成了一個既任性又懶惰的少年，而且身體非常地虛弱。小學時既瘦弱又矮小的他無法融入男同學的圈子，對於學校的課程也是興趣缺缺。

某日，牛頓和同學打架，結果以慘敗收場。「打架我輸，那我就唸書唸贏他。」自尊心極強的牛頓考慮到自己的體力與體格，最後決定奮發用功。牛頓的繼父去世之後，原本要叫他回去當農夫的叔叔注意到他的才能，於是在一六六一年時，讓他進入自己的母校劍橋大學三一學院就讀。牛頓進入大學後才開始學習數學，但他僅僅花了三年時間，便已達到當時數學程度的最高等級。牛頓展現出的才能雖然使他成為眾所矚目的焦點，但就在大學課程結束時，爆發了黑死病的大流行，劍橋大學從一六六五年開始一直封閉到隔年，牛頓也因此回到故鄉渡過了大約十八個月的時間。就是在這段時期，牛頓開始熱中於思考的生活，並進行了「微分與積分的方法」、「重力的定律」與「顏色的性質」等基礎研究。

因個性而蒙受損失的牛頓

牛頓最早的論文《關於光與顏色之新理論》因想法太過創新，並不為當時的人們所接受，牛頓在一氣之下，之後有十五年沒有再發表過任何的研究成果，而這也是後來他必須與萊布尼茲爭奪微積分發現者資格的原因。

在這爭執當中，牛頓表現出的態度極為傲慢，雖然最後做出的結論是：「牛頓與萊布尼茲是分別發現了微積分」，但可以說牛頓是因為他的個性而失去了獨占微積分發現者地位的機會。

 科學筆記 伽利略在一六一〇年觀察土星時並未發現土星環，到了一六五六年時，荷蘭的惠更斯才以改良型望遠鏡發現了土星環。

科學史上的革命性著作

牛頓在二十七歲時便當上劍橋大學三一學院的教授，歷任倫敦皇家學會的會員，並在一六八七年時出版了他的代表性著作《自然哲學的數學原理》。這本書整理了他以往在自然科學上的成果以及他自身研究的歷程。換句話說，牛頓把由司蒂文與伽利略等人在力學上所展開的種種成果，以及哥白尼、第谷、克卜勒與伽利略等人在天文學上所獲得的種種成就，全部系統化地加以融彙為一完整的著作——牛頓力學。這不只在科學史上，甚至在整個人類的文明史上都具有革命性的意義，為後世帶來了重大的影響。牛頓所發現的萬有引力定律（參見P158）無論是地球上或是宇宙中都一體適用，他以先人們的成就為基礎，運用數字將他們引導近代科學誕生的過程中所累積的成果證明出來。

一六八九年牛頓當選國會議員，並在一六九九年時因鍊金術的研究成果而擔任造幣局局長。之後於一七〇三年成為皇家學會的會長，並在一七〇五年獲頒騎士封號。

牛頓雖然是個具有野心的天才，但他的猜疑心與獨占欲非常地強烈，在擔任造幣局局長期間曾將罪不致死的犯人送上死刑台，甚至把和自己作對的學者從皇家學會中除名。但若從牛頓成長的背景來看，便可以了解他的恐怖政治其實是有跡可循。

牛頓的成就

三大成就

- 發現萬有引力
- 發明微積分
- 發現分光的方法（稜鏡科學）

其他成就

- 發現牛頓力學三大運動定律（參見P158）
- 發現牛頓環（參見158）
- 發明反射式望遠鏡等

十七世紀的物理學家

除了牛頓與伽利略,其他優秀的物理學家相繼出現,各種學會與協會也紛紛成立。

尊崇伽利略的男人們

伽利略雙眼失明後,由其女兒代替伽利略口述筆記而成的《兩種新科學》於一六三八年在荷蘭出版後,許多閱讀之後深受感動的物理學家紛紛聚集到伽利略的門下。

維維亞尼與曾任羅馬大學數學教授的托里切利(一六〇八~一六四七),分別於一六三九年與一六四一年起成為伽利略的嫡傳弟子,並居住於伽利略的家中。平時除了聆聽伽利略授課之外,也進行口述筆記的工作。

可惜的是,伽利略雖然努力地將他從老師里奇那邊學到的知識、以及自己的研究成果傳授給他們,但在托里切利來到他家的三個月後,伽利略便與世長辭。

亞里斯多德認為「自然界不喜歡真空的存在」,因此在他的《自然學》中否定了真空的存在,他還主張:「若真空真的存在,那物體落下時就會因為沒有阻力而瞬間到達落下的地點。但這種現象不可能

存在,因此真空是不存在的。」這種說法到了十七世紀時依然廣泛地為人們所相信,但是伽利略對這點抱持著極大的疑問。

一六四四年,維維亞尼和托里切利一起研究這個問題。他們兩人在其中一端封閉的玻璃管內注滿水銀,再將玻璃管反過來倒立於水銀槽中時,發現玻璃管內的一部分水銀會流到水銀槽裡,並在封住的玻璃管最上端的部分產生一個空間,當水注入水銀槽中時,水會浮在水銀的上方,這時若把玻璃管的下端提高到水層的高度時,水就會從管中往上昇而填滿該空間。如此一來就證明玻璃管上方所產生的空間內什麼也沒有,這實驗說明真空是存在的(譯注:托里切利使用的為長約一公尺之玻璃管,當注滿水銀之玻璃管倒立於水銀槽中時,由於常溫時海平面之大氣壓力約為760毫米汞柱,因此僅能將水銀柱推至約76公分高,多餘之水銀會流回槽中,而在管上端產生一空間。若此空間並非真空則水將無法填滿空間,因為此時該空間

科學筆記　歐洲在西元十六世紀時開始使用小數,十七世紀時開始使用對數(譯注:若定義 $b^n = x$,則 $n = \log_b x$,n 為以 b 為底時的 x 的對數。)

應由其他物質所占據）。

受牛頓尊崇的惠更斯

　　惠更斯（一六二九～一六九五）是荷蘭的物理學家與天文學家。惠更斯的父親是笛卡兒的朋友，他與父親一同去拜訪笛卡兒時，笛卡兒曾經稱讚他非常地聰明伶俐。在這之後，惠更斯便開始奮發學習，十五歲左右時就讀懂了笛卡兒的《哲學原理》，對物理學與天文學產生了強烈的興趣。

　　惠更斯利用伽利略發現的鐘擺等時性，藉由鐘擺的週期運動發明了齒輪時鐘，並在一六五八年發表一篇名為《擺鐘》的論文。讀了這篇論文的牛頓發現惠更斯優秀的才能，開始與惠更斯通信，並邀請惠更斯成為皇家學會的會員。牛頓對惠更斯的敬意可以從他曾經稱惠更斯為「與生俱來的天才」而得知。

　　惠更斯認為如同聲音從音源處藉由空氣的振動傳到耳朵那樣，光也是從發光體處藉由某種物質的運動才傳至眼睛，這種物質不只存在於空氣中，也存在於水中與玻璃中。惠更斯以亞里斯多德所說的第五種基本物質「乙太」來為這種物質命名。

　　惠更斯認為光是一種波動，是一種稱為乙太的物質在縱向上的運動。這個說法在一九〇五年愛因斯坦主張「乙太並不存在」之前，沒有人懷疑過其正確性。

笛卡兒的弟子巴斯卡

　　巴斯卡（一六二三～一六六二）出生於法國中部的小鎮。他發現了大氣壓會隨著海拔高度而變化，並利用巴斯卡原理將靜水力學公式化，因此「巴斯卡（Pascal，或簡稱『帕』Pa）」至今仍然被拿來當做壓力的單位之一，此外，巴斯卡也是發明計算機的數學家。

　　巴斯卡的家族是利用金錢得到貴族地位的「新封貴族」。「新封貴族」在對抗誇耀擁有純正血統的舊貴族時，只能從洗練的知性生活來著手，當時包含巴斯卡家族在內的新封貴族，毫無例外地都為了增進知識而努力。巴斯卡的父親是由一流數學家與自然科學家所組成的學者沙龍的一員。源自於身為沙龍中有力會員的自信，巴斯卡的父親便親自教育巴斯卡。從小便失去母親的巴斯卡在父親的指導下，發揮出他的天賦，成為他父親所屬沙龍的寵兒，在成為笛卡兒的弟子後更進一步地展現了才能。

　　巴斯卡在得知托里切利關於真空的實驗後，嘗試了各種證明真空存在的實驗，而後確立了「巴斯卡原理」。一六四六年時，巴斯卡以實驗證明玻璃管中的水銀柱高度

是由周圍的大氣壓力所決定，也就是說，巴斯卡證明了托里切利等人所提出的「液體的平衡會受到大氣壓力的影響」的假設。一六五二年左右，巴斯卡與費馬之間藉由書信的往來討論「機率問題」，並將討論結果寫成《算術三角論》一書，巴斯卡也因此被視為機率論的創始者。

巴斯卡以科學家的身分排除了以亞里斯多德以來的權威為根據的經院學派自然學，主張重視實驗與推論的實證主義態度，認為「科學研究就是把現象的原因與結果之間的聯繫找出來」。但另一方面，在宗教和人類的領域上，巴斯卡反而信奉復古主義的神學，反對人文主義與理性主義妥協後的近代理性主義，並且從象徵主義的立場來追求人類存在的意義。這樣的思想可以從他的《沉思錄》中很明顯地看出來。

促成學會誕生的男人們

波以耳（一六二七～一六九一）是一位愛爾蘭伯爵的第十三個兒子。十七歲時父親去世之後，波以耳曾經搬到繼承自父親的史塔爾布利吉莊園居住，並加入對知識懷有旺盛好奇心的年輕貴族所組成的社

團。波以耳二十七歲時在許多社團同伴所居住的牛津大學附近租了房子，雇用虎克（一六三五～一七○三）擔任他的助手。波以耳發掘出虎克的才能，不僅未把虎克當助手，反而視他為共同研究者及朋友，最後波以耳在虎克的協助下發現了「波以耳定律」（當溫度固定時，氣體的體積與其壓力成反比）。

一六六二年，波以耳認為如果社團能夠得到公開的認可，對於研究應該會有所幫助，因此向查理二世提出了申請。同年，獲得公認的倫敦皇家學會成立，波以耳成為理事，並由虎克出任事務局長。一六八○年，波以耳被選為會長，但是他以身體不佳為理由婉拒，不過據說真正的原因是因為他是清教徒，因此無法向身為異教徒的英國國王宣誓效忠。皇家學會雖然是國王認可的協會，但實際上並未從王室那裡得到任何的經濟援助。

一六六六年，法王路易十四的首相柯爾伯，知道笛卡兒與巴斯卡所屬的學者沙龍在國際上享有很高的聲望，於是建議國王賜予其皇家科學院的稱號，並支付年金給會員。路易十四還下令表示，研究或實驗所需的器具與經費由國庫來支付。就這樣，倫敦與巴黎成了新科

科學筆記　牛頓在當上皇家學會的會長之後，因討厭個性和自己完全相反的虎克，而把虎克曾經是皇家學會會員的紀錄全部加以抹除。

學文化的據點，受到影響的歐洲諸
國也紛紛成立國立的科學院，藉以
提升各國的科學力。

利用水銀所進行的真空實驗

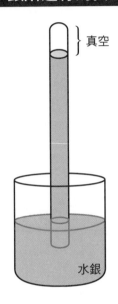

真空

水銀

設立學會及協會的時機成熟

國家的文化、經濟
與軍事上的利益

科學家在經濟與
社會上的理由

學會與協會的設立

開始探求微觀的世界
生命科學的進步

西元十七世紀時，生命科學也走上了進步之路，其中最為人所知的關鍵就是顯微鏡的發明。

最早發現細胞的男人

虎克在擔任波以耳的助手後才接觸到科學的世界，後來成為了優秀的學者。虎克的雙手非常地靈巧，擅於組裝各種實驗裝置，曾經負責在倫敦皇家學會的會員面前進行實驗工作，而彈簧的拉伸程度與施加力量成正比的「虎克定律」，便是虎克的研究成果之一。

虎克藉由組裝接物鏡以及接目鏡，自行製作出複式顯微鏡，這也是今天所使用的顯微鏡的原型，倍率為五十倍。這個倍率乍看之下好像不太夠用，但是今天在醫療上用於觀察皮膚的皮表透光顯微鏡一般的倍率是四十倍，用於診斷與治療上已經十分足夠。

虎克利用自製的顯微鏡觀察樹皮的薄切片，發現了像小小的房子一樣聚集在一起的構造，因此把它命名為「Cell」，意思正是小小的房子。這就是所謂的細胞，而這個名稱也一直沿用到了今日。

虎克還以顯微鏡觀察昆蟲的複眼與翅膀等各種部位，並將觀察時所繪的素描集結於一六六五年出版的圖鑑《顯微圖說》中。但是除了樹皮細胞之外，這本圖鑑對於生物學上的研究並沒有太大的貢獻。

愛好科學的商人

雷文霍克（一六三二～一七二三）是波以耳在科學愛好會的好友之一，他也是倫敦皇家學會的創始會員之一。他是一個曾擔任過測量技師的織品商人，體格健壯且視力超群。

雷文霍克受到虎克顯微鏡的啟發，也自己製作了顯微鏡。他的顯微鏡是僅含一枚鏡片的單式顯微鏡，光源為透窗的自然光，倍率從一百倍到二百六十六倍，單式顯微鏡一直到十九世紀中葉為止都是主流。現代的醫師或生物學家在觀察細胞或組織時所使用的顯微鏡，在必要時雖然可以達到一千倍以上，但一般所使用的倍率都在一百倍到四百倍之間。由此可知雷文霍克的

科學筆記 日本岡山縣津山研究西洋學的學者宇田川　庵於一八三四年出版的《植物學起源》，是日本首次使用「細胞」這個名稱的文獻。

顯微鏡在當時是多麼優秀的設備。

雷文霍克花了半個世紀的時間持續地以顯微鏡進行觀察，期間向皇家學會提出了包括人類的精子、鮭魚的紅血球以及植物細胞等超過兩百件的報告，並且在之後整理成《顯微鏡所揭露的自然祕密》一書。

分類學從博物學中誕生

亞里斯多德以來的思考方式「上帝所創造的自然應該也擁有上帝所制定的秩序」，此觀念也為博物學所繼承。當然，和科學的其他領域一樣，十七世紀時博物學也出現了具備科學視野的學者，確立了進行生物分類時必須追求其基本性質的想法，而最早提出這種想法的就是林奈（一七〇七～一七七八）。

為將生物區分為動物界與植物界，林奈採用了同時以屬名及種名來表示特定種類的二名法，這就是分類學從博物學中誕生的契機。十八世紀時由林奈所確立的方法，一直沿用到今日。

雷文霍克的單式顯微鏡

時至今日依然是科學基礎的物理學與數學的發現

誕生於科學革命的定律與公式

為了讓讀者能有更深入的了解，這一節將會就本章出現過的幾個專有名詞與人物再次做解說。

牛頓力學的三大運動定律

「慣性定律」、「加速度定律」，以及「作用力與反作用力定律」，是牛頓將力學體系化所得到的三大定律。

所謂的慣性定律，是指在既無空氣也沒有摩擦的世界裡，如果沒有新的力量作用在物體上時，運動中的物體將會以一定的速度持續地運動下去。

加速度定律則是當物體的質量為定值時，若施加的作用力愈大則加速度就愈大；當加速度為定值時，若物體的質量愈大則施加於其上的作用力必定愈大；當作用力為定值時，若物體的質量愈大則加速度就愈小；加速度定律的公式為：作用力＝物體的質量 × 加速度。

作用力與反作用力定律則是在某物體上施加作用力時，則施力的一方也會受到同樣大小的作用力。「萬有引力定律」就是以這三大定律為基礎所推導出來。

牛頓環

在平面玻璃上放置一曲率半徑很大的透鏡時，從上往下看就可以觀察到同心圓狀的環。這種環就稱為牛頓環，是由牛頓所發現，牛頓認為其成因來自於光的粒子性。

楊格（一七七九～一八二九）則認為光是一種波動，而牛頓環是由光波的干涉現象所造成的。

萬有引力定律

所謂萬有引力定律是指「所有的物體都會互相吸引」，也就是說，「當有兩個物體存在時，兩者之間一定存在著互相吸引的作用力」。

萬有引力的大小與兩物體的質量成正比，與兩者之間的距離平方成反比。當兩物體的質量愈大時，引力愈強；兩者的距離愈遠時，引力愈小。牛頓就是根據這個定律，以數學來說明克卜勒定律，牛頓力學也因此取代了亞里斯多德力學。

楊格是一個成功的開業醫師，但在他成功解讀了古埃及文字之後，也開始從事與莎草紙相關的研究。

牛頓的朋友哈雷（一六五六～一七四二），根據萬有引力定律計算出出現於一六八二年的彗星繞行太陽的公轉週期為七十六點零三年，並發表了一七五八年時可以再度觀察到這顆彗星的軌道理論。哈雷死後，這個理論獲得證實，於是這顆彗星就被命名為哈雷彗星。

萊布尼茲

萊布尼茲（一六四六～一七一六）是德國哲學家及數學家。他的微積分改變了十七世紀到十八世紀的數學及物理學，而他的符號邏輯學則刺激了十九世紀到二十世紀的邏輯學與數學，並且為量子力學與相對論提供了重要的基礎。萊布尼茲同時也從事二進位法的研究，為今日的電腦科學提供了許多的靈感。

萊布尼茲曾經和牛頓就微積分是由誰先發現的這個問題展開爭辯，只是萊布尼茲比牛頓早一步離開了人世。

牛頓力學的三大運動定律

第一運動定律（慣性定律）

如果沒有施加新的作用力時，運動中的物體會以同樣的速度沿著原本的運動方向持續地前進。

第二運動定律（加速度定律）

以質量 × 加速度來表示作用力。
$F = ma$（F 為作用力，m 為質量，a 為加速度）

第三運動定律（作用力與反作用力定律）

兩物體的其中之一受到另一物體施加作用力時，施加作用力的一方也會受到大小相等、方向相反的反作用力。

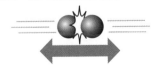

今天我們已經知道牛頓的發現比起萊布尼茲早了大約十年。但是萊布尼茲與牛頓的確是各自獨立地從事研究，而微積分的發展上，萊布尼茲的方法也被認為比牛頓的方法來得優秀。

牛頓在萊布尼茲死後所出版的《自然哲學的數學原理》一書中，完全沒有提到萊布尼茲的名字，就是因為這種傲慢的態度，才使得他在與學會（科學會或協會）的談判中無法被認同獨占首先發現微積分者的地位。

牛頓的貓

順帶一提，牛頓有養貓，並且在他房間的門上開了讓貓通行的一大一小兩個洞。雖然管家告訴他：「只要有一個大的洞，小的貓一樣可以通過」，但牛頓依然我行我素。此外，即使論文被貓弄得一蹋糊塗，牛頓也不會生氣。對於一生都是子然一身、既沒有朋友又孤獨的牛頓來說，也許貓才是唯一能夠令他安心的朋友。牛頓是一個隨身攜帶帳簿、一絲不苟的人，這或許是他始終結不了婚的原因之一吧。

費馬

費馬（一六〇一～一六六五）是法國數學家、政治家及法律家。費馬雖然只利用閒暇時間從事數學與光學的研究，但絕對不只是一個業餘的數學愛好者，他在當時的數學界被認可為一流的數學家，而費馬與笛卡兒、巴斯卡之間也經常通信討論與數學有關的問題。

費馬藉由在連續曲線上繪製切線的方法，研究極值的問題與微分的概念。由於他在微積分創始者牛頓與萊布尼茲出生的十幾年前就已得到這樣的成果，因此在數學領域獲得高度評價也是理所當然的。

一九九四年六月，普林斯頓大學的威爾斯成功地證明了費馬所提出的「$a^n + b = c^n$，當n大於3時，則滿足此式的自然數解不存在」，這就是著名的「費馬最後定理」。

科學筆記 之所以有人說牛頓與巴斯卡無法和女性進行一般的男女交往，並不是毫無根據的。

牛頓環

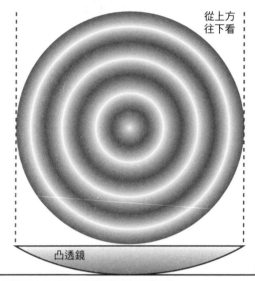

從上方
往下看

凸透鏡

平面玻璃

萬有引力定律（與距離平方成反比定律）

兩個物體之間分別會受到方向相反的引力，其作用力F的大小如下式所示：

$$F=G\,\frac{Mm}{d^2}$$

兩物體的質量分別為M與m，兩者之間的距離為d，G為萬有引力常數。

※萬有引力常數是一個比例常數，其大小約為，

$6.6726 \times 10^{-11} m^3/s^2 \cdot kg$

科學革命所帶來的種種影響

　　科學革命的意義不僅僅是科學終於以一種學問的姿態誕生而已。事實上，科學革命的意義應該包括科學的成立，以及因此而產生的社會變化，這是在各家的論述中都沒有提及的。

　　科學革命使得歐洲在文化上完全凌駕於其他文明之上，開拓了通往今日科學技術時代的道路。科學革命因科學方法的確立而誕生，以數字化的數學形式將實驗所得的事實表現出來，樹立了以因果關係與數學關係所形成的自然法則，並且提供運用實驗而非思辯的方式，形成一套可被驗證的論述手段。

　　此外，印刷技術的進步讓科學雜誌得以創刊，有助於後人繼承科學家的各種成果。而倫敦皇家學會與科學院等科學研究會的成立也實現了以制度來推展科學的努力。

　　再加上科學與技術的密切合作，讓科學知識具體落實為「機械技術」，使人類得以操縱自然，拓展了前往工業革命的道路。於是科學與社會的結構產生了變化，科學直接地影響到人類的生活。同時，科學家也成為以單純科學家而非哲學家身分來研究理性知識的人。換句話說，現代概念下的科學家誕生了。

　　現代的科學家往往標榜著純科學，表現出一副深具良知的學者模樣。但從過去悠久的歷史來看，有時這只是一種面具而已，只要翻閱過去的歷史就可以知道純科學是如何地被使用在戰爭上。如果真的要死守純科學的立場，或許科學家應該要持續地進行反戰運動才對。

中國與日本的科學

以優秀的記數法挑戰圓周率
中國與日本的數學

中國的數學在很早以前便隨著治水工程與農業一起發展，但明代以後，數學的發展因當時政治的情勢而遭遇阻礙。

獨自進步的中國數學

　　早在西元前五〇〇〇～四〇〇〇年的彩陶文化時期，中國的數學就已經十分發達，大約在西元前二〇〇〇年時便能夠區分出正數與負數。能有如此的成果並非受到其他文明的影響，而是中國自行發展出來的。中國的數學隨著治水工程、農作物與家畜等交易、以及徵稅時所需的計算而逐漸發展，完全應驗了需求帶來發明這句話。

　　西元一〇〇年左右出現了作者不詳的算書《九章算術》，這本書之後成為朝鮮與日本最早的數學教科書。所謂「算」，指的是古代中國用來計算的小木棒，《九章算術》便是一本教導如何使用「算木」的教科書。

分數與圓周率

　　在古代中國的算術當中，曾有很長一段時間認為圓周率為3。西元三世紀時，王蕃（二二九～二六七）曾主張：「圓周為142的話，則直徑為45。」那麼圓周率就是142／45＝3.155，這是一個相當接近的數值，但沒有人知道王蕃是如何得出此數值。

　　西元二六五年，最早使用正多邊形的中國人劉徽，以圓內接的正一百九十二邊形計算出圓周率為3.141024到3.14416之間。西元五世紀，祖沖之父子以正二萬四千五百六十七邊形來計算，得到了355／133＝3.14159292的數值。這個數值與實際的圓周率3.14159265⋯⋯之間只差了八百萬之一，打破了阿基米德的紀錄，之後長達一千多年的時間更是沒有人能夠突破。

　　圓周率的計算從古希臘開始，在印度、中國與日本也都有人從事計算，而各國研究者依據的原理都是阿基米德的「正多邊形法」。利用從正六邊形開始呈倍數增加的十二、二十四、四十八邊形等正多邊形，便可求出近於真實的圓周率。

 科學筆記 日本古代的知識分子藉由吟唱《萬葉集》中的〈九九〉等和歌，在吟玩詩歌中學習數學。

　　然而這個方法的缺點在於當邊的數目增加之後，計算也會變得非常複雜。阿基米德曾經使用內接的正九十六邊形與外接的正九十六邊形來計算，但當時的記數法沒有「○」與位數的概念，因此即使費了很大的力氣，得到的依然是錯誤的結果。在這一點上，以分數形式表示小數的中國數學與印度數學可說比古希臘來得進步。

　　中國在隋唐時代到元的極盛時期之間，因受到泛希臘文化與伊斯蘭文化的影響而開始研究幾何學與方程式等，並將數學應用於天文

江戶時代主要的數學教科書

《算用記》	作者不明，算盤的標準教科書。
《割算書》	作者為毛利重能，將乘法標準化。
《諸勘分物》	作者為百川治兵衛，內容為木材體積的計算方法等。
《塵劫記》	作者為吉田光由，以庶民的生活為題材。

■ 中國的算盤

學，維持著相當高的水準。但在十四世紀到二十世紀初的大約六百年間，中國的數學受到當時政治、經濟與文化等種種因素的影響而停滯不前，遠遠地落後於同時間急速發展的西洋數學。

明朝時的中國重視朱子學，禁止民間與海外進行貿易；清朝時女真人（譯注：滿族）統治中國，嚴格控管學術與出版，造成各種研究都停滯不前。

傳自中國的日本數學

飛鳥時代的日本朝廷採用中國與朝鮮的數學書籍，同時為培育適合律令制度的官員而開始實施以兩名「算博士」指導三十名「算生」的大學教育，這即是日本最早的數學教育。當時除了數學書籍以外，被稱為「算木」的計算工具也從中國輸入日本。目前小學數學課教授的「九九乘法表」，在飛鳥時代時所有的知識分子也都曾經學過。

算博士的職位是世襲繼承而來，與數學能力的高低無關，而數學本身則由有需要的人傳承下去。平安時代，日本國產的數學教科書出現，現存的其中之一就是源為憲為教育自己的孩子所寫的《口遊》。

隋唐時代遠渡到中國的日本留學僧將《天文算法書》帶回日本，其水準之高讓日本的數學家大為感動；他們把《天文算法書》當成自我啟發的基石，為日本的數學研究注入了活水。但日本的數學與其說是門學問，還不如說是以實用為本位而發展的技術。

算盤的起源

室町時代，也就是西元十五世紀到十六世紀中葉，算盤隨著當時的勘合貿易（譯注：中國明朝發給幕府的貿易許可證稱「勘合」，因此當時中日之間的貿易又稱「勘合貿易」）從中國傳至日本。交易的進行必須具備數學知識以及計算能力，計算錯誤將導致嚴重的問題。因此對於商人或負責行政工作的武士來說，算盤這種便利的計算工具變得非常重要。

當時算盤比說明其使用方法的書籍更早傳入日本，因此日本發展出獨特的算盤使用方法，也就是現今日本人的使用方式。前田利家在出兵朝鮮時，把算盤當成演練戰略的道具，而當時所使用的算盤至今依然存在。

 科學筆記　江戶時代吉田光由所寫的《塵劫記》，是日本現存刊載算盤圖片的最古老文獻。

和算源自於西方嗎?
日本獨特的和算

截至江戶時代為止的日本數學稱為「和算」,有此稱呼是為了與幕末到明治初期期間由歐美傳入的「洋算」區別。

中日數學交流的歷史

一般認為,日本在十七世紀左右時的江戶時代以《算法統宗》等中國數學書籍為基礎,發展出適合當時社會狀況的和算。其後的大約兩百年間,和算家(研究和算的數學家)寫下眾多專門書籍,並發展出許多重要的數學成果。

江戶幕府於一七二〇年(享保五年)解除基督教以外的禁書令;一七三三年,天文學著作《曆算全書》自中國傳入,數學書籍也被一一帶進日本,其中讓日本數學家特別感興趣的是與三角函數及對數有關的書籍。

十九世紀中葉的江戶時代後期,以美國東印度艦隊總司令佩里的到來為契機,長崎的出島成為繁榮的貿易中心,中國數學也持續地傳入日本,相對地,日本的數學書籍也漸漸地被介紹到中國。

因此,中國的數學家得以了解和算的內容,而當二十世紀洋算在日本發展時,也有許多的中國留學生前往日本學習。

珠算教室的出現

西元十七世紀時,商業的發達使得一般庶民也必須具備計算能力。

一六〇〇年關原會戰後,許多武士淪為浪人(譯注:指因主家衰落而出走或無主可侍奉的武士),有位名叫毛利重能的浪人在京都的二條京極掛上「天下一割算指南」的招牌,開始從事數學與算盤的教學。毛利重能非常擅於教學,他的學生不只來自京都,甚至有人遠從大阪而來。

在「和算」這個名詞出現之前,日本把數學稱為「算學」或「算術」。讀書、寫字與算盤成為武士、商人,甚至是工匠的必要素養,學習風氣十分興盛,算盤也成為算術的代名詞。到了江戶時代,「寺子屋」(譯注:日本民間針對庶民所設立的初級教育機構)的平民教育也大為普及。

毛利重能的眾弟子

毛利重能的代表弟子包括高原

吉種、《塵劫記》的吉田光由、著有《堅亥錄》並曾任磐城平藩郡奉行（譯注：磐城平藩領有陸奧國與磐城國，各藩藩主〔大名〕下設有總理藩政的重臣稱為家老，家老下設郡、町、寺社、勘定等奉行，其中郡奉行掌管農村之司法行政）的今村知商等。

高原吉種是被稱為天才的關孝和、以及活躍於設計測量領域的磯村吉德等人的老師，在教育上的表現十分出色，但他並未留下著作。

吉田光由是京都富商角倉了以的外孫，是日本最早被稱為數學天才之人。吉田光由的《塵劫記》是為庶民而寫的算術練習本，是一本傳誦至明治時代的暢銷書，期間也出現許多盜版。

今村知商調查從常陸國那賀湊，到涸沼川與利根川之間的運輸路線，並開發從巴川中游的下吉影村到川口的串挽的航線。

關孝和結合使用算盤的算術與使用算木的天元術，發明了以筆算求解的代數法。此外，據說關孝和還曾在牛頓與萊布尼茲之外獨立從事微積分的研究，不過當時他研究的還是非常粗淺的東西，嚴格說來並不能算是微積分。不過針對數學的行列式，關孝和的確獨立進行過研究。

關孝和在成為高原吉種的弟子之前曾經自行學習數學，主要的學習教材就是吉田光由的《塵劫記》。此外，關孝和還利用正一萬三千一百零七十二邊形（2的17次方邊形），求取到小數點以下十一位、極為正確的圓周率，數值為3.14159265359。

與洋算的第一次接觸

西洋的數學經由長崎出島，以蘭學的一部分，與醫學及天文學一同傳進日本。然而在這之前，西洋的數學，也就是洋算便曾經傳至日本。

歐洲在歷經宗教改革之後，天主教會的宗教運動也隨之活躍起來，天主教會其中一派的耶穌會於是致力於將天主教傳布到全世界。耶穌會成員認為在未開化的國家從事傳教時，必須要帶進歐洲的科學以得到人們的尊敬。

被派遣到日本的斯皮諾拉（一五六四～一六二二）是耶穌會最重要的數學家柯拉維的弟子。斯皮諾拉在一六〇四年左右到京都的南蠻寺擔任傳教士，在那裡他成立了聖母瑪麗亞信心會以及從事數學教育的組織。

斯皮諾拉在寫給耶穌會葡萄牙

科學筆記　算盤因毛利重能的《割算書》而迅速普及開來，此外他似乎還寫過一些未曾出版的書。而關於和算學者高原吉種，有一說法認為其實高原吉種就是耶穌會教士約瑟喀拉。

教區的信件中提到:「日本人對於科學,特別是數學與天文學顯露出好奇心,就連將軍與大名也都對數學感到興趣,因此數學是與他們建立關係的最佳利器。」

斯皮諾拉所開設的數學課深受日本數學家的歡迎,像是吉田光由、吉田光由的伯父角倉素庵,以及毛利重能等一流數學家也都會出席,為日本的數學帶來相當大的影響。也因為如此,有學者主張和算源自於西方的洋算。

毛利重能的眾弟子

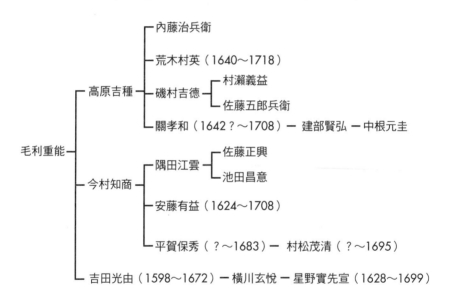

待症狀出現才開始治療的是庸醫
中國傳統醫學的歷史

第一章裡曾稍微提及中國的醫學，這一節裡讓我們再來回溯一下中國醫學的長遠歷史，中國醫學也曾有過受神祕思想影響的時代。

東洋醫學

東洋醫學這個名詞在明治中期左右出現，原本指的是與西洋醫學相對、發祥於中國與日本的傳統醫學，現在則傾向於將所有無法納入西洋醫學範疇內的傳統醫學都視為東洋醫學。

若從歷史的角度來看，所謂「東洋」指的是與亞洲有關的事物，因此把以希臘醫學為母體的尤那尼醫學（即伊斯蘭醫學）、印度的阿育吠陀醫學，以及中國醫學納入東洋醫學裡應該是很恰當的。

今日的中國把傳統醫學稱為中醫學，也就是中國傳統醫學的簡稱。

中國傳統醫學的形成

據說早在殷商之前，中國就已經有醫學的存在，但事實上那應該只能算是巫術醫學。

殷商時，經驗醫學隨著文明的發達而誕生；周朝時開始形成以藥物或礦物來進行治療的體系；到了

東漢時代，以往所累積的醫學知識被整理成《神農本草經》與《黃帝內經》。這些書的真正作者應該是多位匿名的醫師，但正如第一章所提到的，之所以假託傳統醫神（神農氏或黃帝）所著，應該是因為中國人重視醫學在根本上的重要性，甚於執筆者的聲譽。還有一種從以前就有的說法認為，這樣的做法只是單純為了借重過去的權威。

周王朝失去威信之後，從西元前八世紀中葉左右開始便只剩虛名。當時各種勢力並起，形成群雄割據的春秋戰國時代。

以孔子為代表，被稱為諸子百家的思想家們遊歷各國進行遊說，而以扁鵲為代表的雲遊醫師也在此時出現。針灸治療便是出現在這個時代（西元前四○三～西元前二二一），後於東漢時代（二五～二二○）集大成。

中國醫學的特徵有二，一是以針灸治療為基本所形成的醫學理論，另一則是以針灸治療所衍生的

科學筆記 西元七○○年開始的三百年間，出現了好幾位名為扁鵲的醫師，一般認為這可能不是個人的名字，而是個周遊各國的醫師團，或是其代表者之名。

理論為基礎的藥物療法；以這兩者為中心，形成了醫學整體的基礎理論。

針灸治療的基礎理論體系包括《黃帝內經》與《黃帝八十一難經》，其內容分別為生理學、病理學以及針灸理論。

藥物療法的基礎則有二，分別是彙整西元二世紀時張仲景整理之《傷寒論》與《金匱要略》而成的《傷寒雜病論》，以及假託神農氏所著的古典藥用植物學《神農本草經》。

這些中國傳統醫學的基礎都完成於漢代。有一說表示針灸醫療（內經醫學）發祥於藥草稀少的北方黃河流域，而藥草治療（傷寒論醫學）則發祥於藥草豐富的長江流域。

類似古希臘醫學的 血、氣、水

古希臘認為人體是由「水」、「血」、「靈」（譯注：又稱普紐瑪，用來指稱空氣、風、心靈與呼吸）所組成，生理學之父伊拉西催特斯認為紅血球增多症的成因，便是靈的通道受到阻塞而造成。「靈」的語源是有淨化之意的「Pneo」，後來用以表示大氣與呼吸氣，象徵生命；基督徒則更進一步賦予其靈魂之意。

靈的概念同於印度醫學中的「吠陀（風）」，以及中國傳統醫學中的「氣」。在中國傳統醫學中，當血、氣、水個別產生混亂時，會引發彼此的混亂或相互失衡的混亂，假若這些混亂超過了生理所允許的範圍，便會出現症狀而生病。在生病之前，血、氣、水混亂所產生的狀態稱為「未病」。中國從《黃帝內經》以來的古老時代就認為能夠治療「未病」的才是名醫，而要等到生病才進行治療的則是庸醫。

曾進行麻醉的傳說中的外科醫師

古代中國的醫療以針灸治療與藥物療法為中心，鮮少進行外科的治療。東漢時的華陀是少數的外科醫師之一，他將麻沸散與酒混合，讓病人喝下以進行麻醉，據說華陀曾經進行過腸胃的剖腹手術以及眼球的摘除手術。麻沸散的主要成分是大麻，由這點看來，華陀似乎學習過印度與古希臘的醫學。現今麻醉裡面的「麻」字，據說就是源自於這裡所說的大麻。

關於華陀的死因，有人說他是因為拒絕了曹操的延攬而遭到殺害，還有一說表示他在治療曹操的頭痛時提出進行開顱手術的要求，但這項要求與《黃帝內經》相違背，華陀因而遭處死刑。但無論如

何，華陀都是中國傳說中的外科醫師，他出現的時代大概比張仲景略晚一些。

從南北朝時代到唐朝

到了五世紀中葉至六世紀末的南北朝時代，《傷寒論》中的經驗醫學以及擁有科學精神的醫學，因受到道教與佛教的影響而再度成為類似於巫術的醫學，這與當時持續不斷的戰爭與不穩定的政局造成民間人心惶惶有極大的關係。南北朝時代，王叔和寫下《脈經》，針對中國傳統醫學中至為重要的把脈診斷，以及治療與預後（譯註：復原或痊癒的機會，亦即對日後病情的預測）詳加描述，這樣的思考方式也經由伊斯蘭醫學對義大利醫學產生影響。當時針灸治療領域的醫書有《甲乙經》，在藥學方面則有葛洪的《抱朴子》。《抱朴子》因為受到神祕主義思想的影響，而把利用水銀製作長生不死的藥與黃金等鍊金術放進了書中。

之後中國歷經隋朝與唐朝，在文化發展的同時，醫學也受到了影響。基督教的聶斯托里教派曾在唐朝時到中國傳教，當時被稱為景教。一般推測古希臘與伊斯蘭的醫學就是在這個時候傳入中國，而佛教的普及也讓印度醫學傳到中國。無論如何，可以肯定的是道教、儒教與佛教對醫學都產生了重要的影響。

隋朝時，在文帝之子煬帝的敕令下，病理學與診斷學的醫書《諸病源候論》於六一〇年完成。《諸病源候論》中收錄了受道教影響的一種稱為「導引」的體操治療法。

唐朝時，孫思邈著有《千金方》與《千金翼方》二書，前者詳細敘述醫師在面對患者時應具備的倫理態度。孫思邈把醫學與醫術區分開來，認為醫學研究無論在實際上或哲學上都是必要的，而醫術則是宗教上與人道上的需要。《千金方》也受到道教與佛教很大的影響，使得醫學則成為形而上的學問。

宋朝與元朝以後

正如第二章介紹伊斯蘭醫學時所提，在十世紀後半的宋朝陰陽五行說十分地流行，讓醫學變得更加地形而上。在這個時代，占星術等非科學的想法也被納入醫學領域，其影響一直延續至後世的金、元，甚至是明朝。

但在另一方面，北宋皇帝把振興醫學當成是施政的一部分而花費

科學筆記　葛洪的《肘後備急方》完全沒有道教思想，是一本主要探討傳染病的醫書。

許多心力，除了修訂、出版古時的醫書之外，還創辦了醫院。當時藥草學的研究也十分興盛，南宋時還出現了法醫學。利用死刑犯的屍體進行人體解剖，也使得科學的醫學再度興盛。

宋代時中國曾經舉行針灸治療的國家考試，當時依據王唯一奉皇帝之命所撰寫的《銅人腧穴針灸圖經》來打造銅製人偶，這些人偶被運用在實際的考試上。考試的方式是把全身印有「穴道」位置的人偶塗滿蠟，讓受試者蒙著眼睛在指定的位置上下針。

金朝與南宋對立時的醫學理論依然是非科學的，但從這個時代的後半開始到元代時，中國醫學出現了許多流派，並藉由論爭彼此切磋琢磨。

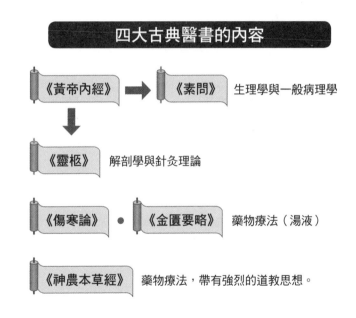

四大古典醫書的內容

《黃帝內經》 ➡ 《素問》 生理學與一般病理學

《靈樞》 解剖學與針灸理論

《傷寒論》 • 《金匱要略》 藥物療法（湯液）

《神農本草經》 藥物療法，帶有強烈的道教思想。

金朝與元朝時，所謂的四大家包括有寒涼派的劉完素、攻下派的張子和、補土派的李東垣，以及養陰派的朱丹溪。寒涼派與攻下派又稱為「劉張醫學」，主要著眼於去除疾病的病因；補土派與養陰派又稱為「李朱醫學」，主要著眼於因生病而衰弱的「氣」，也就是強調元氣的補充。在這個時期，陰陽五行說已不再是非科學的理論，而是藉由實證方法並以獨特觀點修正《傷寒論》、《黃帝內經》等，不僅展現出科學研究態度的醫師增加，病理學與藥理學獲得整理，藥物學與處方學等治療體系也得以重新建構。一一一五年到一三六八年間可說是中國傳統醫學復興的時代。

這些醫學為明朝與清朝的醫學帶來至為深遠的影響，也是現代中國傳統醫學理論基礎的源流。一三六八年，明太祖朱元璋推翻元朝，復興漢民族國家成立了明朝。在這個時代，金朝與元朝的醫學又進一步地發展，出現許多嶄新的醫書。清代時雖然也有稱為「溫病學」的新理論出現，但其醫學進步的幅度則遠不如明代。

清朝結束後，歷經中華民國時期，一九四九年時中華人民共和國成立，中國政府曾嘗試將以往的中國傳統醫學理論統合為單一的中醫學理論。但即使到了今日，中醫學仍然無法完全整合，各種流派依然存在，不斷從嘗試錯誤中求進步。

科學筆記　西漢時的醫師淳于意，是中國現存最古老的病歷的創始者。

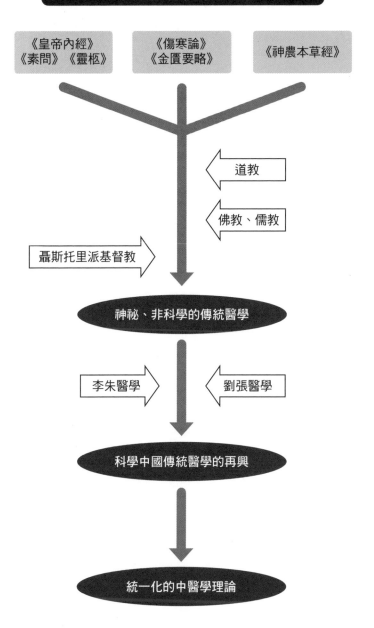

中國傳統醫學系譜

《皇帝內經》
《素問》《靈樞》

《傷寒論》
《金匱要略》

《神農本草經》

道教

佛教、儒教

聶斯托里派基督教

神祕、非科學的傳統醫學

李朱醫學

劉張醫學

科學中國傳統醫學的再興

統一化的中醫學理論

175

完全地吸收中國醫學，並進一步將醫學提升為科學
日本的傳統醫學

在日本，傳統醫學大約有一千五百年的歷史。但是「漢方」這個名詞在現代似乎受到許多人的誤解。

漢方是什麼？

所謂的「漢方」，是相對於荷蘭醫學（蘭方）與日本固有醫學（和方），在日語中用來指稱中國傳統醫學所創的名詞。「方」是技術與方法的略語，指的就是醫學。如前所述，中國將自身的傳統醫學稱為中醫學，韓國則稱自己的醫學為漢醫學或東醫學。這裡的「漢」字指的是漢民族，與中文裡的意思相同。

然而近代以來，這些國家分別從中國傳統醫學發展出獨特的醫學，今天日本所說的「漢方」，已經是與日本傳統醫學結合後的產物，實際上應該稱為「日本漢方」比較恰當。漢方藥有時也會被稱為「和漢藥」，事實上，由日本自行研發出來的漢方藥也不少。也就是說，有些和漢藥中國沒有，只有日本才有。

葡萄牙的南蠻醫學與荷蘭的荷蘭醫學（蘭方）分別在十六世紀與十七世紀時傳至日本，但在明治維新之前，日本醫學仍是以中醫為基礎的傳統醫學為中心，也就是大家所熟知的漢方。

日本的漢方曾經因為明治時代的西化政策而衰微，但今天日本漢方確立了與西洋醫學相輔相成的地位；以融合漢方與西洋醫學為目標的醫師與研究者，目前在世界上仍持續地增加中。

經由朝鮮半島傳到日本

古代日本的醫學是一種巫術，但隨著彌生時代的來臨，文化的風潮也從朝鮮半島湧至日本。據《後漢書》與〈魏志倭人傳〉記載，自古代開始，日本與中國之間便曾經由朝鮮半島進行交流。當時也有從日本傳到中國的東西。依據小川鼎三的考證，《素問》裡所記載用來放血的砭石術（砭即石針）就是從東方傳到中國的物品，而《日本書紀》中也有進行放血的記載。也就是說，大和朝廷時代的日本已經有獨特的醫學存在，並曾經由朝鮮半

西元五六二年時最早把中國的醫書從中國直接帶到日本的人是吳國主照淵的孫子智聰。

島傳到中國。

古墳時代時大和朝廷成立，日本於西元四世紀後半侵略朝鮮半島南端的任那。西元五世紀，來自朝鮮新羅的醫師金武曾經前往日本為允恭天皇治病，這是日本採用外國醫學最早的紀錄。西元四五九年，在雄略天皇的請託下，從百濟流亡而來的高句麗人醫師德來定居大阪難波，其子孫代代都從事醫師工作，被稱為難波藥師。此外，在西元六世紀前半以前，文字與各式各樣的文化也都是從中國經由朝鮮半島而傳到日本。

醫學制度與教育從中國傳來

西元六世紀末，中國文化直接從中國傳入日本，兩國的人民也開始有交流。西元五八九年隋朝統一中國後，大和朝廷派出遣隋使與隋朝進行交流，唐代時則有遣唐使，各式各樣的文化與醫學隨著遣隋使與遣唐使而來到日本。

五世紀中葉到七世紀初的醫學傳播路線

高句麗：位於朝鮮半島北部，深受中國影響。

新羅：663年與唐朝合力擊敗日本軍。

百濟：660年滅亡，許多難民逃往日本。

中國

6世紀以後

日本雖被唐朝與新羅的軍隊擊敗，但仍與唐朝維持邦交。

日本在七〇一年制定的大寶律令於七一八年修正為養老律令，其中也包括了奠定日本醫事制度的醫療政令。當時日本在內務省裡設置內藥司，宮內省裡則設置典藥寮，醫學教育就在典藥寮的大學裡或地方上稱為國學的學校中進行。當時日本的醫學教科書採用中國漢朝以來的六代醫書，也經常舉辦醫師的國家考試，這些都是模仿自唐朝的律令制度。藤原京時代（六九四～七一〇），日本朝廷自行栽培了許多藥草，醫療制度也在此時確立。

到了奈良時代的天平年間，中國的孫思邈於西元七世紀中葉時所寫的《千金方》傳至日本。而唐朝《新修本草》的傳入，也提供了與藥草有關的新知識。

奈良時代時佛教非常地興盛，當天皇或貴族等身分高貴的人生病時，僧侶會祈禱誦經以求治療成功，並為此建立新的寺廟。基於佛教的慈悲精神，僧侶也廣設施藥院或悲田院等，照顧年老的僧侶與窮苦的病人。

日本最古老的醫書

平安時代時丹波康賴寫下《醫心方》（九九四）一書，書中收錄了鑑真等在奈良時代歷經許多苦難終於來到日本的僧侶所帶來的藥物與知識。在此之前，日本雖然也曾自行編纂醫書，但都已經佚失，《醫心方》是日本現存最古老的醫書。

奈良時代時，大多數的醫藥品都是從中國輸入，正倉院裡為供養聖武天皇而上貢的六十種藥品裡的四十種，以及其他的醫藥品更是保留至今。不過由中國傳入的醫學主要被用在貴族身上，一般的民眾很少能夠得到那樣的待遇；占了人口大半的貧民，依賴的主要還是草根樹皮等藥物、原始的小手術，以及祈神祝禱的巫術等。

鎌倉時代

鎌倉時代武家政治確立的同時，平安時代的貴族文化也隨之衰退。當時學術上偏好的是具有實用價值的東西，醫學也不再掌握於世襲制的醫官或宮廷醫師手中，而是由僧侶來學習醫學並加以實踐。

隨著僧醫愈來愈活躍，再加上中國醫學知識的傳入，希望不只是模仿而能夠發展出獨自醫學理論的冀求也就越發強烈。之後醫療行為也普及至庶民階級，當時僧醫的醫學受到淨土宗、禪宗等佛教極大的影響，從事許多救濟貧民

科學筆記　良觀房忍性的師父─奈良西大寺的叡尊，是最早主張救助病人等社會工作為僧侶使命之人。

與病人的社會工作。良觀房忍性（一二一七～一三○三）是其中最為人所知的一位僧醫，他在鎌倉的極樂寺成立救貧院，據說二十年的時間一共收容了超過五萬七千名病人。

將臨濟宗傳到日本的榮西曾經到宋朝留學，在中國學習佛教與醫學。一二一一年，榮西寫下《喫茶養生記》，向源實朝宣傳茶的效用、宋朝的醫學思想與佛教思想，並表達自己的醫學觀。

梶原性全（一二六五～一三三七）於十四世紀初完成《頓醫抄》一書。梶原性全保留了宋朝眾多醫書的長處，以獨自的方式予以體系化並加上自身的經驗。《頓醫抄》以日文而非漢文寫成，目的是希望能夠讓這本書普及日本全國。此外，梶原性全也以其他角度彙整宋代的醫學，留下以漢文書寫的教科書《萬方書》。

即使到了南北朝時代，中國宋朝與元朝的醫書依然持續傳入日本，禪僧有燐（或稱有林）以日文所寫的《福田方》便是網羅了漢代到元代醫書的醫學解說書。

截至室町時代為止的日本主要醫書

書名與年代	作者或編者	內　容
《本草知名》918年左右	深根輔仁・編	日本最早的本草辭典
《醫心方》994年	丹波康賴・著	日本最早的醫書
《喫茶養生記》1211年	榮西・著	茶的效用與佛教的醫學觀
《頓醫抄》1302～1304年	梶原性全・著	促進宋代醫學的日本化
《福田方》1363年左右	有燐・著	漢朝到元朝的醫學全集

室町時代與安土桃山時代

室町時代在四代將軍足利義持的領導之下，日本與明朝間擁有正式的邦交，貿易活動十分熱絡。以李朱派為中心的金朝與元朝的醫學因此傳入日本，對日本醫學的影響一直持續到江戶時代。

竹田昌慶（西元一三三八～一三八〇）在一三六九年時渡海到明朝，雖然這段歷史沒有經過確認，但據說他曾經解救過難產的明太祖皇后，並因此受封為安國公。一三八七年竹田昌慶回到日本，帶回了許多醫書與學習針灸用的銅製人偶，成為足利義滿的侍醫。月湖是傳說中的僧醫，其國籍與著作《全九集》都缺乏實際的證據。但在安土桃山時代時，曲直瀨道三重新編輯了據說為月湖著作的《全九集》，成為江戶初期時十分普及的醫書。吉田光由的祖先吉田宗桂（一五一二～一五七二）是足利義晴的侍醫，他也曾渡海到明朝，因成功治好明世宗的病而聲名大噪。對當時的日本而言，中國是擁有最先進醫學的國家，對於想要出人頭地的人來說，中國的權威是非常必要且有用的。

曾留學中國明朝的醫師花費了許多心力在醫學知識的普及上。

一五二八年，明朝熊宗立的《醫書大全》，便是由堺（譯注：今大阪府南方之堺市，古時因位於攝津國、河內國與和泉國的交界，同時又為臨海之港口，因此為非常繁榮之商業都市）的醫師、也是富商的阿佐井野宗瑞利用當時已傳至日本的印刷術加以出版，這是日本在醫書出版與普及上的起點。當時日本對明朝的貿易中心就是堺，堺的富商對於文化的普及也付出了相當多的心力。

江戶時代

活版印刷術因豐臣秀吉出兵朝鮮而傳到日本，比起抄本時代，醫書出版的部數因此大幅增加許多。醫書的發行數量之所以比其他領域書籍來得多，據說是因為江戶時代大多數的醫師在政治與經濟上都具有極大影響力的緣故。豐臣秀吉的侍醫小瀨甫庵、曲直瀨玄朔、吉田宗恂與曲直瀨道三等許多醫師都出版過醫書，對於日本醫學的發展有很大的貢獻。

一六四四年，清朝滅掉明朝，在這前後，許多為逃避戰亂或不願意接受清朝統治的中國人逃亡到日本。其中也包括醫師，他們就在日本開業行醫。當中像是北山友松子便曾經出版《北山醫案》等許多醫

 科學筆記　日本的本草學始於林羅山，是一門真正的經驗科學；後由貝原益軒與稻生若水繼承，最後由小野蘭山集大成。

書，江戶中期時被拿來當成教科書，這些優秀的中國醫師為日本醫師帶來了豐富的知識。

鎖國與日本漢方的獨自演變

一六二三年的鎖國政策讓日本與荷蘭、中國、朝鮮以外的國家斷絕邦交。清朝時，中國的醫書雖然依舊經由長崎出島傳至日本，但當時清朝的醫學與數學一樣，都處於停滯不前的狀態，因此這些書籍絲毫引不起日本醫師的興趣。取而代之的是荷蘭醫學（蘭方）的傳入，並與原有的日本醫學相互結合。在此以前，曲直瀨父子與其家族都是

日本醫學的主流，但到了十七世紀後，日本醫學一鼓作氣地日本化，發展出不同於中國的日本漢方。

在太平的元祿時期，日本發展出燦爛的元祿文化，而醫學也同樣受到影響。這個時代出現了許多以一般人為對象的醫學啟蒙書、擁有日本人獨特見解的中國醫書注釋書、荷蘭醫學的注釋書，以及比較蘭方與漢方的注釋書等醫書。其中近松門左衛門的弟弟岡田一抱是元祿時代醫學著述最多的醫師，促進了中國醫學的日本化。本草學方面則以林羅山所取得、明朝李時珍的《本草綱目》為基礎，逐步地進行日本化。

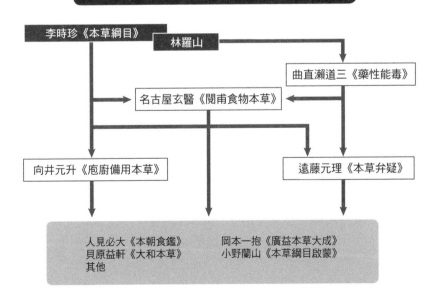

本草學隨著時代而日本化

李時珍《本草綱目》　　林羅山

曲直瀨道三《藥性能毒》

名古屋玄醫《閱甫食物本草》

向井元升《庖廚備用本草》　　　遠藤元理《本草弁疑》

人見必大《本朝食鑑》　　岡本一抱《廣益本草大成》
貝原益軒《大和本草》　　小野蘭山《本草綱目啟蒙》
其他

決定日本漢方發展方向的古方派

元、金、宋代的中國傳統醫學，雖然藉由《傷寒論》的解釋與陰陽五行說的新解釋而逐漸接近實證醫學，但其中還是留有許多思辯的要素。與喜歡邏輯性思考與思辯性哲學思考的中國人不同，日本人喜歡的是簡單明瞭的理論與實用的東西，不管是在飛鳥時代或江戶時代都是一樣。

曲直瀨道三一派被稱為「後世方派」，是原封不動地承接中國醫學的流派，具有走向形而上理論的傾向。認為這種走向不好而表示不滿的醫師，漸漸形成將實證主義放在第一位，以實用性為優先的一派，也就是所謂的「古方派」。古方派從張仲景的《傷寒論》中追求理想的醫學，一直到現在，日本漢方的中心都被認為是這個由日本所獨自發展出來的古方派。古方派的代表醫師有名古屋玄醫、後藤艮山、香川修庵、內藤希哲、山脇東洋、吉益東洞等人。

山脇東洋在一七五四年獲得京都所司代的小濱藩主酒井忠用許可、進行死刑犯屍體解剖一事，是古方派實證精神的象徵。山脇東洋的老師後藤艮山曾經勸他以類似人體的水獺來進行解剖，但不願就此滿足的山脇東洋依然持續等待解剖的機會。解剖結果後來整理進《藏志》一書，當中雖然有錯誤的部分，但書中也指出「人體由五臟六腑所組成」這個由中國傳來、原本一直被認為是正確的說法其實有誤，這可以說是日本醫學上劃時代的成就。之後的一七五八年與一七五九年，荷蘭醫學的伊良子光顯與山脇東洋的師兄栗山孝庵分別在伏見與萩獲得解剖許可，進行了死刑犯屍體的解剖。

吉益東洞把實證主義放在第一位並否定陰陽五行說，因而獲得許多醫師的支持。吉益東洞認為疾病是由毒所引起，主張以藥物的毒來制衡引發疾病的毒。但他也表示，醫學雖然從事疾病的治療，但患者的壽命與生死乃是由天命所決定。吉益東洞研發藥劑的主張與西洋醫學相同，最重視的是在實證上是否具有藥效。吉益東洞的思考方式為現代的日本漢方帶來了重大的影響。

吉益東洞的兒子吉益南涯（一七五〇～一八一三）修正父親的極端學說，促成重視臨床上實用性與有用性甚於理論的折衷派

科學筆記 曲直瀨道三在足利學校向田代三喜（一四六五～一五三七）學習中國醫學，一五四六年於京都開業行醫。

的誕生。成功融合荷蘭外科醫學與漢方的華岡青洲（一七六〇～一八三五）與本間棗軒（一八〇四～一八七二）就屬於折衷派。而幕末到明治初期間的漢方權威淺田宗伯（一八一五～一八九五）也是折衷派的代表之一。

江戶末期時也出現了重視古典解釋的考證醫學，當時有各式各樣古典醫書的註解書出版，這些都促成了日本傳統醫學上基礎醫學的成長。最偉大的考證醫學醫師森立之（一八〇七～一八八五）便成功地繼承眾醫師的成就，集大成於一身。

江戶時代的醫師雖然分為好幾種學派，但其共通之處就是非常重視儒學的教誨，一般認為這是受到武士道與政治的影響。江戶時代時「身體髮膚受之父母」的儒教精神深植民間，因此也有反對解剖的古方派醫師，但科學醫學仍然在日本奠定了穩固的根基。

古方派的代表醫師

姓　名	生卒年	事　蹟
名古屋玄醫	1626～1696	京都人，研究《黃帝內經》、《難經》、《傷寒論》、《金匱要略》等，古方之祖。
後藤艮山	1659～1733	生於江戶，成名於京都。香川修庵與山脇東洋的老師。古方的確立者，認可針灸、熊膽與溫泉的效用。
香川修庵	1683～1755	姬路人，以《傷寒論》為聖典，但對受陰陽說影響的部分加以批判。
內藤希哲	1701～1735	松本人，在江戶開業，重視《傷寒論》，但以《黃帝內經》為基礎。
山脇東洋	1705～1762	京都人，後世方派醫師山脇玄修的養子，是最重視實證主義之人。
吉益東洞	1702～1773	廣島人，於京都求學，40歲之後成為山脇東洋認可的古方派大師。

新的學問在這個領域中急速地拓展開來

日本人與西洋醫學以及蘭學的邂逅

鎖國下的長崎必須透過荷蘭的口譯人員才能接觸到西洋醫學,但這種情況隨著《解體新書》的出現而有所轉變。

與基督教一同傳到日本的西洋醫學

一五五四年夏天,受到耶穌會傳教士方濟各‧沙勿略感化的葡萄牙富商阿梅達在海上遭遇到強烈暴風雨,大難不死的他好不容易才抵達日本,隨後於一五五六年加入了位於日本山口縣的耶穌會日本傳教總部。

阿梅達投入自己的財產在豐後的府內(今九州大分市)興建了孤兒院,一五五七年時也興建了醫院,而這便是日本最早的西式醫院。由於阿梅達擁有進行與教授外科手術的執照,因此他也曾以外科醫師身分參與醫療活動。然而由於耶穌會的方針是「與其治療肉體不如拯救靈魂」,因此阿梅達後來把醫院委託給日本醫師經營,自己則從事傳教活動。一五八三年,阿梅達病逝,他所設立的醫院也在一五八七年時被島津軍所破壞。

荷蘭商館的醫師

在鎖國政策下的江戶時代,

在長崎出島學習西方醫學與科學等西方問的人當中,認為西洋醫學比傳自中國、由日本獨自發展的傳統醫學優秀的人其實並不少。然而當時要獲得西洋醫學的知識,除了到長崎透過荷蘭的口譯人員詢問荷蘭商館的醫師之外,沒有其他的方法,而荷蘭的醫師光是應付這些要求就幾乎忙不過來。

《解體新書》促進蘭學的發展

青木昆陽(一六九八～一七六九)的弟子前野良澤(一七二三～一八〇三)是古方派的醫師,他在長崎購得了荷蘭的醫書《解剖圖譜》。前野良澤是一個非常勤勉而熱心的人,對於西洋醫學也非常關注。回到江戶之後,前野良澤與若狹小濱藩酒井家的侍醫杉田玄白(一七三三～一八一七)、中川淳庵等人一同將《解剖圖譜》譯為日文。杉田玄白雖然曾經向父親學習荷蘭醫學,但他並沒有學過荷蘭語,會參與這次

科學筆記 青木昆陽曾經勸說大岡越前守忠相栽植番薯以應付饑荒,而他本人之所以學習荷蘭語則是因為德川吉宗的命令。

的工作應是出自於他自身的責任感，認為必須將藩主買給他們的書翻譯出來。

當時解剖被稱為「開膛」，解剖工作由身分較低下的人進行，醫師只是在旁邊觀看。杉田玄白與前野良澤等人一面觀看解剖，一面確認《解剖圖譜》的內容，辛苦地進行翻譯。杉田玄白曾在《蘭學事始》中詳細描述這個艱苦的過程，而前野良澤則堅定地表示：「這只是個不完整的翻譯，並非想以此在學問上獲取名聲」，拒絕把自己的名字放在《解剖圖譜》的譯本《解體新書》上。

《解體新書》的完成，促成許多醫師與學者開始學習蘭學，而學習荷蘭語的有識之士也增加許多。換句話說，始於青木昆陽的蘭學終於因為《解體新書》而真正地為日本學者所接受。與直到十九世紀中葉才開始接受西洋醫學與解剖學的中國相比，可以看出日本很早便對西洋的學問產生了興趣。此外，傳入日本的蘭學不只有醫學，還包括了物理學、天文學、數學（洋

受《解體新書》影響的解剖學者

庫瑪斯（1689～1745）的《解剖圖譜》於1722年初版發行（荷蘭）

巴托林（1585～1629）（丹麥）

布蘭卡特（1650～1702）（荷蘭）

《解體新書》

帕爾法恩（1650～1730）（比利時）

維斯林（1598～1649）（德國）

算）、地理學與植物學等。

蘭學的發展

杉田玄白的弟子大槻玄澤（一七五七～一八二七）繼承了杉田玄白與前野良澤等人的研究。杉田玄白尚未譯完海斯特（一六八三～一七五八）所著的外科醫學書籍的翻譯工作，也由大槻玄澤接續進行，出版了《瘍醫新書》。

大槻玄澤更在杉田玄白的指示下，於一八二六年重新出版《重訂解體新書》，在這個重訂版裡加入許多大槻玄澤本身從各類荷蘭醫書中習得的知識。

大槻玄澤在江戶的京橋開設了芝蘭塾，培育出許多的蘭學學者。在大槻玄澤的門生中，稻村三伯在一七九六年出版了最早的荷日辭典，他與好友橋本宗吉是關西的蘭學始祖。

曾是漢方醫師的宇田川玄隨也是大槻玄澤的門生，他翻譯戈德爾（一六八九～一七六二）所著的內科書籍，出版了《西說內科撰要》。大多數學習蘭學的醫師，都具有驗證書中知識是否屬實的傾向，因此死刑犯屍體的解剖在十八世紀後半變得非常盛行。伏屋素狄（一七四七～一八一一）在進行人體解剖時，利用管子將墨汁注入腎動脈，然後在動脈封閉的狀態下以手握壓腎臟，觀察到有透明的水從尿道中排出，因而證實了腎臟是產生尿液的臟器。伏屋素狄是大阪人，相較於擅長翻譯的江戶蘭學者，關西的蘭學學者則更有進行實證的積極態度。

曾於長崎出島的荷蘭商館任職的德國醫師史伯德，一八二三年起在日本待了六年，是對日本醫學界影響最大的外國醫師。史博德不只是蘭學學者，連針灸治療的大師石本宗哲、本草學者栗本瑞見，天文學家高橋作左衛門景保，以及探險家最上德內等，都與他有著深厚的交情，並受到相當大的影響。

史伯德指派了各式各樣的主題給他的門生，要求他們以荷蘭語撰寫論文。美馬順三在其論文〈日本產科問答〉裡提出賀川流婦產科的重點，一八二五年獲刊於基督教會的學術期刊上，德語譯文則在一八二六年時刊載於法蘭克福的婦產科醫學期刊上，是最早刊登於歐洲學術期刊上的日本醫學論文。至於史伯德本人則以眾門生的論文為基礎，自行從事關於日本的研究，成為西方日本學的始祖。

 科學筆記　史伯德曾兩度居留日本，他曾向拿破崙三世（譯注：即拿破崙姪子）請求資助他的第三次日本行，但並沒有成功。

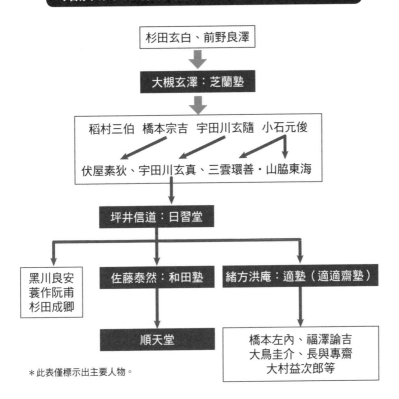

始於杉田玄白與前野良澤的蘭學家系譜

杉田玄白、前野良澤

⬇

大槻玄澤：芝蘭塾

⬇

稻村三伯　橋本宗吉　宇田川玄隨　小石元俊

伏屋素狄、宇田川玄真、三雲環善・山脇東海

⬇

坪井信道：日習堂

- 黑川良安
  蓑作阮甫
  杉田成卿
- 佐藤泰然：和田塾
  - 順天堂
- 緒方洪庵：適塾（適適齋塾）
  - 橋本左內、福澤諭吉
    大鳥圭介、長與專齋
    大村益次郎等

＊此表僅標示出主要人物。

緒方洪庵因其對日本牛痘接種普及的重大貢獻而著稱，但適塾中除了醫學之外，還教授物理學、數學、地理學等各種西洋學問（洋學）。

由科學揭開其面紗的神祕養生法
氣功的歷史

一直以來，氣功給人的印象都是非科學的，但從現今的科學觀點來看，氣功的確對於健康有所助益。

氣功與氣功的歷史

氣功內容包含調身（姿勢與形態）、調息（呼吸）、調心（意識與意念）、自我摩擦、身體運動等廣泛的範圍，是吸收了中國古代功夫的綜合性全身療法。

氣功的「氣」，指的不只是呼吸的氣，也包含了人體內的正氣。「功」則是練功的熟練度與深入的程度，當實踐到達一定的程度，人的體質就會增強，具有預防疾病與治療等效果。

氣功的歷史悠久，一般認為氣功出現於西元前二〇〇〇年左右，據說彩紋土器上所繪的正做著「龜息」運動的人，便是在練習氣功。

氣功是中國古代的健身方法，在古時也被稱為導引、吐納、練氣、行氣、靜坐、坐禪、內功等等。《黃帝內經》裡有關氣功的說明是：「使精神清淨無欲，則真氣就可生生不息，這些精氣可使精神強固，百病不侵。以呼吸來培養精氣、調整意識，便能達到無我的境界，成為身心合一的狀態。」

氣功主要分成醫家、儒家、道家、佛家、武家等五大流派，然後再進一步地細分為許多小流派。

氣功與現代醫療

在中國政府的支持下，氣功研究家劉貴珍醫師整理並研究氣功相關的文獻，一九三五年時開始使用「氣功」這個正式的名稱。一九五五年，中國於河北省成立氣功療養所，在臨床上證實了氣功對於患有胃潰瘍、高血壓、肺結核等慢性疾病的病患具有良好的療效。

一九七〇年以後，上海市以科學方法來研究氣功的原理，調查氣功對於呼吸系統、循環系統，以及神經系統的影響，並將氣功應用在疾病的預防與各種慢性病的治療上。一九九〇年代的研究結果顯示，氣功可以活化免疫機能，可以說是一種有效的養生法。

科學筆記　和西方的芳香療法一樣，無論是在哪個時代，都有利用漢方與氣功之名、想從受病痛所苦的人們那裡榨取利益的騙子。

氣功在日本的歷史

西元四世紀末，氣功隨著來自朝鮮半島的人們傳入日本，一般認為最早是由攜帶《論語》十卷、《千字文》、兵法學等資料來到日本的王仁氏所引進。

江戶時代時氣功在日本稱為「導引」，是日本民眾相當熟悉的養生法。《養生訓》作者貝原益軒曾經詳細地針對「導引」進行解說，但他是以科學的觀點來捕捉「氣」的概念。國學家平田篤胤也著有與導引有關的書籍。

氣功（導引）一直到江戶時代都還被當成是醫學的一部分來使用，明治時代日本開始採行西洋醫學之後，氣功也和漢方、和方一樣逐漸地消失不見。

時至今日，氣功又慢慢開始受到矚目，不可否認的是，有一部分是因為在商業主義下，人們對於醫療的不信任所造成的。

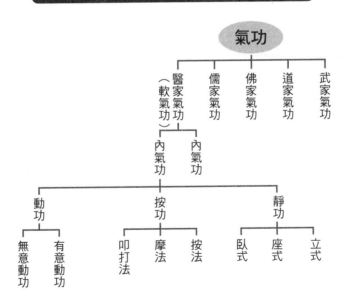

氣功的種類

氣功

醫家氣功（軟氣功）／儒家氣功／佛家氣功／道家氣功／武家氣功

內氣功／內氣功

動功／按功／靜功

無意動功／有意動功

叩打法／摩法／按法

臥式／座式／立式

觀測天體以知曉天意
中國的天文學

一般認為中國在西元前二○○○年時便已自行發展出天文學，然而此事並沒有明確的證據，至於中國天文學是否曾受到印度天文學的影響也不是很清楚。

中國的星座

雖然沒有確切的證據，但是中國似乎在西元前二○○○年時就已經有藉由天體觀測而加以命名的星座。一○五四年時，中國留下了超新星出現在金牛座的紀錄（譯注：超新星是恆星爆炸所形成的極明亮星體，主要由爆炸過程中所產生的電漿所組成，其亮度至肉眼不可見為止會持續數週到數月之久），這個時期的中國天文學似乎就已經相當地發達。順帶一提，日本的藤原定家也在《明月記》裡留下這顆超新星出現的紀錄。

目前已知中國最古老的星座稱為「二十八宿」（或二十八星宿），雖然其起源因眾說紛紜而無法確定究竟是何時發現的，但至遲應該在西元前五世紀時就已經出現。日本的江戶時代採用的也是這種二十八星宿。換句話說，日本的天文學與醫學、數學一樣，最早都是學習自中國。

東漢時，二十八宿以外的九十個星座與六百一十五顆星體被納入了觀察。在這個時代的中國史書《史記》的天官書中，星座與星體依五行思想分為中官、東官、南官、西官與北官等五群。星座中最尊貴的中官是北極星附近的星體，也就是那些一整晚都不會沉到地平線以下的星星。

據說由殷代的巫咸、魏國的石申、齊國的甘德所觀測而流傳下來的星座在唐代時被加以整理，成為後來中國星座的基礎。

天文學與占卜

宇宙的「宇」指的是時間，「宙」指的是空間，基於道教思想，藉由宇宙與自然環境來占卜命運，也就是所謂的知曉天命，成為中國人的願望之一。占星術在西元前一五○○年左右成為中國占卜的主流，易經與四柱推命是其中的代表。堪輿學是自四柱推命衍生出的流派之一，也就是我們常聽到的風水。「輿」指的是地理學，是一種為保持宇宙與自然環境的調和所產

科學筆記　印度的二十七星宿稱為納沙特拉，其由來為西元前一千年的〈阿闥婆吠陀〉。

生的智慧之學。然而就和中世紀歐洲一樣，偽天文學家與偽占星術師在中國似乎也不少。

古代中國認為宇宙的中心是北極星，那裡同時也是地位最高的神的居所。天文學的觀察發現，以最

中國曆法的變遷

使用期間	曆法	使用的國家（區域）
1912～	格勒哥里	台灣與中國
1645～	時憲	清
1369～	大統	明
1281～	授時	元
1277～	本天	宋
1271～	成天	宋
1253～	會天	宋
1252～	淳祐	宋
1208～	開禧	宋
1199～	統天	宋
1191～	會天	宋
1182～	重修大明	元金
1177～	淳熙	宋
1168～	乾道	宋
1137～	大明	金
1136～	統元	宋
1106～	紀元	宋
1103～	占天	宋
1094～	觀天	宋
1075～	奉元	宋
1068～	崇天	宋
1065～	明天	宋
1024～	崇天	宋
1001～	儀天	宋
995～	大明	遼、金
983～	乾元	宋
964～	應天	宋

使用期間	曆法	使用的國家（區域）
956～	欽天	後周
939～	調元	後晉、遼
893～	崇玄	唐、後梁等
822～	宣明	唐
807～	觀象	唐
784～	正元	唐
762～	五紀	唐
729～	大衍	唐
665～	麟德	唐
619～	戊寅	唐
597～	大業	隋～唐
584～	開皇	隋
579～	大象	隋、北周
566～	天和	北周
551～	天保	北齊
540～	興和	北魏等
523～	正光	東魏等
510～	大明	陳等
445～	元嘉	宋等
412～	玄始	北魏等
384～	三紀	後秦
237～	景初	晉、魏等
223～	乾象	吳
85～263	四分	魏、蜀（1年＝365.25日）
西元前104～	太初	後漢

高神「太一」為中心，其車駕「北斗」會繞行世界一周，七月二十一日零時與一月二十二日正午，北極星的劍尖朝向正西，七月二十二日正午與一月二十二日零時，北極星的劍尖則朝向正東。

原是月亮名字的「干支」與陰陽五行說相結合，從方位、時間、季節與天空中星體的位置，藉由陰陽五行說來說明其意義與狀態。陰陽道就有如一種能夠說明森羅萬象的萬能思想，被用在天文學、自然科學、醫學、哲學、占卜、巫術等各項領域。

陰陽五行說與儒教結合後，產生了接受天命、具備德性（五行之德）者就會成為天子（皇帝）的想法；在天文上，將天上的五星與五行加以結合；而在醫學上，則讓人體的臟器對應到五行。

古代中國的天體觀測與曆法

周朝時，藉由把長八尺的竿子立於地上測量正午時太陽影子的長度，來決定夏至與冬至的日期，這種長竿被稱為「表」或「土圭」等。從影子的長度得到冬至與夏至的日期後，就可以算出一年的長度為三百六十五‧二五日。以此為基礎採用每十九年中放入七個閏月的方法，製作出陰陽合曆，可以說是一種介於陽曆與陰曆之間的曆法。

由於農業、政治或戰爭上的需要，中國很早就知道曆法的重要性。中國目前所使用的雖然是格勒哥里曆（譯注：即現今通行的太陽曆），但是在中國的天文學上，曆法製作占了非常重要的一部分。之所以如此，是因為改訂曆法是新王朝的象徵，每逢改朝換代或皇帝登基時就會進行曆法的修訂。

其中尤以宋朝進行過最多次的曆法修訂，除了招致混亂之外，據說民眾的評價也不好。元代的授時曆是十分優秀的曆法，因此並未頻繁地進行曆法修改。另一方面，從飛鳥時代開始，日本則幾乎是把中國的曆法直接拿來使用。

中國日蝕與月蝕上的觀測紀錄中，最古老的是西元前七七六年八月的月蝕與同年九月的日蝕，這比巴比倫的紀錄分別早了五十五年與十三年。中國人從這些觀測中得到了日、月蝕的週期為一百三十五個月，但由於中國的天文學深受神祕思想影響，再加上中國長期的內戰歷史，而使得其中缺乏科學的要素。大概要到西元二十世紀，天文學在中國才與西洋一樣成為的科學一部分。

與中國不同，日本追求的是實質的利益
日本的天文學

日本的天文學雖然最初是受到中國的影響，但後來則是受蘭學與洋學的影響而進一步地發展。

陰陽道與日本的天文學

古代的日本人對於天文學並沒有太大的興趣，偏好的是對於日常生活的實用性。事實上，在彌生時代與繩文時代的遺跡中，也幾乎沒有挖掘出什麼與天文有關的物品。

陰陽道是以中國傳來的陰陽五行說為基礎，含括了日本原本的巫術與信仰，是自古以來普及於民間的方術。陰陽道的特徵包括了認為星體與星座、曆數的運行將與人的一生息息相關，以及密教的巫術、傳統的禁忌與占卜等。

推古天皇（五九二～六二八年在位）時，陰陽道經由百濟從中國大陸傳到日本，讓對天文學不感興趣的日本人開始注意星體的運行，《日本書紀》中也留下了許多與日蝕、月蝕以及彗星的觀察紀錄等天文相關內容。此外，由於在高松塚古墳中發現了似乎是星座的描繪，可以知道日本大約從西元七世紀左右開始有了星座的概念。

天武天皇（六七三～六八〇年在位）將陰陽道納入國家體制中，並且在六七六年時設置陰陽寮。所謂「陰陽師」，就是在其中擔任計算天文曆數、預測日蝕或月蝕的時間，以及預知吉凶以防止災厄等職務的人。

到了奈良時代，陰陽道與佛教、修驗道相互結合，為佛教的普及，以及日本式的佛教思想與神道思想帶來重大的影響。

陰陽師採行的是世襲制，平安時代時擔任陰陽師的是賀茂家與安倍家，據說他們透過遣唐使取得知識並提升力量；賀茂家主要負責製作曆法，安倍家的工作則是觀察星象。

平安時代時，陰陽師與權力者之間的關係極為深厚，他們強調自己擁有特殊能力，能夠洞悉肉眼所看不見的世界的權力關係，陰陽師對於權力者的支持，以及能夠幫助權力者展示權威一事，讓他們備受重視，而這個時代最有名的陰陽師就是安倍晴明。

科學筆記　擔任官吏的陰陽師與僧侶陰陽師之間經常處於對立關係，甚至不斷進行著以巫術奪取彼此性命的激烈攻防。

室町時代後半時賀茂家沒落，安倍家則成為土御門家，代代地傳承下去。近代以來，土御門家除了統治各國的陰陽師，也負責管理江戶幕府的天文方（譯注：負責天文、曆法、測量、翻譯等工作的官員）。

此外，除了這些擔任官吏的陰陽師之外，僧侶當中也有對陰陽道十分有心得的人，他們以僧侶陰陽師的身分讓陰陽道普及至民間。因此從室町時代到江戶時代，各式各樣的民間陰陽道林立。

後來，與德川家康結為親戚的幸德井家再度地振興了賀茂家。然而到了明治時代，明治政府以非科學為由，公開地廢止了陰陽師。

陰陽合曆

月亮雖然以大約二十九天的週期反覆地盈虧，但其整數倍並非一年，因此以月亮為基準的陰曆無法與季節結合，對倚賴自然的產業來說十分地不便。於是符合太陽運行的折衷曆法普及開來，這種曆法就稱為陰陽合曆。從飛鳥時代開始到一八七二年（明治五年），日本所使用的都是陰陽合曆。

不過陰陽合曆在正確性上仍有缺陷，因此在廢止之前，各個時代都針對陰陽合曆進行更種變更與修正。

西元七八〇年，唐朝所使用的「五紀曆」傳到日本，但當時沒有人能夠理解五紀曆的內容。八五六年時，曆法博士大春日朝臣真野麻呂有鑑於唐朝的曆法與陰陽合曆法一樣有大小月之分，因而建議採用五紀曆，並於八五七年時獲准採用，八五八年開始施行。但由於當時的唐朝已經停止使用五紀曆，因此八六二年時，日本再度把曆法改為當時唐朝所使用的「宣明曆」。其後擔任陰陽師的賀茂家一族曾經數度對宣明曆進行修正。

江戶時代的曆法歷史

一六八四年，江戶幕府天文方的官員保井春海（一六三九～一七一五）所製作的「大和曆」以「貞享曆」之名在貞享二年時被採用，一直使用了七十年。保井春海退休後，天文方一職被土御門家所掌控，官員的實力也愈來愈低落。

對於天文觀測十分熱中的德川吉宗在一七四七年時下達更改曆法的命令，並任命町民西川正休擔任天文方。然而更改曆法的理由並不是因為貞享曆有什麼缺點，而是德川吉宗本人的主觀意見。曆法的修改在涉川則休（一七一七～一七五〇）的指導下進行，但西川正休並

科學筆記 保井春海雖然也是個曆法學者，但他實際上是個陰陽師，他所製作的貞享曆是以中國的宣明曆重新計算，再加以修正的結果。

不具有天文學家的實力，也不願意向土御門家求教，最後在土御門泰邦的反擊下遭到罷免，德川吉宗改曆計畫也因此遭遇挫折。

不過，原本支持土御門泰邦的曆法學者卻因為討厭他的個性而背棄他，而土御門泰邦針對寶曆所進行的修改（一七五五年施行）也有諸多缺陷，在正式實行前便遭民間的曆法學者指出錯誤。於是改曆的工作再度回到幕府手中，幕府天文方佐佐木長秀等人在一七七一年（明和八年）修正了原本的曆法，這次的改曆稱為明和修曆，但並未持續很長的時間。

一七九五年（寬政七年），幕府希望以西洋曆法來修改曆法，於是起用研究中國西洋曆書《崇禎曆書》與《曆象考成》、麻田剛立（一七三四～一七九九）的弟子高橋至時（一七六四～一八〇四）與間重富（一七五六～一八一六）。高橋至時被任命為天文方，與前任天文方吉田秀升與山路德風一同修

和曆的變遷

曆法	開始使用的年代		使用年數
	年號	西曆	
元嘉	持統天皇6年	692	5年
儀鳳	文武天皇元年	697	67年
大衍	天平寶字8年	764	94年
五紀	天安2年	858	4年
宣明	貞觀4年	862	823年
貞享	貞享2年	1685	70年
寶曆	寶曆5年	1755	43年
寬政	寬政10年	1798	46年
天保	弘化元年	1844	29年

改曆法。他們以《曆象考成》為基礎，製作出使用克卜勒定律等西洋天文學的《曆法新書》。《曆法新書》於一七九七年（寬政九年）時獲得採用，翌年開始施行。

高橋至時曾經投注全部的心力在法國天文學者拉朗德（一七三二～一八〇七）《Astronomie》（天文學）的翻譯上，原本他打算以《拉朗德天文書》之名出版該書，但進行到一半時就辭世了。後來高橋景保（一七八五～一八二九）與涉川景佑（一七八七～一八五六）等人接續了高橋至時未完成的工作，出版了《新功曆書》。幕府命涉川景佑以此書為基礎修改曆法，涉川景佑於一八四二年（天保十三年）完成《新法曆書》。《新法曆書》於同年十月獲准採用，一八四四年（天保十五年）開始施行。

明治改曆

以明治五年的十二月三日為明治六年的一月一日，從這一天開始，日本所使用的曆法從陰陽合曆的天保《新法曆書》改為與西洋各國一樣的陽曆。

這次的改曆除了希望能與西洋曆法一致之外，似乎也有節省明治政府薪俸支出的目的。當時日本的國家公務員採行月薪制，幕府因預期明治六年的閏月將會擠壓到預算，所以才挑在那個時候更改曆法，而明治五年十二月的那兩天就被併入到十一月，當做是義務服務。

日本的望遠鏡

一六一五年到一六二四年間，長崎的濱田彌兵衛製作出日本最早的望遠鏡，但詳細的情形並不清楚。此外，同樣來自長崎的森仁左衛門也曾把自製的望遠鏡獻給德川吉宗。

岩橋善兵衛（一七五六～一八一一）是泉州的商人，他在一七九三年（寬政五年）製作出手工望遠鏡，命名為「窺天鏡」，向當時的知識分子展現了太陽、月亮、木星、仙女座星雲等。一七九五年（寬政七年），岩橋善兵衛使用自己手磨的鏡片量產望遠鏡，透過高橋至時與間重富的仲介賣出許多望遠鏡。大約也是在這個時候，幕府開始重用天文方，並利用岩橋善兵衛所製作的望遠鏡來觀測天體。

之後岩橋善兵衛又進一步製作了可以知道日月星運行、退潮與滿潮時間的「平天儀」，並發行內容

 科學筆記 佐久間貞一（一八四八～一八九八）從彰義隊存活下來之後，於一八七六年在東京的西紺屋町設立了活版印刷所秀英舍，後來還成為政治家。

涵蓋整個天文學、用來解說平天儀的《平天儀圖解》。而平天儀其實就是一種立體的天球圖。

國友藤兵衛（一七七八～一八四○）是大砲的鍛造工匠，他利用大砲的鍛造技術於一八三二至一八三五年（天保三年～六年）間製作出日本第一具反射式望遠鏡（譯注：以凹面鏡（主鏡）將光線反射至鏡筒前方之平面鏡（副鏡），再反射到鏡筒側面聚焦成像，因以反射光線成像故無色差問題。大型之天文望遠鏡均為反射式望遠鏡），據說其性能與西洋所製作的望遠鏡相去不遠。當時幕府的天文方就在淺草的天文台，以這些望遠鏡進行天體觀測。

富商伊能忠敬在五十一歲才成為高橋至時的弟子，他向高橋至時學習曆學及測量學，為了測量緯度一度的距離而帶著望遠鏡走遍了日本全國。

反射式望遠鏡的構造

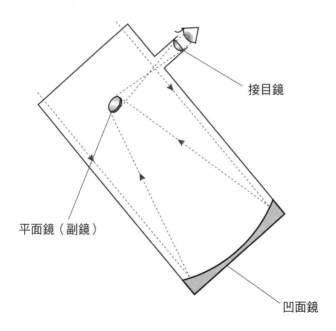

接目鏡

平面鏡（副鏡）

凹面鏡

窮極自然的法則是基本的態度
日本的物理學

近代以前的日本與中國，雖然各項技術都十分地發達，但卻沒有足以稱為物理學或化學的東西。這些學科都是近代才從歐美傳來的。

被稱為窮理學的物理學

物理與醫學、天文學一樣，江戶時代時以蘭學之一傳入日本。江戶末期到明治初期期間，物理學被稱為「窮理學」，明治時代的小學所使用的教科書是福澤諭吉所著的《訓蒙·窮理圖解》。但是和數學與天文學一樣，江戶時代以前的物理學在追求實利上的技術色彩非常地濃厚。

舉例來說，現代社會所使用的起重機就是利用槓桿原理而運作的機械，早在平安時代，日本就已經有會使用槓桿的人。《三代實錄》裡記載了八六七年（貞觀九年）四月時，奈良東大寺大佛修理工程的過程。

有個名為合葉文山的人，設置了一種稱為「雲梯」的機械，把偏掉的大佛頭部往上提，再重新放回大佛的頸部之上，這種「雲梯」似乎就是一種槓桿。先製作好長梯，在其下端裝設好轆轤，讓粗繩延伸到梯子的頂端，再將其往下拉，

就這樣把放在籠架裡的大佛頭部提了上去。然而這次的工程並非物理學，只是一項技術的紀錄，沒有任何與物理相關的論證紀錄存在。

此外，雖然許多科學家都曾經使用了槓桿原理，但以數學證明「所需之作用力與施力點到支點之間的距離成反比」的是阿基米德。

再舉個能夠產生利益的應用實例，一五四三年時葡萄牙在種子島所發生的船難讓大砲傳入了日本，不過日本的大砲鑄造工匠並未對物理學展開研究，而只是學習製造大砲的技術。

物理學在日本的出現

德川吉宗允許基督教以外的外國學術書籍輸入後，後藤梨春於一七六五年出版了日本最早的物理學書籍《紅毛談》，書中將靜電稱為「erekiteru」，影響了後來的學者。一七七六年，平賀源內製作了摩擦發電機（靜電的產生裝置），並將其應用於神經痛與肌肉痛等的

 科學筆記 平賀源內除了是日本最早的科學發明家之外，也是「淨琉璃」（譯注：以三弦琴伴奏的說唱曲藝）與「滑稽本」（譯注：幽默小說）的作家。

治療。橋本宗吉在得知一七五二年時富蘭克林確定了雷裡面具有電的實驗後，也進行了同樣的實驗，出版了《摩擦發電機究理原》。

與橋本宗吉同為大槻玄澤弟子的青地林宗，在《格物綜凡》中倡導觀察與實驗對於物理學的重要性，桂川甫賢（一七九七～一八四四）在該書的序文中提到「理科」乃是各種學問的長子。一八三六年，帆立萬里出版《究理通》；一八五二年，蘭方醫師廣瀨

元恭（一八二〇～一八七〇）出版《理學提要》。也就是說，十九世紀時用來表達物理學的詞彙包括有「格物」、「究理」、「理學」、「格致」等。

因此到了明治時代，格致學於是被認定為大學的理科（現在的理學院）之一。

平賀源內的主要成就

● 製作摩擦發電機

● 利用石綿發明耐火衣

● 溫度計的製作

● 砂糖純化方法的開發

● 高麗人蔘栽培方法的改良等

COLUMN

朝鮮半島的天文學歷史

　　朝鮮半島天文學的歷史，從中國天文學傳入之後揭開了序幕。其日蝕的紀錄中最古老的是西元前五十四年的四月。在高句麗、新羅、百濟三國並立的時代，新羅一共留下了二十九次的日蝕紀錄。在觀測彗星的紀錄方面，高句麗有八次，百濟有十五次，新羅有二十九次，其他還有流星、隕石、太陽黑子等紀錄。高句麗設有「日者」，百濟設有「日官」，新羅則設有「天文博士」或「司天博士」負責觀測天文現象。新羅使用的是中國製作的曆法，再修改為適合朝鮮的形式。

　　高麗時代的朝鮮半島曾經進行日月蝕的預報，預報官的預測如果不準確，便會被流放或遭受嚴懲。一〇五二年時朝鮮半島先後製作了《新曆》與《七曜曆》等五種曆書，並在一二一八年製訂《新撰曆》。一三九五年，天文圖「天象列次分野之圖」完成，這個時候還製作了許多的日晷。

　　在十五世紀的世宗時代，朝鮮半島的天文學有了飛躍性的發展。當時製作出十幾種觀測儀器與測量儀器，世宗時代時也特別對曆書進行修訂，完成了《七政算》。一七二五年到一八〇〇間，朝鮮半島出現許多獨自發展出來的新天文學理論相關書籍，後來則與日本及中國一樣漸漸西化。

　　位於日本明日香村的「高松塚古墳」，其石室天井上所描繪的「星宿（星座）」，是以包含目前朝鮮民主主義共和國（北韓）首都平壤在內的北緯三十八至三十九度地區所看到的星空為藍本。由此可知，高句麗與日本的關係非常地久遠，《日本書紀》當中也多次出現高句麗使者抵達日本的紀錄，可以說日本的天文學自古以來就一直受到朝鮮半島的影響。

前往現代科學之路

第**7**章

各方面的準備都已經就緒
工業革命的前夕

西元十八世紀到十九世紀，是從中世紀轉變成近代及近代社會的變革期，科學與社會對彼此都有著重大的影響。

絕對君權的抬頭

西元十七世紀，正值大航海時代的歐洲各國極力向海外拓展勢力，歐洲的經濟因而出現停滯，人口與貿易規模也都漸漸縮減，出現如日本泡沫經濟瓦解時的低迷不振。接著又發生獵殺女巫以及德國三十年戰爭等事件，特別是後者的影響一直延續到十八世紀。德國各地因為戰爭而嚴重受創，需要花費許多時間及努力才能夠恢復，連帶地也影響到歐洲各國的經濟。

出面打破此僵局的，是體認到必須有新的政治思想以及政治體系的歐洲各國國王，這些在十八世紀時推動中央集權化與近代化的國王被稱為啟蒙專制君主。啟蒙專制君主大多集中在中歐及東歐，例如奧地利的瑪莉亞‧泰瑞莎以及俄羅斯的葉卡特琳娜二世等。

啟蒙專制君主也有以啟蒙思想基礎，實行農民保護等社會改革的先進的一面。但由於當時各國內部的經濟發展未臻成熟，能與貴族抗衡的中產階級—布爾喬亞（譯注：bourgeois，源自法文「城市」一詞，另有「市民」意涵。十四世紀歐洲文藝復興之初，隨著工商的繁榮與城市的興起，「布爾喬亞」逐漸成為富裕市民的代稱，也是「中產階級」的由來）尚未具備足夠的實力，使得這些改革都僅只是一些由上而下聊備一格的舉措。結果不但經濟狀況混亂而低迷，就連科學的發展也停滯不前。

英國工業革命的背景

在十七世紀後半的英國，農業機具的發達使得更有效率的農作業成為可能。當時農業所需的人手減少，許多農民轉而投身畜牧或毛織工業等製造業，發展出需起用大量工人的工廠制手工業。

就這樣，經濟工業的結構產生了變化，而英國的政治結構更因為緊接在清教徒革命之後的光榮革命而有了改變。

十八世紀時，英國發展出內閣須向國會負責的責任內閣制，展

科學筆記 十八世紀末到十九世紀時，與探險密不可分的博物學非常地流行，出現了蒐集殖民地動植物的動物園與植物園。

開以擴展英國勢力為目標的重商主義。而法國也持續與英國對抗，兩國不斷為爭奪亞洲等處的殖民地交戰。

孕育出工業革命的思想

徹底反抗現實社會中所有不合理現象的啟蒙主義，以法國為中心拓展至歐洲各地。而法國也出現了批判重商主義、主張應重視農業的重農主義者所提出的自由放任主義。

英國的亞當史密斯將自由放任主義進一步地發揚光大，在《國富論》中完成了自由主義的經濟思想，為支撐工業革命的思想背景—古典經濟學派構築了基礎。

這些思想，再加上科學與技術融合所產生的科學革命，讓工業革命的準備一切就緒。

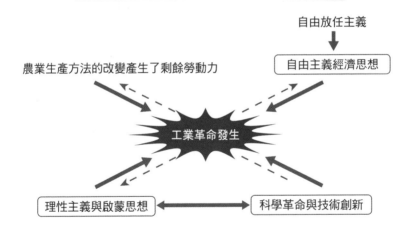

發生工業革命的原因

自由放任主義

自由主義經濟思想

農業生產方法的改變產生了剩餘勞動力

工業革命發生

理性主義與啟蒙思想 ←→ 科學革命與技術創新

● 什麼是啟蒙思想主義
是一種主張人類的存在與自然的存在一樣都受到普遍性法則影響的思想與主義，並確信人類可以藉由自身的理性與力量來理解世界的秩序。

啟蒙主義與科學

啟蒙主義以近代合流主義的形式來推動近代的發展，近代科學技術也
因此誕生。

牛頓與啟蒙主義

據說比起英國人，法國人更能理解牛頓於一六八七年所出版的《自然哲學的數學原理》，其中最能洞見的人就是伏爾泰（一六九四～一七七八）。對思想家與科學家來說，牛頓的運動力學將天上與地上分開來討論，讓許多運動的問題套用在各種情況下時都能夠加以說明，可以說是劃時代的成就。

伏爾泰停留英國時，不只把注意力放在牛頓的力學上，還深深地著迷於洛克所主張的個人權利不可侵犯、以及倡導把個人的還原貫徹到人類社會之中的政治哲學。伏爾泰認為，洛克的思想勢必會對絕對君權統治之下的法國帶來強烈的衝擊。

相較於自然科學知識的明確性，伏爾泰認為現實上關於人類與社會的問題討論，都是在不清晰與不確定的情況下進行。因此伏爾泰除了努力地將牛頓力學介紹到歐洲大陸之外，也追求自身思想的明晰性、確定性與合理性。

最後伏爾泰想到從人類社會問題的關聯中來理解自然科學的方法。這不只是伏爾泰個人的突破，也是反對絕對權力、以合理性為第一要義的啟蒙主義的起點。

從為了上帝的科學到為了人類的科學

除了伏爾泰之外，狄德羅（一七一三～一七八四）與達朗貝爾（一七一七～一七八三）也都是具有共同思想的啟蒙家，他們的思想中心都是巧妙地將牛頓力學、原子論、機械論等納入其中的通俗科學主義。

十七世紀時，以伽利略與牛頓等人為代表的近代科學創始者將自然科學視為基督教信仰的一部分，認為這是一種藉由自然讀取上帝計畫與意志的方法，也就是說，他們是為了上帝而研究自然科學。然而，雖然程度有別，但生於十八世

科學筆記 十九世紀時，英國在植物園中進行殖民地植物的移植與品種改良，並因此發展出大型的栽植農園。

紀啟蒙主義時代的自然科學後繼者已不再是為了上帝，而是為謀求人類的進步而踏上探索自然的道路。法國的啟蒙主義，讓科學邁入以理性精神為基礎，為人類本身而發展的時代。於是從十八世紀到十九世紀，啟蒙主義與理性主義除了科學之外，還浸透到政治學、倫理學、經濟學、社會學等各種領域，持續地近代化。但後來以理性主義為基礎的法國大革命並無法實現自由與平等，使得強調情感與非理性的浪漫主義思想因而傳播開來。

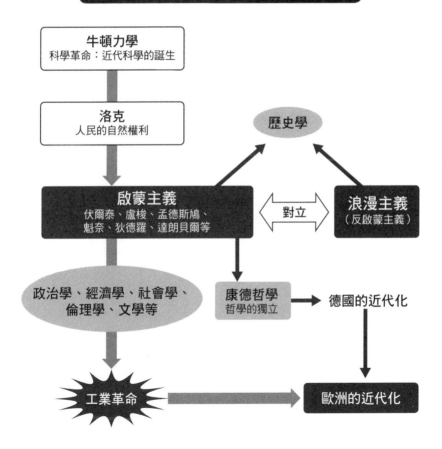

啟蒙主義與近代化

牛頓力學
科學革命：近代科學的誕生

洛克
人民的自然權利

歷史學

啟蒙主義
伏爾泰、盧梭、孟德斯鳩、魁奈、狄德羅、達朗貝爾等

對立

浪漫主義
（反啟蒙主義）

政治學、經濟學、社會學、倫理學、文學等

康德哲學
哲學的獨立

德國的近代化

工業革命

歐洲的近代化

不須借用上帝之手也能夠描述世界與宇宙的運行
牛頓力學與惡魔

牛頓所創建的力學為各式各樣的科學家所繼承，因而發展出所謂的古典力學。

知性美女的出現

　　路易十四時代的法國社交界有一位總是可以吸引眾人目光的美麗夫人，她就是夏特勒公爵夫人（一七〇六～一七四九）。

　　兼俱美貌與才能的夏特勒夫人為科學家提供休憩與交流的場所，同時提供他們鑽研知識的時間與空間；此外，她也是最早把牛頓的《自然哲學的數學原理》譯為法文的人。對知識充滿好奇心的夏特勒夫人，對於啟蒙思想的傾慕更甚於華麗的社交界。

　　夏特勒夫人的沙龍聚集了許多科學家，其中包括有柏林科學院會長莫佩屠斯（一六九八～一七五九）、最早提出「能量」這個名詞的約翰・白努利（一六六七～一七四八）、物理學家及啟蒙主義者達朗貝爾（一七一七～一七八三）、數學家及地球物理學家克萊羅（一七一三～一七六五），以及數學家康多塞（一七四三～一七九四）等人。其中也包括為達朗貝爾所發掘、創造出對抗神的惡魔的天才拉普拉斯。

科學家所創造出的惡魔

　　十七世紀科學革命完成後，十八世紀時的絕對君權謊言被戳破，理性主義與知性成為近代人們所共有的普遍理念，這種時代精神不只影響了政治與經濟，也為科學帶來了重大的影響。

　　這樣的時代精神也影響了窮究各種現象的科學家，使得科學家不再具有宗教信仰。革命家確立近代化的理念，喚來新的時代；科學家則確立物理學的基本定律，促進了科學的發展。

　　在牛頓力學的世界裡，宇宙中的所有作用力都能夠以力學來解釋，科學家相信「只要知道宇宙在某個時刻、某個地方的力學狀態，就能夠準確地預測出未來的一切。」也就是說，藉由牛頓力學就可以知道眼前所有物質過去的運動情形與未來的狀態。

科學筆記　在非常受歡迎的日本動畫《神奇寶貝》裡出現的超能力神奇寶貝「拉普拉斯」，其名字就是源自於學者拉普拉斯。

受牛頓力學影響的拉普拉斯在一八一二年提出主張，他表示：「假若能夠完全掌握自然界所有作用力與物質狀態的知識的確存在的話，宇宙中就不再具有任何的不確定性，而能夠完全正確地預測未來。」這種「知識的存在」被稱為「拉普拉斯惡魔」，也就是說認為神的存在並非必要。

這也意味著即使上帝不存在，科學家也能夠藉由自己的理性與思考，來掌握世界的全貌。

然而，是不是可以就此捨棄神的存在呢？即使牛頓力學能夠解釋從宇宙誕生瞬間開始的所有一切，但仍然無法說明宇宙如何開始，因此宇宙的起源依然必須交給上帝。不過在十九世紀量子力學出現之前，科學家仍舊承繼拉普拉斯惡魔的思想，確保了古典力學世界觀的穩固地位。

拉普拉斯惡魔的誕生過程

牛頓力學

啟蒙思想

拉普拉斯惡魔

如果存在有知道全宇宙所有原子位置與運動量的惡魔的話，就可以依照古典物理學來計算出這些原子在未來某個時間上的位置。也就是說，這個惡魔能夠預知未來的一切。

許多人對於肉眼無法看到的電氣性質抱持著興趣
電磁學的發展

西元十八世紀時，物理學的發展非常地迅速，特別是在一八三〇年左右，物理學不但發展出新的領域，停滯不前的部分也再度恢復活力。

電磁學的開展

電磁學的發展從研究磁鐵與靜電差異的醫師吉爾伯特（一五四〇～一六三〇）開始，在十七世紀時有了大幅的進展。一七二九年，英國的格雷（一六七〇～一七三六）把金屬等不會產生靜電但能夠導電的東西稱為「導體」，毛髮、玻璃、絹布等可以產生靜電但無法導電的物體稱為「非導體」，到今天這些知識依然被放在小學的教科書裡。

最早所說的「電」指的是摩擦所產生的「靜電」，當時的研究目的純粹是為了滿足求知的欲望。一七六〇年，格里克因為興趣發明了摩擦起電機，後來傳到日本，才有了平賀源內所製作的「摩擦起電機」。美國的富蘭克林（一七〇六～一七九〇）則在絹製的風箏上裝上磨尖的金屬棒，成功地收集到閃電時所產生的電。

以電的實用化為目標的科學家

十八世紀後半時，為擴張殖民地以及強化軍艦的性能，各國皆需要性能更優秀的羅盤。庫侖（西元一七三六～一八〇六）為了改良羅盤而製作出靜電的測量裝置，發現靜電作用力和萬有引力一樣，其大小都與帶電粒子間的距離平方成反比（即距離增為兩倍時，作用力則變成原來的四分之一），証實了一七六六年時普利斯特里所做的預測是正確的。

義大利解剖學者賈法尼（一七三七～一七九八）的妻子欲整理解剖後的青蛙腿與鑄鐵製的解剖刀時，無意間讓解剖刀接觸到青蛙腿，沒想到青蛙腿竟發生抽動的現象；從中獲得靈感的賈法尼，在重複進行多次的實驗後，提出以下的解釋：「動物的表皮與肌肉中蓄積著性質相異的電荷，因此接觸到金屬的解剖刀時會產生短路。」

一七七五年，伏特根據賈法尼的說法做了進一步的實驗，證明了賈法尼的想法是正確的。伏特還發

科學筆記　由於在科學上的成就，伏特（Volt）因此成為電壓基本單位，庫侖（Columb）成為電荷單位，安培（Ampere）成為電流單位，歐姆（Ohm）成為電阻單位，法拉第（Faraday）的名字則成為電容單位。

現賈法尼所提到的現象不只會發生在青蛙身上，濕度適中的碎布也會發生同樣的現象，證明了「只要有兩種金屬存在，就會產生電流」，而這種電流就稱為「賈法尼電流」。伏特根據這個研究的結果在一八〇〇年時製作出利用化學反應的伏特電池，而德斐更在一八二一年時於英國製作出使用一千個伏特電池的街燈照明系統。

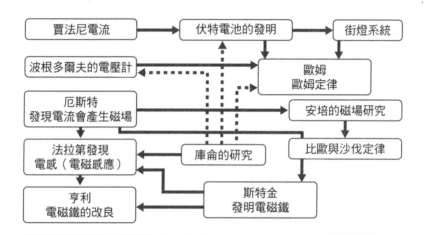

電磁學的進步

名詞解說：

- **伏特電池**：在盛有稀硫酸的容器中放入銅板或鋁板，藉由金屬與稀硫酸的化學反應來產生電。
- **比歐與沙伐定律**：當大小固定的電流流經導線時，描述導線每一部分的電流與磁場的大小、以及磁場強度分布的定律。
- **歐姆定律**：導線流經的電流愈大時，導線兩端產生電流的電位差就愈大，即電壓與電流成正比。
- **電磁感應**：兩個電磁鐵（線圈）與磁鐵的相對位置改變時，就會產生電流的現象。

從尋找「量測」的方法中踏出解熱的第一步
熱的研究

人類自古以來就已經知道熱與溫度的存在，但卻在經過了相當長的時間後，熱與溫度才發展成為一門學問。

溫度計的歷史

大約在三百八十萬年前，當人類最開始感受到熱時，並未把熱當成是研究的對象。人類認為溫度變化是因為一種稱為「熱」的量所造成的，同時人類也是地球上唯一針對「熱」加以研究並利用的生物。

古希臘只把熱或火用在熔化金屬、取暖，或是料理食物上，哲學家兼科學家海倫是利用空氣膨脹原理來設計溫度計的第一人。在海倫之後，一直到中世紀後期德雷布爾以伽利略的靈感為基礎製作出伽利略式空氣溫度計之前，都不曾有人製作出溫度計來。

德雷布爾還曾經以酒精取代空氣來製作溫度計。之後雖然還有其他人製作出伽利略式空氣溫度計，但由於這種溫度計會受到大氣壓的影響，因此缺乏可信度。而德國的華倫海特（一六八六～一七三六）所製作的水銀溫度計，只要在同一地點與時間測量的話，每支溫度計所顯示的溫度都是相同的，也就是

說水銀溫度計的準確度非常地高，因此獲得人們的信賴。

瑞典的物理學家與天文學家攝耳修斯（一七〇一～一七四四）原本想要以十進位法將水的凝固點訂為一百度，沸點訂為零度，以做為溫度計的刻度，但攝耳修斯的朋友建議他，反過來的話會比較容易理解，因此最後他把水的沸點訂為一百度，凝固點訂為零度。也許是因為客觀上容易理解的關係，這種標定刻度的方法很快地就普及到全歐洲。「℃」這個符號是「Celsius」的第一個字母，而中國把「Celsius」表記成「攝留修」，結果日本明治政府的職員誤以為這一個姓「攝」的人的名字，於是把它記為「攝氏」，而這個稱呼也一直沿用至今，通行於使用漢字的中日兩國。

最早在英國普及的溫度計是凱爾文（一八二四～一九〇七）所設計的溫度計，因此英國人頑固地持續使用這種溫度計，而移居美國的

 科學筆記 焦耳是曼徹斯特一名釀酒業者家的次男，十六歲時在道耳吞開設的私塾裡學習科學之後開始發揮才能。

清教徒也將華氏溫度計帶了過去，所以英國與美國從過去到現在所使用的都是華氏溫度計。

熱學的發展

蘇格蘭醫師布雷克（一七二八～一七九九）在擔任格拉斯哥大學化學教授卡倫的助手後，展開了熱學的研究。布雷克利用華倫海特的溫度計發現，將高溫與低溫的液體混合後，溫度會成為兩者中間的溫度（平衡溫度），這就是今天所說的熱力學第二定律（譯注：根據熱力學第二定律，在自然狀態下熱能無法由高溫處流向低溫處，因此在此處熱能必然由高溫的液體釋出流向低溫的液體，使低溫液體溫度升高，而無法由低溫液體中再釋放出來使低溫液體溫度下降，使高溫的液體溫度提高）。此外，布雷克還將能夠讓水的溫度產生變化的熱量大小命名為「熱容量」。他認為水溫變化時所放出和吸收的熱量是相等的，這就是熱力學第一定律（譯注：即能量守恆定律）。

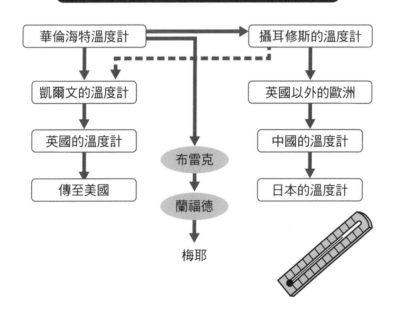

温度計與熱學

華倫海特溫度計 → 攝耳修斯的溫度計

凱爾文的溫度計　英國以外的歐洲

英國的溫度計　中國的溫度計

傳至美國　日本的溫度計

布雷克

蘭福德

梅耶

能量等於作功的能力
熱力學與能量

熱力學把研究重點放在熱所作的功，以及作用力和其所作的功之間的關係，並利用「能量」的形式加以量化。

從大砲製造獲得靈感的熱力學

英國在美國獨立戰爭中戰敗之後，隸屬於英軍的科學家蘭福德得知神聖羅馬帝國（譯注：The Holy Roman Empire，九六二～一八〇六。查理曼大帝去世後，法蘭克帝國依凡爾登條約一分為三，其中的東法蘭克王國即為後來的神聖羅馬帝國。一般認為神聖羅馬帝國是由德意志國王薩克森王朝的奧托一世所建立）為擴充軍備正在召募擁有大砲製造經驗的人，於是毛遂自薦在美國時的戰爭經驗，因而當上了砲兵工場的監督官。

蘭福德觀察到貫通砲身時會產生大量足以讓冷水沸騰的熱，於是採用布雷克對熱量的想法，重複進行多次的實驗，寫下一篇名為〈以實驗探討摩擦生熱之原因〉的論文。這即是研究熱與運動之間的關係的起點，蘭福德把摩擦視為一種運動。

德國的醫師梅耶（一八一四～一八七八）受到蘭福德論文的啟發，開始找尋能夠定量地將熱能轉換為運動量的方法。然而當一八四二年梅耶的論文發表於科學期刊後，他與英國的焦耳（一八一八～一八八九）開始爭論到底誰才是先找出熱功測量方法的人。與焦耳的論戰導致梅耶精神異常，後來被送進了醫院，結果一住就是二十九年，最後因為肺結核而去逝。當人們終於證實梅耶的確比焦耳更早發現熱功的測量方法時，已經是他死後五年之後的事了。

關於功的想法

在古希臘時代，為了減輕工人建設國王宮殿或神殿時的負擔，希臘人曾經開發出省力的機械。然而當機械減少了所需耗費的力量時，工人需要移動的距離（或稱為力的行程）也會隨之拉長，於是古希臘人發現作用力與力的行程的乘積其實是一個定值，並將此公式稱為「力學的黃金定律」。

後來力學的黃金定律經由伊斯蘭世界傳到了歐洲。一八二六

科學筆記 發現波以耳定律與查理定律等氣體分子運動理論與真實氣體之間關係的是馬克斯威爾。

年，法國的土木技師科里奧利（一七九二～一八四三）建議為「作用力與力的行程的乘積」訂定一個物理量，法國物理學家彭賽列贊成他的想法，並提議以「kg×m」來當做這個物理量的單位，於是產生「功」這個物理量。當把「作功」這個概念量化之後，就衍生出「如果要作功，一定要原本就擁有作功的能力才有可能」這樣的想法，於是科里奧利把「使用本身具有的功來作功的能力」稱為「能量」。「能量」這個名詞原是楊格在一八〇七年時用來描述「作用力」時所使用的詞彙，結果因為科里奧利而變成一種全新的概念。

一八四二年，德國的梅耶與英國的焦耳大約在同一時期發表了能量守恆定律。

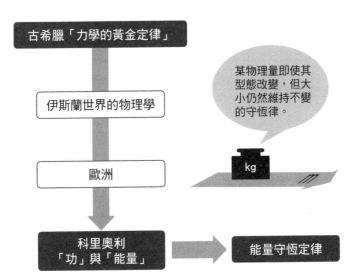

「功」這項概念的歷史

古希臘「力學的黃金定律」

伊斯蘭世界的物理學

歐洲

科里奧利「功」與「能量」

能量守恆定律

某物理量即使其型態改變，但大小仍然維持不變的守恆律。

kg

聲音與光的研究也是從音速與光速的量測開始
重新開啟對聲音與光的研究

早在古希臘時代，人類就已經開始研究聲音，然而自此一直到科學革命來臨之前，相關的研究可以說是一片空白。

畢達哥拉斯音階

聲音的研究是從古希臘的畢達哥拉斯開始的。畢達哥拉斯以數學分析音樂，並利用數學方法製作出獨特的音階，據說他還曾經利用這種音階來做曲，譜寫神的音樂。而今天他所製作的畢氏音階依然被用在鋼琴的調音上。

亞里斯多德曾經主張女性聲音傳播的速度比男性的聲音快，不過這只是單純因為女性的聲音能夠傳得比較遠的緣故。而在亞里斯多德之後，幾乎就不再有任何與聲音有關的研究。

音速的測量

歷史上實際去測量音速的第一人是笛卡兒的弟子梅森（一五八八～一六四八）。梅森藉由測量聽到一定距離外砲聲的時間，推算出音速大約是每秒四百公尺。此外，伽桑狄（一五九二～一六五五）在進行測量後，發現手槍與大砲的聲音的速度相同，都是

每秒四百七十九公尺。

德國政治家格里克發明了真空泵，他發現當容器中的氣體逐漸被排出之後，就會慢慢地無法聽到放置於容器內的響鈴聲音，證明了聲音是以空氣為傳播的媒介。

一八二六年時，科拉登與史都姆測量了水中的音速，所得的數值為每秒一千四百二十公尺。後來拉普拉斯修正了牛頓想法中的錯誤，並發表音速的公式（譯注：牛頓認為當聲波在媒介中傳播時，其傳播速度與該媒介密度隨壓力變化的情形有關。他推導出媒介密度隨壓力變化的程度與溫度成正比，於是將溫度假設為常數用以推算音速（理想氣體假設）；然而在真實情況下，當壓力與密度增加時，溫度亦會略微增加。拉普拉斯延續牛頓的概念，修正了這項假設，以熱力學推導出正確的音速公式）。

光速的測量

畢達哥拉斯與柏拉圖都曾經進行過與光有關的研究，但都只是非

科學筆記 一八六〇年左右，赫姆霍茲在擔任德國海德堡大學的教授時，曾把音響學與聽覺當成生理學的一部分進行研究。

常形而上的觀念論。

中世紀時伊斯蘭世界的海賽姆也從事過光學的研究，並發明了玻璃透鏡。不過歐洲在科學革命之前，幾乎沒有過任何相關的研究。

伽利略曾想測量光速，但結果失敗。法國的物理學家菲左（一八一九～一八九六）改良了伽利略用來收集光的裝置，成功地在地面上測出光速，他所測量到的光速為每秒三十一萬三千公里。

一八五〇年，傅科開發出以顯微鏡在室內測量光速的方法，得到與惠更斯的理論值一致的光速（每秒約二十二萬五千公里），證實了光的波動性。進入二十世紀之後，美國的邁克生進一步地測量出精確度更高的光速。

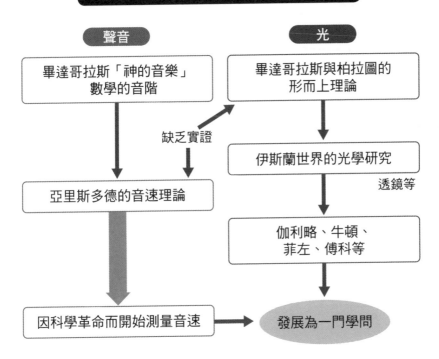

聲音與光的研究在早期階段的進展

聲音

光

畢達哥拉斯「神的音樂」數學的音階

畢達哥拉斯與柏拉圖的形而上理論

缺乏實證

亞里斯多德的音速理論

伊斯蘭世界的光學研究

透鏡等

伽利略、牛頓、菲左、傅科等

因科學革命而開始測量音速

發展為一門學問

需求孕育出發明，發明改變了社會
工業革命與科學技術

了解工業革命與科學、技術、經濟、社會等之間的相互作用，以及其各自的變化是非常重要的。

工業革命從英國開始的原因

工業革命被定義為「生產制度與生產技術的徹底改變，擁有眾多勞工以及機器設備的工廠取代了以家庭為中心的小型手工業，成為經濟的重心，社會結構也發生了根本上的變化。」工業革命最早是在一七六〇年左右從英國開始，一八四〇年擴及到西歐各國，歷經這場革命，資本主義經濟也隨之現身。

正如之前所提，英國無論在思想、社會結構，或是在科學上，都是最早做好迎向工業革命準備的國家，隨著以紡織、機械、化學等產業為主的發明與技術改良，工業革命就此展開。

蒸氣機的發明

建設工廠需要有鋼鐵，而煉鐵業要熔解鐵礦則需要能源。因此，煤礦的開採量從一七〇〇年時的三百萬噸，急速地增加到一八〇〇年時的一千萬噸，以及一八五〇

時的六千萬噸。但由於礦坑的位置低於地下水水位，因此若不把地下水抽出的話，礦坑就有可能被水淹沒，而為解決這個問題所開發出來的就是抽水用的蒸氣機。

波以耳的助手帕賓在一六九〇年時提出了活塞機構（譯注：在柱狀圓筒中利用一可活動之栓塞〔活塞〕形成密閉空間，再利用蒸氣推動此栓塞以產生動力）的想法，他認為煤炭所產生的水蒸氣可以用來當做動力。將這個構想實現的是薩維利（一六五〇～一七一五），而紐科門（一六六三～一七二九）與司梅敦（一七二四～一七九二）則進一步做了改良。但即使如此，蒸氣機的能量效率（煤炭能量轉換成動力能量的效率）仍然只有百分之二左右，性能並不佳。

後來解決這個問題的是瓦特。瓦特在企業家波頓與知識性社團月之學會的支持下，成功地改良了蒸氣機。

其後，汽缸的加工技術持續地

科學筆記　卡諾是政治家，同時也是水力引擎的開發者，他曾以熱力學的角度來研究活塞。

進步，蒸氣機動力的出力與控制裝置也陸續被開發出來，於是蒸氣機成為經濟價值極高的設備，一八三〇年以後普及到各種領域當中。

蒸氣機對工作環境的改變

考慮到蒸氣機對健康與環境所帶來的不良影響，再加上機械化有助於勞動的效率化，因此英國在一八三三年時立法禁止九歲以下的兒童進行勞動。在這之前，紡織工廠等地方經常僱用童工來進行生產。

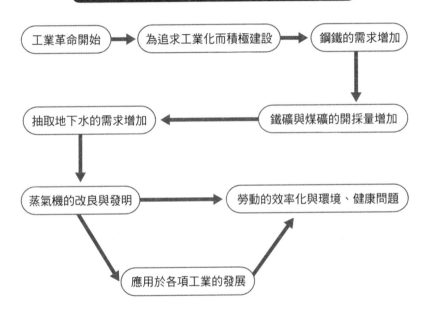

工業革命與蒸氣機

工業革命開始 → 為追求工業化而積極建設 → 鋼鐵的需求增加

抽取地下水的需求增加 ← 鐵礦與煤礦的開採量增加

蒸氣機的改良與發明 → 勞動的效率化與環境、健康問題

應用於各項工業的發展

產學合作為雙方帶來助益
近代化學的確立

自英國展開的工業革命，為取得更強的市場競爭力而開始發展化學工業。

與紡織業一同展開的工業革命

英國從殖民地的棉花果實中取得棉線，再以棉線製成棉織物；棉織物於是成為英國的主要出口品，是推動英國經濟的原動力。因此為了提高生產力，紡紗機與紡織機就在既競爭又合作的關係中急速發展。

布的漂白

如此一來，英國雖然可以大量生產棉製品，但這樣並不足以確保其在國際市場上的競爭力。當時的纖維業追求的是更好的品質與更潔白的布，歐洲雖然早就有利用日曬來漂白的傳統方法，但這種方法需要大量的人手、場地，以及酸敗變質的牛奶，製造成本非常地高。

因此最好是能夠有一種成本低、效率又高的漂白方法，而業界的需求也得到許多化學家的回應。一七三六開發出大量製造稀硫酸的方法，一七五四年霍姆在《關於漂白之實驗》中提出使用稀硫酸的漂白方法。這個方法雖然很快地實用化，但漂白速度依然趕不上棉製品生產的速度。

一七八五年，法國的貝托萊採用瑞典的舍勒在一七七四年所發現的以氯來漂白的方法，而這個方法在短短三年內就普及於英國的漂白業者之間。

為了盡量減少氯所造成的傷害，英國的泰那特（一七六八～一八三八）開發出漂白粉。漂白粉與合成蘇打的製造需要用到硫酸，而不只是纖維產業，玻璃的製造也需要蘇打及硫酸。因此，為了確保這些資源能有穩定的供應，企業於是提供資金來進行研究。

化學的研究持續地發展著，一八五六年英國的帕金（一八三八～一九○七）發現苯胺染料，促成了十九世紀之後以焦油為原料的有機化學工業的興起。但隨著化學工業的發展，公害與環境問題也隨之而生。

 科學筆記 道耳吞十五歲時曾向失明的物理學家果夫學習自然觀察，從二十歲開始到去世為止的五十七年的期間，道耳吞每天不曾間斷地進行氣象觀察。

工業革命所培育出的化學家

透過工業革命，企業了解到與大學內的研究者進行共同研究的好處，同時大學也可以從企業那裡得到研究題目與資金來解決實際的問題。

當時英國的布雷克、卡文迪許、道耳吞、普利斯特里以及瑞典的舍勒等人，都是非常活躍的化學家。拉瓦錫的化學理論因為道耳吞而發揚光大，原子論與近代化學理論的基礎就是由他們所建立。

工業革命時代的代表化學家

名字	成　就
布雷克	藉由熱力學的研究改良瓦特的蒸氣機
卡文迪許	受布雷克影響，發現並從事氫氣研究。
拉瓦錫	建立化學的科學理論以及質量守恆定律等。
道耳吞	提出原子、原子量、原子量表等想法，由亞佛加厥等人所繼承。

※ 化學的歷史因為他們而改變。

工業革命是地質學之母
近代地質學的誕生

近代地質學誕生於英國，原本是希望藉由科學來確保鐵礦與煤炭的來源。

地質學與礦物學

　　蒸氣機的發明讓煤炭的需求量呈現飛躍性地成長，銅、鐵等礦山的開發也因為工業革命而持續發展。伴隨這些發展而來的就是對於礦物學知識的追求，但當時主張岩石是因為水的作用所形成的「水成論」，與岩石是因為火所形成的「火成論」之間，仍然彼此爭論不休。

　　此時地質學的出現為紛亂不已的礦物學注入一股清流。地質學的研究一開始是為了因應土木工程的需求，後來則慢慢地導入科學的觀點，後於十八世紀末左右奠定基礎。

　　德國的礦物學者維納（一七五〇～一八一七）曾經主張，包括花崗岩與玄武岩在內，所有的岩石都是水成岩，他認為全部的岩石皆來自於原始的海洋。

　　醫師赫登（一七二六～一七九七）根據詳細的野外觀察結果，發現地球上的岩石可以分成沉積岩，火成岩與變成岩，岩石的型態在改變的同時也會不斷地循環。赫登在一七九五年發表「均變說」，表示地球表面從過去到現在都是依據自然的法則持續進行同樣變化，主張「現在就是了解過去的關鍵」，確立了以觀察為基礎的地質學基本理念。

前往現代地質學之路

　　西元十九世紀，研究歐洲與美洲等地地層的賴爾（一七九七～一八七五）以均變說為基礎將地質學加以體系化，並於一八三〇年寫下《地質學原理》一書。

　　賴爾與蘇格蘭的地質學家莫契生（一七九二～一八七一）曾經一同到法國的火山地帶旅行，藉由觀察以及縝密的探討強化了均變說的基礎，奠定前往現代地質學之路。

科學筆記　賴爾支持達爾文的進化論，而達爾文也非常喜歡賴爾所寫的《地質學原理》。

從化石魚類發展出來的冰河學

阿格西（一八〇七～一八七三）從少年時代開始就對博物學懷抱著強烈的興趣，進入蘇黎士的醫學大學就讀後，他便積極地學習博物學。

後來阿格西與成為海德堡大學終身校友的布朗一同研究博物學，並出版《巴西的魚類》一書，獲得極高的評價。

阿格西在獲得醫學博士的學位後，一方面籌畫《化石魚類》的出版，一方面則進行相關研究；他研究了自小便已看得很習慣的阿爾卑斯冰河，最後從觀察的結果中提出「過去地球上曾經有過冰河時期」的看法。

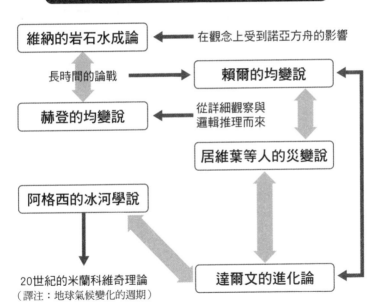

地質學與其相關理論

維納的岩石水成論　←　在觀念上受到諾亞方舟的影響

長時間的論戰　→　賴爾的均變說

赫登的均變說　←　從詳細觀察與邏輯推理而來

居維葉等人的災變說

阿格西的冰河學說

達爾文的進化論

20世紀的米蘭科維奇理論
（譯注：地球氣候變化的週期）

研究的對象擴展到化石時代的生物
生物學的發展

做為博物學的一部分開始發展的動植物相關研究，在十八世紀有了急速的進步，成為現代生物學與相關領域發展的基礎。

以二名法進行分類

　　工業革命帶來的經濟富裕讓出門旅行或探險的人急速增加，也因為這樣，世界各地的動物園也更容易取得許多的相關資訊與標本。

　　十八世紀時最偉大的分類學者林奈（一七〇七～一七七八）利用獨創的分類法為植物、動物及礦物進行分類。林奈把焦點放在植物雄蕊或雌蕊的數目上，提出以數字進行分類的方法。此外，他還完成了把動植物屬名和種名結合為學名的「二名法」，這種容易理解又有系統的人為分類方法，為分類學奠定了基礎。

遲遲不被認可的細胞說

　　十七世紀，呂文克與虎克利用顯微鏡所得到的觀察紀錄，促進了顯微鏡的發展與十八世紀顯微學者的興起。當時雖然已經有人經由各式各樣的生物觀察，提出所有生物都是由細胞所構成的「細胞說」，但這樣的說法並未獲得認可，使得生物學在本質上並沒有任何進展。

　　直到十九世紀，細胞學說才為人們所接受。先是施萊登（一八〇四～一八八一）發表植物是由細胞所組成的看法，緊接著史旺（一八一〇～一八八二）也提出動物是由細胞所組成的想法；再加上維周（一八二一～一九〇二）想出「所有的生物皆來自細胞」的口號，終於確立了細胞說。

既古老又新穎的進化論

　　隨著顯微鏡的普及，有關生物構造與功能的知識不斷累積，驗證科學理論與假設是否成立的方法也跟著確立，如此一來，生命體中並不含有超自然物質或概念的事實也逐漸地為人們所接受。

　　此外，地質學的進步讓人們得以從化石去了解過去的生物，促進了分類學的進步，也讓人們發現現今生物與過去生物之間的關聯性。在這個過程中，開始有人主張類似進化論的想法，首先出現的是

 科學筆記　林奈的進化論雖然不盡完善，但由於後世學者的改良，至今仍為分類學界所沿用。

222

萊布尼茲（一六四六～一七一六）與隸馬波士易斯（一六九八～一七五九）等人的進化思想。

而最早提出具有邏輯的進化思想的，則是掌握到進化與生物是否能夠適應環境有關的拉馬克（一七四四～一八二九）。達爾文（一八〇九～一八八二）以拉馬克的想法為基礎，再加上本身的見解，提出了進化論，並於一八五九年發表著名的《物種原始》。但直到二十世紀時遺傳學提供證據之前，達爾文的進化論並未為人們所接受。

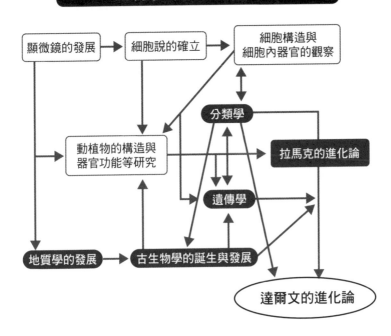

生物學的發展與進化論

科學筆記　達爾文進化論的影響遍及於生命哲學與社會科學，就連美國的功利主義亦是，甚至被稱為達爾文主義。

在細分化的各種科學的影響下，醫學也有所進展

醫學與藥學的發展

隨著化學、顯微鏡、生物學等相關領域的進步，科學醫學的思考方式也迅速地普及並持續進步。

生理學的進步

　　西元十八世紀後半，拉瓦錫以化學上的氧化反應來解釋呼吸作用。這個想法成為生理學發展上的重要契機，人們開始相信生物體的運作是可以用物理學與化學來進行解釋。此外，前面提過的解剖學者史旺在一八三九年提出動物的身體是由細胞所組成，也為生理學奠定了從細胞角度來探討生物體運作的基礎。

　　十九世紀時，生理學上最重要的學者包括有促進生理學體系化的伯納德、電生理學的雷蒙，以及利用物理學解說視覺與聽覺的赫姆霍茲等人，而利用生理學將病理學加以體系化的維周也是位優秀的醫學家。

始自於巴斯德的傳染病大戰

　　十八世紀時，金納（一七四九～一八二三）開發出以接種牛痘施打天然痘疫苗的方法，這種方法在江戶時代也曾經由長崎傳到日本，

許多生命在蘭方醫師的手中獲得拯救。

　　十九世紀時，各式各樣的病原菌陸續被發現，其中最著名的應該是法國巴斯德（一八二二～一八九五）與德國科霍（一八四三～一九一〇）的發現。巴斯德發現發酵與腐敗是由微生物所造成，並進一步確認了發生於牛等家畜身上的炭疽病以及人類與動物的各種傳染病，是因為受到微生物的感染所引起。科霍則是發現炭疽菌並確立其檢驗方法，此外他還發現了結核菌與霍亂菌。

　　巴斯德與科霍的後繼者在彼此的競爭中取得新的進展，巴斯德派開發出狂犬病等疾病的疫苗，而科霍派則開發出白喉與破傷風的抗血清。當時日本正值明治中期，日本人在傳染病的研究上也有了世界級的成果。研究破傷風的北里柴三郎與發現赤痢菌的志賀潔等人，在十九世紀末都非常地活躍。

 科學筆記　科霍所發表的病原菌染色法大大促進了細菌學的發展，可以說是劃時代的貢獻。

合成藥物的出現

十九世紀中葉時，科學家發現以煤炭裡的焦油當做原料可以製作出做為消毒劑使用的酚。而大學裡的化學家也與染料工廠合作製造合成藥物，其中科爾貝（一八一八～一八八四）曾開發出利用苯酚鈉來製造水楊酸的方法。

一八八九年時，副作用更少的乙醯水楊酸，亦即阿斯匹靈被開發出來，直到今日依然被廣泛地應用在治療上。到了二十世紀，全新的藥品更是一一地被合成出來。

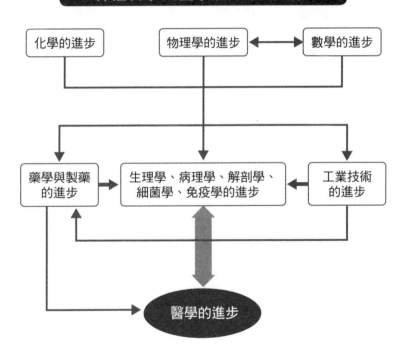

各種科學與醫學及藥學的進步

科學家為大企業或戰爭從事研究的體制誕生
資本主義的發展與科學家的立場

進入十九世紀之後，今日所謂的「科學家」的地位獲得確立，並逐漸
發展成一種獨立而專門的職業。

蒸氣機時代

西元十八世紀時瓦特改良了蒸氣機，讓十九世紀初的富爾頓得以開發出汽船，史蒂文生則開發出蒸氣機車，促進了交通發達。而交通的發達也進一步促進商品與原料的流通，成為資本主義社會成長的基礎。

通訊的發達與背景

十八世紀中葉到後半，靜電與電流的研究持續地發展；十九世紀，研究開始朝向電流的利用發展。之後發電機被發明出來，摩斯則在一八三七年時將有線電報機予以實用化，應用於遠距離的資訊傳遞上。

之後在通訊方面，先是美國的貝爾在一八七六年時發明電話，義大利的馬可尼更在一八九六年時發明了無線電。當時通訊領域之所以如此發達，不只是因為經濟上的利用價值，或是為提供人們生活上的便利而已。十九世紀時，通訊更被

運用在大型的軍事活動上，發揮了非常重要的功能。

一直到十八世紀為止，絕對君權的啟蒙君主所設立的宮廷沙龍都是科學家主要的活動場所，啟蒙君主與貴族也是科學家在經濟上的援助者。

科學家立場的變化

到了十九世紀，這些學者開始被稱呼為「科學家」，成為一種獨立的職業，並分別被歸類於數學或物理學等專門領域中。科學家主要在大學任教，成果則由專門的期刊來加以認定。研究本身成為一種職業，經濟上的支援者也變成是國家。

既然經濟支援來自國家，科學家也就不得不從事國家為準備戰爭所需的研究，所處的立場也愈來愈為難，不知究竟應該選擇單純只是門學問的純粹科學，或是與戰爭或工業習習相關的應用科學。然而，若回顧人類以往至今的歷史，可以

科學筆記 一八五○年八月，英國與法國為了建置有線電信而在兩國之間鋪設電纜，但以失敗收場，到了隔年的一八五一年九月時才成功地接通。

知道如此矛盾的關係在科學史中其實是不斷重複出現的。

前往二十世紀之路

十九世紀時，由於企業的規模還小，工業革命以來發展出的資本主義社會的運作原理仍然是彼此之間的自由競爭。但從十九世紀末開始，資本逐漸集中，漸漸邁入了大型企業獨占的階段，而這與設備投資的金額愈來愈大、愈來愈複雜，以及高度技術的出現之間都有密切的關係。無論是科學或技術，都跟隨著資本主義社會的發展迎向二十世紀的新時代。

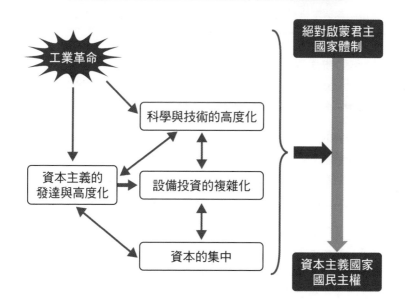

資本主義與科學促進了彼此的發展

工業革命

科學與技術的高度化

資本主義的發達與高度化

設備投資的複雜化

資本的集中

絕對啟蒙君主國家體制

資本主義國家國民主權

牛頓之後的數學與反對牛頓的物理學家

牛頓與萊布尼茲所發明的微積分由兩人的後繼者繼續發展，其中最重要的繼承者就是萊布尼茲的弟子——瑞士的白努利一家。雅各布‧白努利與他的弟弟約翰‧白努利因為在數學研究上彼此競爭而感情不睦，但同時也促進了微積分的發展。約翰‧白努利不只和英國的牛頓派學者進行論戰，還與自己的親生兒子丹尼爾‧白努利競爭研究成果，對於名聲有著強烈的欲望。至於丹尼爾‧白努利則是最早開始研究三角級數之人。

約翰‧白努利的弟子歐拉（一七〇七～一七八三）是在現代數學的各個領域中都留下足跡的大數學家。他還從事過力學以及天文學的研究，在年金制度、度量衡的改良等應用數學領域也非常地活躍。

被歐拉所發掘的法國天才數學家拉格朗日（一七三六～一七八三）在法國大革命後完成了「變分法」，這是最早利用代數運算將牛頓力學體系化的方法。

奧地利的恩斯特‧馬赫（一八三六～一九一六）在被稱為「馬赫力學」的獨特體系中，提出與牛頓《自然哲學的數學原理》迴異的看法。他認為力學的基本定律乃是針對物體的相對位置或運動所做的「經驗上的確認」，無論是運動、質量或是力，都僅能由相對性來決定。

馬赫曾經嘲笑「質量＝密度×體積」這項牛頓對於質量的定義，但這條公式在今天已經被視為密度的定義。牛頓雖然把質量和物體的重量視為一樣的量，但並未提到「質量就是物體的慣性大小」。當時對於重量與慣性量的區別十分地模糊，也沒有可以正確測量出慣性量的技術（譯注：質量〔m, mass〕是物體的基本性質，是物體慣性的數值計量，指的是某物體中所含的物質量；而重量〔w, weight〕則是指重力〔gravity〕施加於物體上的力，其定義為 w=gm，g為重力加速度）。但馬赫認為牛頓所要表達的意思就是如此，並認為牛頓的運動定律只是一些形而上的定義。

第**8**章

二十世紀的巨人們

	西元	
	1865	孟德爾定律發表。最初曾被忽略，1900年才再度受到注意。
明治維新	1868	
	1876	貝爾發明電話
	1879	愛迪生發明白熾燈泡
巴拿馬運河動工	1881～1904	
	1886	戴姆勒與賓士開發出汽油汽車
中日甲午戰爭	1894～1895	
	1895	倫琴發現X光
	1896	馬可尼發明無線通訊技術
	1898	發現比細菌還小的「病毒」
	1901	倫琴獲頒第一屆諾貝爾物理獎
	1903	萊特兄弟第一次飛行
日俄戰爭與日本海海戰	1905	愛因斯坦發表狹義相對論等兩篇論文
	1906	發明硬鋁合金
	1908	結核菌素反應成為診斷結核病的方法
清朝滅亡	1912	
第一次世界大戰	1914～1918	
	1915	愛因斯坦發表廣義相對論
俄國革命	1917	
	1928	菊池正士發表電子束繞射影像的研究
	1932	完成由質子、中子與電子所組成的原子模型
第二次世界大戰	1939～1945	
	1953	發現DNA的雙螺旋構造與複製機制

發明大王愛迪生

愛迪生一生所獲得的專利數超過一千三百件，是十九世紀到二十世紀間最偉大的發明家，而他最強調的就是腳踏實地努力的重要性。

注意力欠缺過動症

愛迪生（一八四七～一九三一）是個被稱為天才、家喻戶曉的發明大王，然而他並非一出生就是個優秀的孩子。事實上，愛迪生的情緒不穩、注意力不集中，無法適應團體生活而且靜不下來，書也唸得不好；要是強迫他唸書，他便會出現自暴自棄的舉動，是個患有注意力欠缺過動症（ADHD）的過動兒。

當時的美國受到清教徒思想的影響，對於兒童的管教十分地嚴格，像他這樣的小孩往往會被當成問題兒童，受到老師的冷落。

除此之外，愛迪生一想到什麼就立刻去做的行動力，讓他看起來更像個問題兒童。舉例來說，愛迪生曾經為了想知道火為什麼會燒起來而在倉庫裡升火，結果引發了火災。另外，為了想知道人類是不是也能孵化雞蛋，愛迪生也曾經飯也不吃地在雞舍裡抱著蛋，用自己的身體來加熱。

賢母的教導

愛迪生雖然被學校老師視為燙手山芋，但對自己兒子觀察甚深的愛迪生母親下定決心要親自教育他，於是為才上了三個月小學的愛迪生辦了休學。愛迪生的母親原本也是個教師，她找了許多古今的歐美名著給愛迪生看，而愛迪生也熱中地閱讀這些書籍。

正因為有個這樣的母親，愛迪生才能夠專注在自己喜歡的事物上，而熱情正是成就偉大事業的泉源。掌握住孩子的特質，幫助他們發展出自己的長處，這不僅適用於過動兒，也是教育最重要的一點。簡單地說，有一個賢慧的母親是愛迪生之所以能成功的最大關鍵。

愛迪生合乎時代的作風

愛迪生說：「證據比理論重要。無論如何，不去試就永遠不會知道結果」，這就是他一貫的作風。

當時的美國處於開拓主義與發

 科學筆記　堅持應設立直流發電廠的愛迪生在與交流發電公司的競爭中落敗，欠下巨額債款。

明萌芽的階段，偶然的發明不只會帶來大筆的財富，往往還會衍生出其他的發明。

在這樣的時代背景下，或許有人認為愛迪生是經過深思熟慮才有這樣的發言，但實際上，他原本的個性就是如此。即使在成名之後，他還是不眠不休地從事發明工作，和他在少年時代所展現的態度並無不同。

愛迪生把實用性放在第一位的態度與當時的功利主義不謀而合，除了給美國帶來遠大的夢想與影響之外，也造成美國社會錯誤地把「發明」和「科學」混為一談。據說這對美國功利主義性格濃厚的學校教育也產生了強烈的影響。

愛迪生的主要發明

1864年	發明電報用的自動轉接器
1868年	取得電力投票紀錄機的專利
1869年	發明股票行情顯示器
1871年	發明打字機
1875年	發明複寫板
1877年	發明留聲機
1879年	發明白熾燈泡
1883年	發現真空管的愛迪生效應
1891年	發明電影技術
1900年	發明鹼性電池

探求物質根源之旅
輻射線與放射性元素的發現

最早被發現的輻射線是X光，後來各式各樣的放射性元素陸續地被發現，進而發展出原子物理學。

X光的發現

　　一八九五年，德國的倫琴（一八四五～一九二三）意外地發現真空管的陽極會釋放出一種未知的射線，讓放置在與陰極射線相反方向的鉑氰酸鋇發出微弱的螢光。當倫琴用紙將照相底片包起，試試看是否能感光時，無意中發現上面出現了自己手指的影像。於是他試著把自己的手拍下來，而把手放到照相底片的中央正對著射線，結果竟出現了手骨的影像。

　　倫琴將這種未知的射線命名為「X光」，他發現X光具有包括能夠通過紙或板子的穿透作用、能夠讓底片感光的化學作用、能夠讓空氣離子化的電離作用、能夠讓金屬表面放出電子的光電作用，以及不會受磁場影響而彎曲的非電荷性等性質，並將這些性質寫成論文發表。而倫琴所發現的X光管就被稱為倫琴管，並因為在醫學診療上的用途而受到廣泛的研究。

　　一九一〇年，倫琴獲頒第一屆諾貝爾物理學獎，之後X光便被利用來觀察物質的內部構造。

正直的貝克勒爾

　　法國的貝克勒爾（一八五二～一九〇八）發現把鈾礦石放在包了黑紙的照相底片上使其照射日光後底片會感光，於是發表了鈾礦石在獲得日光能量後會放出X光的論文。後來貝克勒爾發現，陰天時沒有照射到日光的鈾礦石依然能夠讓照相底片感光，但他並未因此撤回先前的論文，到了一八九六年才在新發表的論文中誠實地表示：「我之前的論文是錯的，事實上鈾礦石所放出的是有別於X光的他種射線，我把它稱為鈾射線。」後來，人們就把這種射線稱為貝克勒爾射線。

電子存在的證明及其後的發展

　　一八九七年，英國的湯姆生（一八五六～一九四〇）藉由手製的真空管證明了斯坦尼於一八七四年提出之電子的存在。而受到貝克

科學筆記　古希臘的留基伯、恩培多克勒、德謨克利特、伊比鳩魯與魯克瑞息斯等人也曾經論及哲學性的原子論。

勒爾刺激的居禮夫婦也在一八九八年時發現了「釙」，是一種比鈾放射線更為強烈的元素。同年他們又發現了比釙更強的放射線元素「鐳」，並將這些元素釋放出放射線的能力命名為「放射性」。

一九〇三年，湯姆生發表原子模型；一九〇五年，愛因斯坦發表「光量子假說」，認為德國物理學家蒲朗克所主張的黑體輻射（譯注：黑體指的是能夠吸收照射在其上之電磁波的物體，理論上黑體也能夠輻射出所有波長的電磁波，其電磁波波長隨黑體本身的溫度而變化，由黑體所輻射出來的電磁波便稱為黑體輻射）的物質（振盪子）能量是量子化一論若屬實，則電磁波本身的能量亦為量子化（譯注：量子指的是不可分割的最小存在。蒲朗克為解釋黑體輻射提出了一著名公式：$E = h\nu$，其中E為能量，ν為波長，亦即光的能量與其波長成正比。因此黑體所輻射出來的電磁波能量不是連續的，而是某個基數的整數倍，這個基數就是所謂的光量子或光子）。

湯姆生的原子構造模型

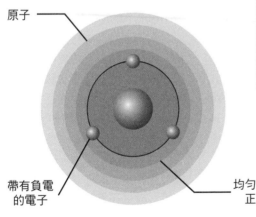

原子

帶有負電的電子

均勻分布的正電荷

湯姆生認為帶有負電荷的電子像葡萄乾一樣，浮在維持原子呈中性的布丁狀正電荷雲裡，當原子相互碰撞時，電子就會因為振盪而發出光線。

好幾個原子模型被提出，並預言了基本粒子的存在
拉塞福的發現與其後的進展

發現質子的拉塞福是原子物理學的巨擘，也是開拓原子能發展的重要人物。

α射線、β射線與γ射線

一九○二年，居禮夫婦純化出○‧二克的氯化鐳，發現其所放出的放射線強度達到鈾的一百萬倍，居禮夫婦將一部分的氯化鐳送給拉塞福（一八七一～一九三七）。而拉塞福則從鈾中發現其放射線中混合著一種穿透力較弱的帶正電粒子以及一種穿透力較強的帶負電粒子，他將這些放射線分別命名為α射線與β射線。後來貝克勒爾證實了β射線其實是一種能夠高速飛行的電子。

一九○六年，法國的維拉德（一八六○～一九三四）發現了γ射線；一九一四年拉塞福與安德瑞證明了γ射線為電磁波的一種（譯注：α射線與β射線是帶電粒子而非電磁波。無線電波、微波、紅外光、可見光、紫外光、X光與γ射線都是電磁波，只是頻率不同，皆不具質量。在粒子模型中使用光量子或光子來描述）。

從一九○八年到隔年，拉塞福測量α射線粒子（α粒子）所帶的電荷大小，並確認了α粒子的放電光譜與氦原子的光譜一致（譯注：所謂「光譜」是指一種輻射強度的排列圖形，這種排列是依照物質的質量、動量、波長或頻率而定）。

雲霧室與原子核的發現

一九一一年，威爾生發明可以用來觀察一個個帶電粒子飛行軌跡的雲霧室。拉塞福、蓋革以及馬斯登隨即一同利用雲霧室進行研究，證明了原子核的存在。

拉塞福認為α粒子是氦的原子核，因此在馬斯登的協助下進行α粒子與金原子的碰撞實驗，實驗結果發現與其師湯姆生的原子模型並不吻合（譯注：湯姆生原子模型中的原子像一顆西瓜，電子則如西瓜籽般散布其中）。具有靈活思考力的拉塞福想到或許在原子中間的是一個帶正電荷的核，於是在重複進行實驗後，提出原子內具有原子核的原子模型。

一九一二年，德國的勞厄（一八七九～一九六○）利用X光照

科學筆記　一九○三年時長岡半太郎曾經以土星的形象提出過獨特的氫原子模型，但是拉塞福對此並不知情。

射許多物質的結晶後，發現X光會產生繞射現象，證明了X光的波長與原子的大小約略相等，而且是一種類似於光線的電磁波。

波耳的理論

一九一三年，丹麥的波耳（一八八五～一九六二）發現氫的放射譜線是由於氫原子中的電子能階差異所造成的，證明了巴耳末與里德伯等人先前所推導的理論公式與實驗的結果一致。波耳更進一步地證明了用來描述行星運動的克卜勒第二定律也能用來描述電子的軌道。

波耳巧妙地結合愛因斯坦的光量子假說、湯姆生「光的頻率是由原子的振動所造成」，以及蒲朗克「物質會放出能量量子化的光」等想法，創造出他自己的原子模型。

放射性元素的蛻變

一九一三年，索迪和法揚斯觀察到當放射性元素釋放出 α 射線或 β 射線後會轉變成另一種元素，於是發現了當某元素的原子核釋放出一個 α 粒子時，會成為原子序減二，原子量減四的元素；而放出一個 β 粒子時則電荷會減一。這種元素釋放出 α 粒子產生原子量減四的新元素的過程就稱為「α 蛻變」。

一九一四年，法蘭克與赫茲把水銀放入真空管中進行放電實驗，偶然間證明了波耳的理論。這一年，拉塞福發現以電子撞擊氫原子後會產生質子，於是提出電子繞著由質子所形成的原子核旋轉的模型。一九三二年，查兌克進一步發現中子，使得原子模型更加地完備。

量子力學的誕生

一九二二年，康普頓（一八九二～一九六二）觀察到利用能量高，換言之即波長短的X光照射電子時，會將電子擊打出來。這個現象僅能用愛因斯坦所主張的X光為能量粒子的想法來加以說明。

一九二五年，達維生與革末觀察到電子在真空管內的鎳表面的散射情形類似於結晶所造成的X光反射（譯注：稱為電子衍射）。日本的菊池正士則在一九二八年時利用電子束照射雲母薄片，拍下了人類第一張電子波影像。

一九二四年，鮑利提出每種原子所能擁有的電子數目是固定的，而每個軌域中最多只能容納兩個電子。接著在一九二五年，荷蘭的烏倫別克與高茲密提出電子自旋以及電子自旋時具有自旋能的概念。這種自旋的概念是從鮑利的理論發展而來，在同一個軌域中只能各自容納一個右旋電子以及一個左旋電子。

同年，德國的海森堡（一九

〇一～一九七六）提出利用矩陣元素來對應電子能量狀態的矩陣力學。一九二六年，奧地利的薛丁格（一八八七～一九六一）推導出電子波的波動方程式，證明海森堡的矩陣力學與他的波動力學具有一對一的對應關係。後來這些力學被統稱為「量子力學」。換句話說，量子力學就是從解析原子中的電子運動而開始的。

發現中子後，俄羅斯的依瓦能可提出原子核是由質子與中子所組成的模型，但依然無法解釋 β 射線是從哪而來。後來義大利的費米（一九〇一～一九五四）提出電子會受原子核所吸引的想法，並由湯川秀樹（一九〇八～一九八一）所繼承。隨後在貝克勒爾確認 β 射線就是電子之後，各種基本粒子的存在也逐一地被發現。

測不準原理（假想實驗「薛丁格的貓」）

量子力學所探討的並不是必然發生的現象，而是在某些機率下會出現的現象。為說明這項特徵，薛丁格提出了一個情境來進行假想實驗：在一個箱子放入一隻貓、一個鐳原子以及一個氰化物的氣瓶，其中氣瓶的開關是由放射線偵測器所決定。

在某一固定的時間內，鐳衰變釋放出放射線打開氣瓶開關，造成貓死亡的機率為二分之一。然而在量子力學的概念下，這段時間內的貓既非死也不算活，在開關打開之前貓都處於半生半死的奇妙狀態（譯注：此實驗是薛丁格用以證明早期量子力學不夠完備的著名例子；用意在於凸顯量子力學的解釋與一般常識的衝突。原子核具有兩個量子疊加態，其中一個量子態的貓是活的，另一個量子態的貓則是死的，但在開箱之前並無從得知這個系統何時開始不再處於兩種不同狀態並存的量子態，而成為其中一個量子態，因此箱子裡的貓只能是半生半死的狀態）。

科學筆記　湯川秀樹曾經聽取源平會戰著名武將佐佐木高綱的孫子——佐佐木右八解說過冷氣機的運作原理。

原子結構模型

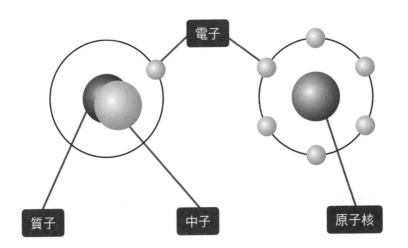

依瓦能可的氫原子模型

長岡半太郎的原子模型

電子

質子　中子　原子核

發現或預言主要基本粒子存在的人物

西元	基本粒子的名稱	發現者（預言者）
1897年	電子	湯姆生
1919年	質子	拉塞福
1928年	正電子	狄拉克（預言）
1932年	中子	查兌克
1935年	介子	湯川秀樹（預言）

牛頓的世界成為「古典」
愛因斯坦與其周遭

牛頓讓人們深信空間與時間絕對不會改變，但愛因斯坦證明了空間與時間並非絕對，徹底改變了物理學的風貌。

只管物理與數學的無聊神父

愛因斯坦（一八七九～一九五五）被認為是二十世紀最偉大的物理學家，然而年幼時的他並不是一般認為的乖孩子。少年時代的愛因斯坦無論做什麼事都會花上許多時間，因此被取了「無聊神父」這麼一個綽號。除此之外，愛因斯坦有時還會突然發怒或做些不自量力的事，但對於感興趣的事，他卻能夠精神集中地全心投入。愛因斯坦和愛迪生一樣患有注意力欠缺過動症，而遇到的問題也十分地類似。

愛因斯坦十二歲的時候，向父親的一位在醫學系唸書的友人借了一本通俗科學入門書《自然科學國民手冊》來看，結果深受影響。愛因斯坦曾經在自傳中寫到：「我對於宗教的熱烈信仰之所以會在十二歲時結束，就是因為讀了伯恩斯坦的書。」從此之後，愛因斯坦傾倒於自然科學的思想中，而將他的才能引導出來的，則是他擔任電工技師的伯父。愛因斯坦的伯父在教導他幾何學與代數學時，曾下了許多工夫幫助當時年紀還小的愛因斯坦能夠容易地理解。

愛因斯坦對於沒有興趣的事情就提不起勁來學習，十七歲時他進入蘇黎士高等工業學校的數學物理教師培育班就讀，但除了物理課與數學課以外他一律不出席，只向朋友借用講義來應付考試。由於他平時的表現就不佳，因此最後並沒有被錄用為教師，而是在朋友的幫助下，畢業兩年後才好不容易進入瑞士聯邦專利局工作。

當時由於專利申請的件數很少，所以工作時的空閒時間很多。在那段時間裡，愛因斯坦從專利的審查中培養出判別「具有獨創性與重要東西」的眼光，而發展出自己獨特的研究內容。就這樣在一九〇五年，愛因斯坦分別發表〈光量子假說〉，〈狹義相對論〉與〈布朗運動理論〉等三篇重要的論文，一躍成為頂尖的物理學家。

科學筆記 湯川秀樹訪問愛因斯坦時看到他的研究室中幾乎沒有任何書本，才驚訝地發現原來愛因斯坦幾乎不看書。

光量子假說

「由於光的波動性,使其無法在真空中傳遞。宇宙中的星光之所以能夠傳遞到地球,是因為宇宙中充滿了一種稱為乙太的物質。」這種想法是十九世紀以來的定論,當時認為「乙太」是一種充滿所有已知空間的物質,是一種傳遞光的媒介。但是邁克生與毛利的實驗顯示乙太並不存在,於是勞倫茲(一八五三~一九二八)等人嘗試提出理論來進行修正,以使乙太的存在不違反實驗的結果。

然而最後愛因斯坦提出光在真空中依然可以傳遞,而且速度為一定值的想法。而光之所以不需要乙太也能夠傳遞,則是因為光既是一種波動,也是一種粒子。

狹義相對論

愛因斯坦主張:「光是一種維持著不連續運動狀態的能量粒子,雖然光速不變的原因不明,但只要接受光速恆定原理,就可以從根本上來解釋宇宙中的各種現象」,這就是狹義相對論。狹義相對論認為「光速恆定並不是因為量測的誤差所造成,而是因為運動體的長度與其周圍的時間產生了伸縮」,徹底毀棄了牛頓力學中絕對不變的時空概念。

愛因斯坦的簡略年譜

1902年	於瑞士聯邦專利局任職
1905年	發表光量子假說、狹義相對論及布朗運動理論
1907年	發表等效原理
1911年	擔任布拉格大學教授
1912年	擔任瑞士聯邦工科大學教授
1914年	擔任柏林大學教授
1915年	發表廣義相對論
1916年	擔任德國物理學會會長
1921年	獲得諾貝爾物理獎
1933年	流亡至美國

廣義相對論

愛因斯坦藉由等效原理，即「在宇宙空間中，具有某質量的物體無論是朝哪個方向運動，只要進行的是加速度運動，都可以將其視為同時有兩股等同的力量作用在此物體上，一是與運動方向相同的重力（譯注：慣性力），一是與運動方向相反的重力（譯注：引力，此處表示慣性力與引力等價）。如此一來便可以利用引力來描述宇宙中的所有運動，建構起廣義相對論。

換句話說，愛因斯坦認為正是重力作用的關係造成空間的扭曲，而空間扭曲後，通過該空間的光也會隨之扭曲，這樣一來以做為光速測量時間基準的時間也會隨之改變。因此重力發生作用的場所（重力場）也就是「造成時空扭曲的場所」，愛因斯坦便利用數學式來表示這樣的概念。

四次元時空的世界

廣義相對論是由在四次元時空中、以曲率來表現因重力而扭曲之空間的「重力場方程式」，以及描述在此扭曲時空中物體運動狀態的「愛因斯坦運動方程式」所構成。四次元時空即所謂的四度空間，是在構成三度空間的 X 軸、Y 軸、Z 軸之外，再加上時間軸 T 軸的世界。

然而這是一個無論用什麼方法都無法簡單地以圖示來表達的複雜世界。過去以歐幾里德平面幾何學為基礎的數學，並無法用來描述這樣的空間及其扭曲的情形。

當時愛因斯坦是因為接觸到德國數學家黎曼所提出、能夠用來描述任何曲面或彎曲空間的新興幾何學（即黎曼幾何），才得以完成他的廣義相對論。

黑洞的發現

一九一六年，德國天文學家史瓦茲（一八七三～一九一六）在求解重力場方程式時有了一個驚人發現，他將此發現告訴愛因斯坦。根據史瓦茲的發現，宇宙中可能存在一種極為強大的重力場，這種重力場會將包含光在內的所有物質都吸進去，是一個極度壓縮的空間，而時間在其中則是以非常緩慢的速度流動。

這種空間被命名為黑洞，如今我們已經知道黑洞確實存在於宇宙當中，而廣義相對論的適用範圍更是從微小的電子或原子一直延伸到遼闊的宇宙。

 科學筆記　在愛因斯坦的成就當中，最為著名的就是「相對論」，然而他卻是以「光電效應理論」獲得諾貝爾獎。

愛因斯坦的功與過

功

狹義相對論與廣義相對論

光電效應與光量子假說

布朗運動理論與其他眾多成就

過

向羅斯福總統建議製造原子彈

後與羅素一同發表反核武宣言

生命以數位形式向未來傳遞資訊
生物學的發展

在達爾文之後,進化論以更嚴密的科學成果為基礎進行了修正,而這個基礎就是遺傳學。

遺傳學與進化論

孟德爾(一八二二~一八八四)在修道院中進行碗豆的雜交實驗,後於一八六五年發現了遺傳定律(孟德爾定律)。然而由於孟德爾定律的內容太過創新,因此並未引起當時生物學界的重視。一直到一九○○年,荷蘭植物學家德弗里斯(一八四八~一九三五)等人再次發現孟德爾的報告,才讓他的理論廣泛地為世人所接受。

遺傳學中研究生物族群的遺傳組成、以及決定其遺傳因子的領域稱為族群遺傳學。費雪(譯注:英國學者,現代統計學鼻祖)(一八九○~一九六二)與霍爾登(譯注:英國遺傳學家、生物學家)(一八九二~一九六四)等人藉由生物統計學等數學方法,結合孟德爾定律與達爾文的物競天擇說,在一九三○年代建立起族群生物學的理論基礎。

以族群遺傳學為基礎,並以物競天擇說為主軸的新達爾文主義,進一步地展開了進化的研究。而木村資生(一九二四~一九九四)等人則提出分子生物學觀點的進化論,與新達爾文主義者展開激烈論戰。無論如何,分子生物學與遺傳學的進步,使得人類得以計算生物進化所需的時間,此外加上新假說的出現,讓進化論在二十世紀時有了大幅的進步。

分子生物學的獨立

西元二十世紀初以孟德爾定律的再發現為契機,再加上遺傳因子、突變等概念,以及族群遺傳學的進步,使得人們開始把焦點放在生命的基本資訊單位——遺傳因子的重要性上。

美國遺傳學家摩根(一八六六~一九四五)證實了遺傳因子的存在,而艾弗里(一八七七~一九五五)則發現遺傳因子的本體為「DNA」(譯注:去氧核糖核酸,Deoxyribonucleic acid的簡稱)。一九五三年,華生與克立克進一步解開DNA的構造與其複製結構之

科學筆記

費雪自幼體弱多病且患有弱視,雖然他因此無法上學而在家接受家庭教師教導,但卻是一個想像力豐富的天才少年。

謎，使得分子生物學真正地成為一門獨立學科。

蛋白質在一九三〇年代開始受到廣泛的研究，研究蛋白質的代表人物包括有發現胰島素、並確立基因工程基礎研究方法的加拿大醫師班廷（一八九一～一九四一），以及發現病毒是一種核蛋白的美國生物化學家史坦利（一九〇四～一九七一）等人。

德國學者戴爾布魯克（一九〇六～一九八一）則是從遺傳學的觀點來研究噬菌體（會侵害細菌的病毒），奠定了分子生物學的基礎。而這些研究成果不斷累積，促進了生物學的發展。

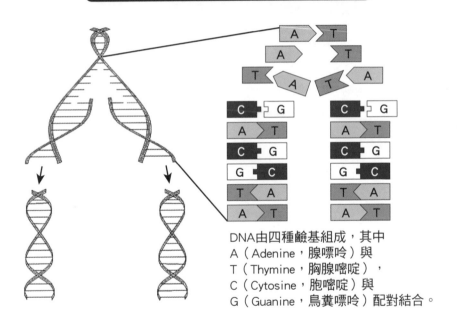

DNA是自然中的終極數位資訊

DNA由四種鹼基組成，其中
A（Adenine，腺嘌呤）與
T（Thymine，胸腺嘧啶），
C（Cytosine，胞嘧啶）與
G（Guanine，鳥糞嘌呤）配對結合。

身體構造與內臟的運作方式——被解明
生理學的進展

西元十九世紀至二十世紀初，醫學的各個領域，特別是生理學領域有
了劃時代的進展。

條件反射

一講到條件反射，許多人的腦子裡就會立刻浮現巴夫洛夫這個名字。

俄國的巴夫洛夫（一八四九～一九三六）曾向原素週期表發明者門得列夫（一八三四～一九〇七）學習化學，後來又跟隨發現化合物是結構相異的化學異構物（譯注：指化學組成〔分子式〕相同但結構不同，或結構雖相同但空間排列不同之化合物。例如乙醇〔CH$_3$OH〕與甲醚〔CH$_3$-O-CH$_3$〕即為彼此的化學異構物）的布特列洛夫（一八二八～一八八六）學習有機化學。

巴夫洛夫是在留學德國之後，才開始向研究血液循環的生理學家路德維（一八一六～一八九五）學習生理學。同時，在一八七〇年代到一八八〇年代之間，巴夫洛夫不斷地磨練外科醫術，並且在對犬隻進行外科處理的實驗中，發現動物在攝食時血壓幾乎不會改變的事實，同時還發現了控制心臟律動

的神經。一八九〇年代，巴夫洛夫的研究方向轉向消化器官，分別在一八八八年及一八八九年時發現了胰臟及胃液的分泌神經。一九〇四年，巴夫洛夫因為在消化器官研究上的傑出成就，獲得了諾貝爾生理學與醫學獎。

巴夫洛夫在研究中注意到犬隻看到食物時會分泌唾液，只聽到鈴聲時並不會分泌唾液。於是他開始重覆先讓犬隻聽到鈴聲再給予食物的步驟，最後發現犬隻即使只聽到鈴聲也會開始分泌唾液的事實。

巴夫洛夫把這種藉由重覆給予特定條件以引起生理反應的程序稱為「學習」，而學習後所產生的反應則稱為「條件反射」。巴夫洛夫的後半生幾乎都投注在條件反射的研究上，後來他證明了條件反射不僅適用於動物，在人類身上也可以成立。美國心理學家約翰·華生（一八七八～一九五八）更認為條件反射也可以用來培育人類的學問及品行，而開創出行動主義心理學

科學筆記　雖然巴夫洛夫反對共產主義，但因為他傑出的成就，蘇聯政府允許他繼續自由的研究生活。

244

理論。

肌肉收縮化學

德國的邁爾霍夫（一八八四～一九五一）在大學學習哲學時，因開始思考「生命是什麼？精神又是什麼？」這類的問題而踏入醫學的領域。邁爾霍夫從朋友華堡（一八八三～一九七〇）那裡了解到實驗的驗證對於自然科學的重要性，於是與華堡一同利用海膽卵來進行呼吸實驗，從中學習到各式各樣的實驗技術。

邁爾霍夫的研究之所以能有進一步的發展，是由於法國生理學家伯納德（一八一三～一八七八）與英國生化學家霍普金斯（一八六一～一九四九）的發現。伯納德發現肝臟中含有大量的肝醣；霍普金斯則發現運動中的肌肉會蓄積大量的乳酸。

邁爾霍夫利用青蛙的肌肉重覆進行實驗後發現，肌肉在收縮時所失去的肝醣與蓄積的乳酸量成正比。繼而發現運動會消耗氧氣，使得部分的乳酸繼續氧化。

藉由微小的熱電偶（譯注：焊接兩不同金屬絲所形成的一封閉迴路，溫度

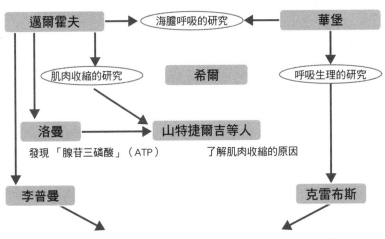

邁爾霍夫的成就

邁爾霍夫　→　海膽呼吸的研究　←　華堡

邁爾霍夫　→　肌肉收縮的研究　　希爾　　呼吸生理的研究

洛曼　→　山特捷爾吉等人

發現「腺苷三磷酸」（ATP）　　了解肌肉收縮的原因

李普曼　　　　　　　　　　克雷布斯

「腺苷三磷酸」（ATP）是由呼吸所形成的結構

改變時會造成金屬中的自由電子運動而產生電位差，以此來測量溫度）研究肌肉的運動與發熱之間關係的英國生理學家希爾（一八八六～一九七七）也支持邁爾霍夫的研究。這些研究讓邁爾霍夫與希爾一同獲得一九二二年的諾貝爾生理學與醫學獎。

邁爾霍夫的影響

邁爾霍夫的研究為許多的後繼者所繼承。首先是洛曼（一八九八～一九七八）在邁爾霍夫的指導下於一九二八年發現了腺苷三磷酸（ATP）（譯注：ATP是一種高能量的磷酸鹽化合物，在生物體中擔任能量的運儲者，負責在儲存與釋放能量的代謝反應中傳遞能量，又被稱為生物體的能量貨幣）。

邁爾霍夫的友人華堡則是在細胞呼吸作用的研究上有所進展，發現氧是由血紅素所運送，以及細胞內的細胞色素會將氧活化（譯注：將氧還原為超氧離子O_2^-），因而獲得一九三一年的諾貝爾生理學與醫學獎。

而邁爾霍夫的弟子李普曼與華堡的弟子克雷布斯更解開了呼吸的生化學機制之謎，發現呼吸作用產生「腺苷三磷酸」（ATP）的過程。

雖然邁爾霍夫一派的學者，由於納粹活躍與第二次世界大戰爆發而紛紛流亡美國，但是在歐洲，這方面的研究依然持續不輟。一九三九年，蘇聯的恩格爾哈特夫婦發現組成肌肉纖維的肌球蛋白。此外，發現維他命E的匈牙利科學家山特捷爾吉與其弟子也發現，肌肉收縮是由於含有肌球蛋白的腺甘三磷酸在另一種組成肌肉纖維的肌動蛋白上發生作用所引起的。

大腦生理學

除了肌肉纖維之外，神經纖維反應的相關研究也有所進展。德國生理學家兼物理學家赫姆霍茲（一八二一～一八九四）在一八五二年利用青蛙的肌肉與神經標本測量出神經的傳導速度。他發現電流在神經中的傳導速度比在導線中慢，因此認為其中應該牽涉到化學反應。隨後謝靈頓（一八五七～一九五二）建立起神經生理學，並於一八九四年發現分布於肌肉中的神經纖維裡，大約有三分之一到二分之一能夠將感覺傳送到大腦。

義大利的高爾基（一八四四～一九二六）發明了一種使用銀離子的特殊染色方法來觀察腦與脊髓的

 科學筆記　潘菲德雖然發現「大腦皮質」這個用來儲存記憶的區域，但他也表示人類並無法任意地讓所有的記憶再生。

神經組織，詳細地研究神經細胞與神經組織的構造。西班牙的卡霍爾（一八五二～一九三四）則發現神經細胞，以及神經細胞間一種稱為「突觸」的構造。高爾基發現資訊正是藉由突觸間的化學反應來傳遞，證明了赫姆霍茲的想法是正確的。

法國的外科醫師布洛卡（一八二四～一八八〇）首先發現當大腦的某個區域受到損傷時，就會發生語言障礙。於是後來美國的腦外科醫師潘菲德（一八九一～一九七六）便以電極來刺激人類的大腦皮質，製作出對應各種機能的大腦地圖。

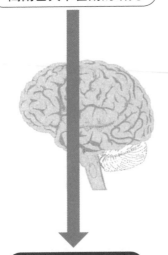

大腦生理學的出現

建立大腦生理學的基礎
高爾基與卡霍爾的研究

臨床大腦生理學
布洛卡與潘菲德

生物體構造一一被解明，確立了今日的病理學風貌
醫學上各領域的進步
荷爾蒙、維他命與免疫等概念於西元二十世紀初出現。

內分泌學的進步

進入二十世紀之後，不僅是生理學，醫學其他各領域也都有相當大的進展。貝利斯（一八六〇～一九二四）與史達靈（一八六六～一九二七）發現十二指腸所分泌的胰泌素，建構起荷爾蒙的概念。史達靈還曾經發現血管與組織間的液態交換機制，並於一八九六年發表微血管為一種半透膜的假說，而這些理論也一直沿用到今日。

美國的生理與神經學家坎農（一八七一～一九四五）開發出使用「鋇」的消化道造影檢查，並建構起「生理恆定」的概念。坎農認為生物天生就擁有將體內機能與成分維持在一定狀態的能力。隨後的許多研究證明了坎農的理論是正確的，而生物體內的各種機制也因此受到廣泛研究。

塞爾葉（一九〇七～一九八二）提出胃潰瘍是由壓力所引起的「壓力理論」，他認為累積的壓力會造成生理恆定出現問題，並以實驗證明壓力的確會引發各式各樣的疾病。

美國數學家維納以控制論來說明維持生理恆定所需的生物體回饋控制機制概念，促進了人們對於生理恆定的了解。其他許多數學家與化學家也參與醫學與生理學的相關研究，因而出現了醫學工程這樣的研究領域。

維他命的研究

自從十九世紀時發現疾病是由細菌所引起之後，這樣的認識到了二十世紀時依然十分地具有影響力，並形成只有細菌才會引起疾病的觀念。在這段時間裡，雖然沃以特（一八三一～一九〇八）與魯布納（一八五四～一九三二）所進行的能量代謝與營養素等相關研究是營養學的中心，但終於也開始有研究觸及營養素對於人體所帶來的影響。

十九世紀末，高木兼寬證實食用麵食可以預防腳氣病，這是以白米為主食的日本的國民病；荷蘭

科學筆記 明治時期的日本海軍曾利用麵食成功預防了腳氣病，但陸軍堅信腳氣病是由病原菌所引起，造成中日甲午戰爭與日俄戰爭時許多士兵都罹患了腳氣病。

的艾克曼則在一八九七年發現在飼料中添加米糠可以用來治療雞隻的末梢神經炎。透過這些研究，英國的霍普金斯提出一個概念，表示除了蛋白質、脂肪與碳水化合物等三大營養素之外，健康的身體還需要有「食物附屬要素」，而鈴木梅太郎也在一九一一年時提出「新營養素」的概念。一九一二年，波蘭的生化學家馮克將這種營養素命名為「維他命」，而各式各樣的維他命也在日後陸續被發現。

病理學的變遷

二十世紀前半，德國延續自十九世紀以來在病理學上的領先地位。阿孝夫（一八六六～一九四二）與田原淳等人一同解開調節心臟運作的刺激傳導系統之機制，之後更與清野謙次等人合作研究與免疫機能相關的網狀內皮系統。皮爾凱（一八七四～一九二九）研究過敏反應與慢性炎症病變在體內不同部分所引發的病程變化。修克（一八八二～

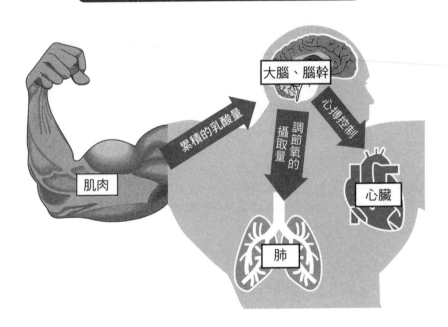

控制論的生物體回饋控制機制

大腦、腦幹

累積的乳酸量

調節氧的攝取量

心搏控制

肌肉

心臟

肺

一九六二）則以歌德的形態學思想做為病理學的基礎，利用肉眼的病理解剖與顯微鏡來研究病理組織的形態學。

由於受到生物學上「生物體是綜合許多個別要素所形成的存在」這種想法的影響，病理學融合了解剖學、生理學、遺傳學，以及各種臨床醫學，發展出「病態生理學」。也就是說，從以往僅就發病部位加以探討的病理學進化為綜觀全身的病理學。即使到了今天，這樣的想法依然是醫學的基本態度。

與傳染病的戰鬥

在細菌學方面，尋求能夠對付細菌的藥物成為最主要的課題。一九一〇年，艾利希（一八五四～一九一五）與秦佐八郎成功地針對梅毒螺旋體開發出灑爾佛散（譯注：又稱胂凡鈉明，梅毒特效藥），開啟了化學治療的紀元，各式各樣的新藥也逐一地被開發出來。

一九二九年，英國的佛萊明（一八八一～一九五五）發現青黴菌會製造出一種阻礙黃色葡萄球菌生長的物質，於是他花了十年的歲月，終於成功地萃取出盤尼西林（譯注：或稱青黴素）。此外，德國細菌學家杜馬克在一九三二年發現一種紅色染料的磺胺藥物可以用來治療鏈球菌所引發的感染，並大量地合成出其中的有效物質磺胺。

除了這些進展之外，病毒方面的研究也不斷地進步。一八九八年，荷蘭的貝傑林克發現菸草花葉病的致病原是一種比細菌還小的微生物，並且將這種微生物命名為「病毒」。

其後黃熱病、狂犬病與牛痘等由病毒感染所引起的疾病也紛紛地被發現。

免疫學的發展

二十世紀初期時，人們認為所謂的免疫就是身體對感染的抵抗力。然而在一八八四年，梅契尼科夫發現巨噬細胞在免疫反應中的角色，因而認識到免疫可以區分為借助抗體的體液免疫，以及使用細胞的細胞免疫。一八九〇年德國細菌學家貝林與北里柴三郎（一八五三～一九三一）發現了血清中的抗毒素，使得免疫反應成為一種新的診斷方法。一九〇六年瓦色曼確立了梅毒血清反應；一九〇八年，結核菌素反應成為結核病的診斷方法，而斑疹傷寒與結核病的疫苗也隨之登場。一九三〇年代電子顯微鏡出現後，黃熱病、流行性

科學筆記　艾因托芬在一九〇二年時發表心電圖，再加上田原淳解開了刺激傳導系統的運作機制，使得心臟研究受到廣泛的注目。

感冒與脊髓灰質炎的疫苗也陸續被開發出來。

外科的進步

　　十九世紀後半開始，內科與外科之間的對立成為過眼雲煙。隨著二十世紀時麻醉方法的進步，外科醫師也開始挑戰消化器官與肺臟、心臟、腦部的手術。而結核病的化學治療方法被開發出來之後，肺葉切除術的治療成效顯著提升，手術也開始被運用在肺癌的治療上。

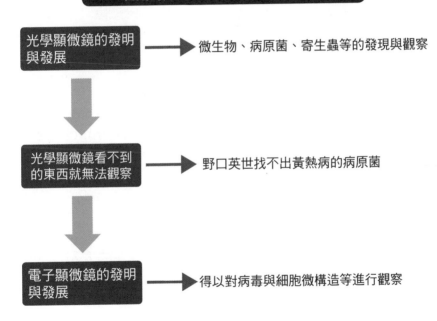

觀察技術的進步帶來新發現

光學顯微鏡的發明與發展　➤　微生物、病原菌、寄生蟲等的發現與觀察

光學顯微鏡看不到的東西就無法觀察　➤　野口英世找不出黃熱病的病原菌

電子顯微鏡的發明與發展　➤　得以對病毒與細胞微構造等進行觀察

過去所累積的基礎研究成果同時在應用技術上開花結果
實現夢想的工程師們

西元十九世紀末到二十世紀之間，許多的工程師向開發新技術的夢想進行挑戰。

電波的出現

一八七六年，貝爾製作出電話機，翌年經過愛迪生的改良之後迅速地普及開來。

發現電與磁產生交互作用時會發出電磁波的義大利物理學家馬可尼，在一八九六年發明了無線通訊技術，並使用在船舶間的通訊上。日本的海軍技師木村磯吉與松代松之助注意到馬可尼的發明，於是自行製作出無線裝置，運用於一九〇五年的日本海海戰。無線通訊技術也因為其在軍事上的價值而持續地受到研究。

一九〇四年，佛萊明發明二極真空管，佛勒斯特隨之在一九〇七年製作出接收訊號能力更強的三極真空管。早期的無線通訊，只要擁有裝設了這些元件的設備，任何人都能夠接收到訊號，也就是一種無線電廣播。而最早開始進行廣播的是一九二〇年的美國匹茲堡，日本則是在一九二五年時設立廣播電台。

飛機的發展

十八世紀到十九世紀間，熱汽球與滑翔機陸續被開發出來；一九〇三年，萊特兄弟製作出擁有發動機的飛機，飛向天際。之後在一九〇六年，堅固輕巧的硬鋁合金被開發出來，更加速了飛機的發展。

電視的出現

一九二六年貝爾德發明電視，兩年後英國國營電台BBC開始進行實驗性的播送。一開始的影像畫質非常地糟糕，直到一九三三年陰極射線管被用在電視上之後，畫質才有所改善。

陰極射線管最早是一八九七年時所開發、藉由讓電子束打在玻璃管上以發出螢光的裝置，後來經過許多改良才成為今日所見的樣子。

汽車的歷史

今日我們所使用的汽油汽車是在十九世紀末時所發明的。一八八六年時，德國的賓士與戴姆

科學
筆記　　一八三九年時達蓋爾發明銀版照相，並很快地在一八四〇年時傳到日本。

勒分別開發出汽車，開啟了近代汽車的時代。

之後在一八九六年，美國的杜里埃兄弟設立「杜里埃自動馬車公司」，開始從事汽車的商業生產。一九〇三年，福特成立「福特汽車公司」，利用輸送帶構築起量產的系統。

福特的量產系統破壞了以往的經濟體系，創造出「大量生產」、「大量消費」的新經濟體系。可以說，整個二十世紀的經濟便是因為汽車而改變。

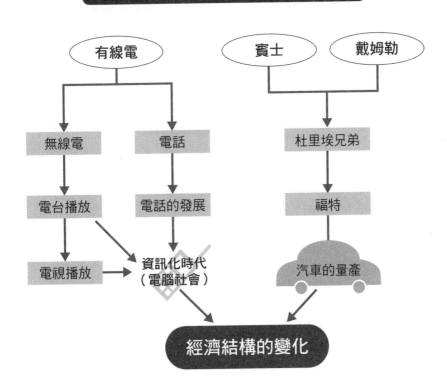

通訊與汽車的發展

有線電　　賓士　　戴姆勒

無線電　　電話　　杜里埃兄弟

電台播放　電話的發展　福特

電視播放　資訊化時代（電腦社會）　汽車的量產

經濟結構的變化

科學終於開始挑戰宇宙實體與宇宙誕生的瞬間
地球科學與宇宙論

把數學、物理學、探究地球這顆行星的地球科學以及天文學結合在一起的宇宙論，在十九世紀到二十世紀之間非常地發達。

為地球科學上做出貢獻的人們

田中館愛橘（一八五六～一九五二）就讀東京大學時，在美國物理學家與氣象學家門登霍爾的指導下開始從事重力的觀測與地磁的量測。田中館愛橘後來發現尾根谷斷層，並觀測經緯度等，奠定了日本的地球科學基礎。

韋格納（一八八〇～一九三〇）曾經到世界各地探險，提出了大陸漂移說。由於當初他提出理論的根據是海岸線的型態，因而曾經遭遇眾多批評，但後來他注意到古生物的分布也可以用來證明他的大陸漂移說。到了今天，我們已經知道覆蓋在地球表面上的板塊的確會隨著地函（譯注：由半熔融狀態的岩石所組成，介於地殼與地核之間）的對流持續地進行移動。

中谷宇吉郎（一九〇〇～一九六二）曾拍攝過大約三千張雪的結晶照片，嘗試著利用科學方法來分析雪，成功地以人工製造出許多存在於自然界中的雪與霜的結晶。此外，他還成功地建構起透過雪的結晶型態來推斷上空氣象狀態的理論基礎。

宇宙論的發展

提出廣義相對論的愛因斯坦以此理論為基礎進行宇宙研究。愛因斯坦認為宇宙雖然會有部分變化，但整體而言是靜止的，既不膨脹也不收縮。不過俄國的弗里德曼（一八八八～一九二五）對愛因斯坦的說法抱持懷疑態度，提出了宇宙密度會不斷改變的宇宙模型。

後來，隨著量測地球與星系間距離方法的進步，探討影響星系散發出來的光線顏色與光譜的相關研究也有所進展。於是科學家發現當星系距離地球愈遠時，其遠離地球的速度也會愈快。

哈伯（一八八九～一九五三）等人便以這些研究結果為基礎，於一九二九年提出宇宙膨脹理論。不過後來桑德奇與巴德發現，根據哈伯的計算方法，所得到的宇宙將會

科學筆記　田中館愛橘為促進日語的國際化而提倡使用羅馬拼音，並曾撰寫多本啟蒙書籍。

遠比實際上的來得大。

那麼宇宙究竟是在什麼時候出現？是如何誕生？又是從什麼時候開始膨脹的呢？一九三三年時勒梅特（一八九四～一九六六）提出新理論，表示宇宙在最初只是個宇宙原子，當它依循和放射性元素一樣的程序發生衰變時，宇宙就隨之誕生並開始不斷地膨脹。而加莫夫（一九〇四～一九六八）則在一九四七年進一步地提出宇宙原子是一個中子團，宇宙就是在這個中子團爆炸、膨脹之後才產生的大霹靂宇宙論。這個理論後來在宇宙論的世界裡掀起巨大的漣漪。

大霹靂宇宙論出現前的各種宇宙論

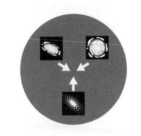

封閉宇宙模型

宇宙最後會變成黑洞

靜止宇宙模型

宇宙是靜止或略微膨脹的

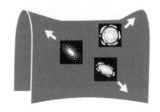

膨脹宇宙模型

宇宙不斷地在膨脹

天才的成長

自古以來就有許多像是「白檀從發芽開始便散發出香味」、「瓜藤上長不出茄子」等述說天才乃是與生俱來的諺語。

然而翻閱歷史上有關天才的紀錄可以發現，事實並不見得如此。舉例來說，愛迪生與愛因斯坦在少年時期都曾經是有學習障礙的過動兒，長大之後才成為留名青史的天才。

牛頓的天分雖然被認為是與生俱來的，但當他還在襁褓中時母親便離開他，在祖母的照顧下養成任性的性格，後來只要他一掌握到權力，便會露骨地表現出兇暴的個性。牛頓的弟子巴斯卡也是在只有父親的家庭中成長，在龐大的家庭壓力之下，他藉由信仰來掩飾扭曲的性格。

成長過程中從來不曾享受過母愛的羅素也有許多麻煩的女性問題。羅素因厭惡嚴厲的祖母，同時憧憬母親的溫暖，於是陷入不斷地與優秀女性邂逅、戀愛的輪迴中。羅素是歷史上結婚和離婚次數最多的教育家與哲學家，他曾經為了賺錢支付離婚的贍養費，而留下大量的著作。

以「藍色狂想曲」廣為人知的天才鋼琴師與作曲家蓋希文從小就體弱多病且神經質，他無法和其他的孩子玩在一起，鋼琴就是他唯一的朋友。也因為如此，蓋希文才成為一個感受力極強的人，而得以寫出如此纖細的樂曲。

但無論如何，不管哪個天才都是在成長過程中塑造出其獨特的人格，與一般人相比並沒有太大的不同。

第9章

二十世紀的
戰爭副產物

	西元	
第一次世界大戰	1905	日本海海戰時日本首次將無線電應用於戰爭中
中日戰爭爆發	1914～1918	德國在戰場中使用毒氣
第二次世界大戰爆發	1937	
珍珠港事變，美國參戰	1938	發現核分裂連鎖反應
	1939	德國成功地開發出世界上最早的噴射機
第二次世界大戰結束	1941	德國開發出航空用電腦
	1945	於廣島與長崎引爆原子彈
	1946	計算彈道用的世界最早的電子式數值積分計算機（ENIAC）誕生
	1957	蘇聯將史潑尼克一號及二號衛星送上地球軌道
	1958	美國發射人造衛星探險家一號進入地球軌道
越戰	1960～1975	
	1969	展開稱為「ARPANET」的網路開發計畫
	1972	電子郵件實用化

無線技術

日本海軍在一九三三年時曾達到世界最強的水準

無線技術

自古以來，科學力量就是決定戰爭勝負的重要因素之一，電機工程也是其中的一環。

讓世界為之震驚的日本

進入明治時代後，在與世界相比之下，日本很快地就了解到自己在各種領域都極端落後。

於是，日本派遣了岩倉使節團等調查團到世界各國，努力吸取歐美各國的文化，並從中了解到歐美列強之所以能擴張殖民地、增強經濟力，乃是基於其先進科學的背景，因此下定決心要藉由科學的力量組建近代化的軍隊。

日本除了從德國等歐美各國高薪招聘優秀的科學家之外，還將優秀的學生集合起來實施集中教育。西元一八七二年（明治五年），陸軍軍事學校於神奈川縣高座郡的相模原村字淵野邊成立，當中設立了火工科（火藥的研究、應用化學、火藥爆藥的貯藏管理、彈藥火具等）、技工科（軍用皮革具的研究、革、麻製武器的製造、眼鏡修理木工技術、陸軍道路與鐵路橋樑製造修理、地形測量等）、鍛工科（步兵砲、大砲等各種火砲的

研究與修理製造，以及輕機關槍、步槍、手槍、軍刀等的研究修理製造）、電工科（電機工程的研究與有線電、無線電的操作及修理）、以及機工科（戰車、汽車、飛機的發動機等的操作及研究）等各科，以培養戰爭中所需的各種科學技術人員。

此外，帝國大學在培育科學家方面也有所進展，早在一八九四年時，明治政府就以已無學習價值為由解雇了多數的外籍教師，將他們遣送回國。同年，中日甲午戰爭爆發，由於日本在此次戰爭中取得勝利，歐美各國才初次注意到日本的進步。

一九○四年日俄戰爭爆發後，日本海軍將無線電搭載於戰艦上，於對馬海峽迎擊俄羅斯的主力艦隊（一九○五年）。當時仍以旗語做為戰艦間通訊的俄羅斯，因此不敵藉由無線電而得以迅速展開攻勢的日本海軍。日本以出乎各國預料之外的長射程艦砲與史上首次將無線

科學筆記 身為猶太人的愛因斯坦曾經認為應該要把原子彈投到德國，但後來並沒有實現。

電應用於戰爭中的科學技術能力震驚了全世界，也促使歐美各國擴大了軍事的擴充與競爭。

無線工程的進步

隨著真空管的改良等相關研究的進展，一九一五年時四極真空管在德國商品化，同年，哈特萊也發明了哈特萊振盪器。隨後無線電話很快地出現，日本也在一九一七年開始使用真空管式的無線電話。

一九二四年，照片的電傳實驗成功；一九二五年日本開始播送廣播，德國也成功地進行了立體聲收音機的實驗。一九三三年，阿姆斯壯發明了FM調頻方式，同年電視的設計也更加實用化。

然而，在歷經多次的戰爭之後，無線工程也同時被運來用來發展密碼通訊、雷達與反雷達裝置、飛彈導引系統等高科技武器。

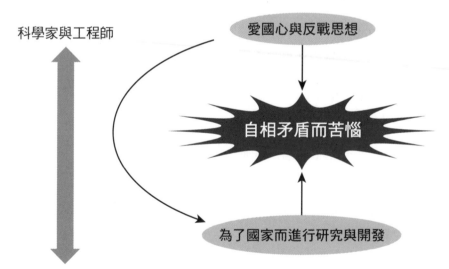

近代戰爭與科學的關係

科學家與工程師

愛國心與反戰思想

自相矛盾而苦惱

為了國家而進行研究與開發

國家：投資科學與技術開發，有時會採取強制手段。

戰爭促進了電腦的誕生與技術的進步
通訊工程

為了在戰爭中贏得勝利，各國皆必須收集並分析敵方的情報，以擬定能確實殲滅敵人的戰術，科學技術也因此派上了用場。

電腦的起源

一八〇一年，傑卡德開發出利用打孔卡片編織出預設花樣的織布機，巴貝奇便根據這項發明在一八三三年時想出了一種藉由打洞卡片來控制機器運作的自動計算機。在卡上打洞就如同於今日的程式編寫，而這種計算機也可以說是機械式電腦的原型。

世界最早的電腦

一九三〇年代，從事分子模擬研究、而苦於無法解決龐大計算量的物理學家毛奇利（一九〇七～一九八〇）開始嘗試電子計算機的製作。

一九三九年歐洲爆發第二次世界大戰，當時並未參戰的美國為準備將來可能發生的戰爭，便在毛奇利任教的賓州大學開設了電機工程的相關課程，原因正是美國認為電機工程對戰爭來說是不可或缺的技術。

為了製作計算機，毛奇利也參與了賓州大學的電機工程課程，當時美國陸軍正四處尋求能快速計算出彈道的技術，在得知毛奇利的研究計畫之後，於一九四二年採用了他的計畫書，世界上第一部計算機便是為了計算彈道而發展出來。

一九四五年第二次世界大戰結束後，毛奇利的這個計畫仍然持續進行，並於翌年完成了電子計算機「電子式數值積分計算機（ENIAC）」。不過當時的電子計算機，也就是現在所說的電腦缺乏通用性，必須針對不同的用途來進行設計。

在這之前，馮諾曼（一九〇三～一九五七）於一九四二年時想出了將程式自機器中獨立出來，以資料型態由外部提供並內儲於機器中來執行程式的方式，也就是內儲程式的概念。一九四九年以後，英國和美國分別開發出將馮諾曼的想法具體實現的電腦，而這種電腦即稱為馮諾曼式電腦。電腦和古今東西方許多科學技術一樣，主要都是

科學筆記　資訊科學之父夏農把他的老師維納當做神一般的天才崇拜，此外維納也因奇特的作風留下許多著名的事蹟。

因為軍事目的而開發出來的。

冷戰與通訊工程

　　一九五〇年代，大學與研究機構開始利用電腦來從事資訊的收集與管理，而在專門研究電腦的資訊科學家的努力之下，電腦的性能也逐漸地提升。

　　不久，美蘇冷戰時代來臨。冷戰可以稱為資訊戰爭的新型態戰爭，為了在這樣的戰爭中取得優勢，美蘇雙方都必須提高資訊收集、資訊分析以及資訊管理的能力。於是，通訊工程的技術也隨著

電腦的進步持續提升，以下將介紹兩位奠定通訊工程基礎的科學家。

　　一九四八年，維納（一八九四～一九六四）注意到電腦與人腦在運作方式上的相似性，發現電腦和人在做出動作的過程中，都具有藉由被傳送至人腦或電腦中樞內的各種資訊來修正動作的回饋機制。而夏農（一九一六～二〇〇一）便以維納的理論為基礎，從事與通訊工程相關的資訊產生與取得的研究。夏農將通訊的過程區分為將資訊符號化的「傳送過程」以及將符號復原的「接收過程」，利用數學手

■ 電子式數值積分計算機（ENIAC）（圖左）
　與機械式計算機的原型──納皮爾算籌（1617）

法建構了修正通訊過程中所發生錯誤的基礎理論，並在一九四八年時將「位元」定義為資訊量的基本單位。夏農的理論因此成為現代通訊工程的基礎。

電腦與電腦之間的通訊

隨著電話迴路的普及，美國國防部將各軍事設施的電腦以電話迴路連接起來，建構了通訊網，成為全世界最早的電腦通訊。然而電話迴路有一項缺點，一旦電話公司的迴路中心發生故障，即使分公司的迴路機器仍然正常運作，依然會造成通訊的中斷，而電信網路就是為了彌補這樣的缺陷所提出來的方法。藉由將電信網路的中繼點發散成網狀，便可在事故發生或故障時，經由迂迴的路徑傳遞資訊，以避免通訊中斷。

一九六九年，美國國防部展開了「ARPANET」的網路開發計畫（譯注：Advanced Research Projects Agency Network的簡稱，為一九六〇年代末期美國國防部高等研究計畫署利用「封包交換」與「分散式網路」技術所建構的實驗網路），這也就是今日網際網路的前身。

通訊協定的世界標準

以電腦為首的資訊設備之間進行通訊時所須遵守的準則稱為「通訊協定」，通訊工程便是以這些協定為基礎來進行。通訊協定的開端始於ARPANET，而為傳遞資料所開發出的通訊協定則是「網際網路通訊協定」（IP）。

不把資訊集中管理，而是平均地分散到網路各處以確保安全性，這種自律性分散的系統就是ARPANET與網際網路的最大特徵。換句話說，網際網路上並不存在某個做為中心的特別設施。雖然這樣的特色似乎不太符合軍隊的需求，但一九七二年最早的電子郵件實用化之後，一九八〇年時網際網路通訊協定便成為美國國防部的標準，隨後也被沿用為世界的標準。

科學筆記 一九五〇年代，美國國防部開始利用電腦來管理士兵及武器庫存，這也就是資料庫的起源。

通訊工程的基礎理論

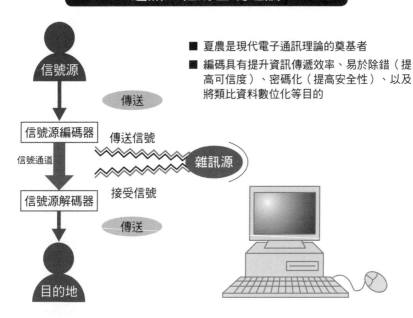

- 夏農是現代電子通訊理論的奠基者
- 編碼具有提升資訊傳遞效率、易於除錯（提高可信度）、密碼化（提高安全性）、以及將類比資料數位化等目的

信號源	產生傳送資訊的來源，例如人。
信號源編碼器	將資訊轉換成通道可正確接收的格式後再送出的裝置。
信號通道	發送訊號實際上所通過的傳送媒體，有線媒體如光纖等，無線媒體如空間等。
信號源解碼器	接收因雜音或失真而改變的訊號，再將其復原成原本訊號的裝置。
目的地	接受訊號的人或機器裝置。
雜源	在通道中造成傳送訊號與接收訊號間差異的雜訊或失真源。

資訊被數學家隱藏了起來
由數學發展出的密碼學

純粹科學中最為極端的數學竟然會被應用到彈道計算以外的地方，恐怕連數學家自己都沒有料到。

一無所知的數學家

英國數學家哈代在一九四〇年出版的《數學家的辯白》一書中明白地說道：「真正的數學，不會帶給戰爭任何的影響。」他認為純粹的數學家，應該是願意為追求自然之美與秩序等藝術般的活動而奉獻生命的純潔之人。

然而在一九三八年，哈代優秀的弟子在英國政府的命令下開始從事軍事相關的研究，由於該項計畫非常重要，因此他們也被要求必須對哈代保密。不過，哈代對於弟子們暗地裡的行動完全不感興趣，因為他認為除了彈道計算所需的微積分之外，數學對於軍事研究而言是不必要的。

戰爭的工具—密碼

第一次世界大戰時，無線通訊的應用已經相當普遍，電信（摩斯電碼）也成為重要的軍事技術。由於通訊內容很容易遭到攔截，因此必須將通訊的內容密碼化，然而通訊資訊量不斷地增加，最後終於超過了負責將內容密碼化的官員所能負荷的範圍。

於是，能夠自動對所有通訊內容進行加密傳送的通訊密碼機便被開發出來。波蘭軍事密碼局的雷耶夫斯基很快地就注意到，在這當中隱含著可利用數學規則來解讀密碼的關鍵，因此在破解當時德國最先進的密碼機「謎」時，便由數學家來著手進行。

這些成果在一九三九年第二次世界大戰中波蘭對德國投降時轉交給了英國，英國也馬上就了解到這些資料的重要性，因為當時英國私底下也正祕密進行著破譯德軍密碼的計畫。

奇才圖靈

哈代最優秀的弟子圖靈是個特立獨行的人，據說他為了避免花粉的侵擾，在春天時會戴著防毒面具在街上行走。

圖靈曾花費數年時間研究出一

種電子計算機，以各種數學運算程式為基礎來運作，這種電腦可用以執行各式各樣的計算。圖靈利用同樣的概念，製作出能夠解讀「謎」的密碼的大型密碼破譯機，命名為

「霹靂彈」。於是自一九四〇年十二月開始，英國便以「霹靂彈」將所攔截到「謎」的密碼一一破解。

第二次世界大戰時各國電腦原型的開發狀況

英國 1936〜1938年：圖靈機

↓

1940年：「霹靂彈」密碼破譯機

美國 1944年：Mark-1 彈道專用計算機

↓

1946年：ENIAC 世界最早的電腦

德國 1941年：航空用電腦

航空技術

一九〇三年十二月，萊特兄弟發明了飛機，他們十分清楚這項發明在軍事上的重要性。

萊特兄弟的失算

萊特兄弟並非只為了想在空中飛翔的夢想才從事飛機的開發，背後還隱含著希望把飛機與飛行相關技術資料出售給美國軍方的目的。沒想到，萊特兄弟成功發明出飛機，但當時的美國陸軍部卻不感興趣。

之後萊特兄弟將飛機製造權賣給歐洲各國，但愛國的情懷讓他們保留下相關的技術資料。然而，擁有高度科學技術的歐洲很快地就解開了飛機得以飛行的原理，各國也競相投入將飛機改造為武器的研究。一九一一年，義大利軍隊入侵利比亞時把飛機當做偵察機使用，並拍攝下全世界最早的空照圖。此外，義軍也利用飛機成功地對利比亞陸軍投下炸彈。

戰爭與航空力學

拜第一次世界大戰之賜，航空力學顯著而快速地發展。引擎的大型化、高動力化、高效率化，再加上採用硬鋁合金等材質減輕了飛機的重量，使得長距離飛行能夠實現。此外，機用機槍、空投炸彈、安全投射裝置的開發、無線電的改良、以及導航系統的開發也逐一完成。令人驚訝的是，這些成果距離萊特兄弟第一次飛行才不過十三年的時間。

第一次世界大戰結束後，世界列強將科學力量集中在軍用飛機的改良上。新的輕量合金、新型引擎、自動操控裝置、取代真空管的電晶體、空中導航系統等裝備，都在第二次世界大戰之前開發出來。第二次世界大戰中，軍用飛機的開發還是不斷地進行著，二次大戰結束後，開發的方向分為民航機與軍機兩方面，且持續地進行大型化及高速化的研究。

火箭的開發

火箭為德國在第二次世界大戰時所開發、藉由氣體噴射來推進的武器。其中包括了梅塞希密特式噴

科學筆記　西元十九世紀初最早開發出火箭彈的是英國的砲術專家威廉‧康格里夫。

射戰鬥機、V2火箭等,對英國與法國造成了嚴重的威脅。曾經參與開發工作的馮布朗後來流亡到美國,為美國太空火箭的開發貢獻許多。然而,最早成功開發出人造衛星的國家是蘇聯。一九五七年,史潑尼克一號和二號分別被送上地球軌道,讓美國受到了很大的衝擊,擔心從太空而來的偵察與攻擊將會成真。在這樣的壓力之下,美國也在一九五八年成功地將人造衛星探險家一號送上地球軌道,揭開了太空競賽的序幕。

飛機發展的簡略歷程

1903年:「飛行者一號」試飛成功(萊特兄弟)

1911年:義大利開發出對地偵察與攻擊用的飛機

軍用飛機因第一次世界大戰而迅速發展

1939年:世界上最早的噴射機在德國飛行成功

在世界情勢最緊繃之際發現的原子核反應
原子物理學

原本純粹以追求世界根源為目標的原子物理學,搖身一變成為製造終極武器的技術,不斷地被應用在戰爭之中。

核分裂反應的發現

西元一九三八年,德國化學家哈恩與史達斯曼發現,以中子撞擊密封的鈾原子後,鈾原子核會分裂成兩片,且大小約略相等,同時也會釋放出大量能量以及許多的中子。

但哈恩無法了解為什麼會得到這樣的實驗結果,於是他和友人麥特納討論之後,交由麥特納與其姪子——原子物理學家弗利胥一同進行探討。麥特納與弗利胥發現實驗的結果確實是核分裂反應,並且預測核分裂時所釋放的能量終有一天會成為終極武器。他們同時也將這項發現告訴了著名的原子物理學家波耳(一八八五~一九六二)。

原子彈與原子物理學家

一九三九年,波耳於華盛頓召開的理論物理學會中,解說哈恩與史達斯曼經由實驗所得到的核分裂過程,並指出這個現象是一種連鎖反應,讓當時在場的物理學家對於

核分裂反應的巨大威力有了深刻的認識。那時已流亡到美國的費米深知納粹的危險性,於是開始研究控制核分裂連鎖反應的方法,日後也成為核能發電發展的基礎。

德國雖然對核分裂相關資訊保持沉默,但事實上正暗中以海森堡為中心,開發應用核分裂反應的武器。然而,德國優秀的猶太裔科學家不是已經流亡到他國,就是遭到放逐,結果海森堡與他所指導的科學家因為犯下許多科學上的錯誤,使得德國的原子彈開發最終仍以失敗收場。

德國科學家席拉德從沒想過要將科學應用在戰爭上,在納粹勢力抬頭、戰爭已無可避免的情況下,席拉德於一九三二年流亡到英國。在英國,他從拉塞福與波耳那裡得到有關核分裂的知識,由於害怕納粹成功地製造出原子彈,席拉德於是下定決心協助美國從事核武開發。

之後席拉德前往紐約拜訪愛

科學筆記 史達林基於軍事考量,將科學能力的提升置於國家政策最優先的位置。然而這卻使得蘇聯陷入慢性糧食匱乏的窘境當中,也是造成蘇聯解體的原因之一。

因斯坦,同意席拉德看法的愛因斯坦便與羅素聯名寫信建議美國總統羅斯福展開原子彈的開發。於是,在美國天才科學家歐本海默的加入與英國的協助之下,美國成功地開發出原子彈。原子彈的威力在一九四五年美軍攻擊廣島與長崎時得到了驗證,然而美國並不因此滿足,隨後又繼續進行威力更為強大的氫彈的開發研究。

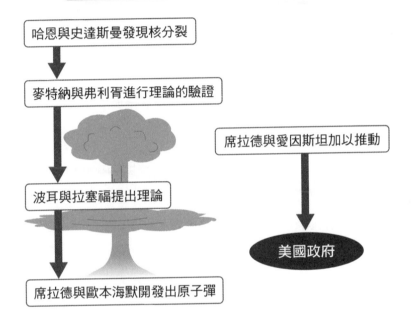

原子彈開發的過程

哈恩與史達斯曼發現核分裂

麥特納與弗利胥進行理論的驗證

波耳與拉塞福提出理論

席拉德與歐本海默開發出原子彈

席拉德與愛因斯坦加以推動

美國政府

大量傷兵再次對醫學的進步做出貢獻
戰爭與醫學
與其他不同領域的科學一樣，當時醫學各領域的發展也大受戰爭的影響。

風土病與免疫機能

為了戰爭，許多士兵必須遠赴戰地，而他們的健康管理也就成為重要的問題。一旦士兵在陌生的土地感染了不熟悉的傳染病，也意味著戰力將大為衰減。風土病問題自古以來就已存在，二十世紀時因為許多國家皆淪為戰場，有關風土病治療或預防方法的研究也跟著盛行起來，瘧疾的治療便是一個典型的例子。

此外，為了對抗感染，免疫機能的相關研究也十分興盛。一九四五年第二次世界大戰結束後，美國的研究人員發現淋巴球是一種負責免疫反應的細胞；一九六一至一九六五年間，科學家進一步了解細胞免疫的功能是由T淋巴球所提供，體液免疫的功能則是由B淋巴球提供，從而發現有一種患者乃是因T淋巴球或B淋巴球先天功能缺陷的情況存在，也就是所謂的先天性免疫不全症。

免疫學於二十世紀後半開始迅速發展，過敏與免疫抑制劑的研究有了長足的進步。

一九七六年，南非的外科醫師巴納德進行了首例的心臟移植，其後的三十年間除了腦部之外，幾乎所有的臟器與器官，特別是肝臟、胰臟、腎臟、角膜以及心肺的移植手術等都持續地進行著，但提供移植時所需臟器的同時也衍生出了「死亡究竟是什麼？」的問題。

生物工程的出現

戰地中採用的簡易而安全的麻醉方法在此時被研究出來。由於麻醉技術與手術前後患者管理技術的進步，使得愈來愈多的疾病能夠透過手術來治療。而為了那些在戰爭中受傷、失去手、腳的人，也開發出能夠讓動作顯得更自然的義肢。

此外，治療骨折的方法也持續地在進步，將鋼線埋入骨骼中以促進骨折部位接合的方法，以及鋼線的材質等相關研究都不斷在改良，甚至連人工關節也都被開發出來。

在這種趨勢之下，生物工程領

科學筆記　最早的先天性心臟病手術是在一九四四年時，由小兒科醫師道希葛與外科醫師布雷洛克所共同完成。

域因而誕生，以開發出更接近人類生理狀態動作的人工關節與人工骨骼等為目標，持續地進行研究。

二十世紀後半，在器官移植引發道德問題探討的同時，生物工程也將觸角伸往人工器官與人工臟器的開發，除腦部以外的許多器官的研究都有所進展。或許開發出科幻小說中的人工臟器與人工器官已不再是遙不可及的夢想。

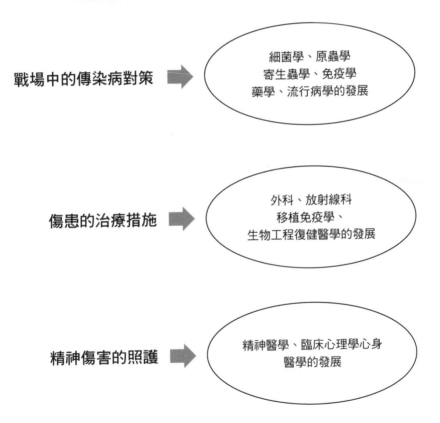

戰爭帶來了醫學的發達

戰場中的傳染病對策 ➡ 細菌學、原蟲學
寄生蟲學、免疫學
藥學、流行病學的發展

傷患的治療措施 ➡ 外科、放射線科
移植免疫學、
生物工程復健醫學的發展

精神傷害的照護 ➡ 精神醫學、臨床心理學心身
醫學的發展

被形容為「窮人核武」的可怕武器也是科學的產物

化學武器與生物武器

二十世紀時共發生了兩次世界大戰，並發展出核子武器與化學武器這兩種同樣可怕的科學技術。

從農業用的化學肥料到毒氣

一九〇九年，德國化學家哈柏在以人工合成阿摩尼亞（氨）的過程中，發現了將空氣中的氮固定下來的方法。這個發現使得人們不必再從進口的硝石中取得氮，也能製造出便宜的化學肥料。如此一來，農業的生產力提高，而農作物的供給量也革命性地大幅增加。但是，哈柏後來卻成為投身於戰爭中的科學家。

一九一四年第一次世界大戰爆發後，德軍的最高司令部因擔心做為彈藥原料的硝石不足而與哈柏接觸，哈柏於是發明出不需要用到硝石也能夠合成出彈藥的火藥棉，解決了這個問題。

翌年的一九一五年，德軍最高司令部希望哈柏能開發出利用化學物質來大量殺傷敵人的武器，結果，哈柏想出了利用大型送風機將氯氣吹送到壕溝內、以傷害敵人呼吸道的邪惡武器。

之後負責德軍化學武器開發的

哈柏又接下放置於彈頭中的毒氣開發工作，目標在於一擊就能夠殲滅敵人，隨後他成功地開發出光氣與芥子氣等大規模殺傷武器。另一方面，與德軍敵對的聯軍則開發出防毒面具，並使用與德軍相同的毒氣來反擊。第二次世界大戰時，毒氣也被使用在戰場上，日本也是使用毒氣的國家之一。

二次世界大戰後毒氣的使用

冷戰時期，在可以稱為美蘇代理戰爭的越戰（一九六〇～一九七五年）中，美軍以枯葉劑做為化學武器由空中大量噴灑，破壞北越茂密的森林，結果導致畸型等，對人體造成各種嚴重的傷害。

此外，當聯合國援引一九七二年通過的生物化學武器禁用條約，打算在美國領土進行查核時，美國不僅極力反對，並拒絕簽署該項條約。而即使是簽署了這項條約的國家，往往也會藉由防衛研究等名義，進行與生物武器攻擊相關的研

科學筆記　美國在越戰中奠定了開發雷射導彈等高科技武器的基礎，並且在波斯灣戰爭中發揮了成效。

272

究計畫。

　　在二〇〇二年十月車臣恐怖分子占據莫斯科劇場的事件中，喪生人數高達一百一十七人，這些人的死究竟是不是因為莫斯科當局使用了禁用條約中的特殊毒氣瓦斯，成為世人關注的焦點。結果，最後的調查報告顯示莫斯科當局使用的是合法藥物，而慘劇之所以發生，是由於藥劑師調配的劑量過多等技術缺失所造成。

生物化學武器的發展進程

化學武器

可依特性區分為神經性毒氣、窒息性毒氣、糜爛性毒氣等

防毒面具的開發、改良→開發出更強力的毒氣

生物武器

炭疽菌與天花病毒等傳染力強的病原體武器

治療法與疫苗等預防方法的研究以及武器的劇毒化

20世紀後半：遺傳工程與奈米科技的運用可能使生物武器更為強化

■ 生物武器的研究始於十九世紀末左右，化學武器的研究則從一九一四年左右開始。

二十世紀的戰爭與科學家

就如同古希臘時代一樣，到十九世紀為止的許多科學家都曾以愛國心為名，各自從事能夠應用於戰爭的研究。

但是到了二十世紀，開始出現像愛因斯坦或席拉德那般，希望藉由核子武器來終結戰爭的科學家。戰爭結束後，科學家自覺到為人類招來不幸的深切罪惡感，因而採取了反對核戰的立場。此外，也有許多純粹科學家和費米一樣，希望能夠把核能應用在和平的目的上。當然，過去也有科學家抱持著反戰的思想，但大多還是被捲入了戰爭的歷史漩渦當中。

不過，像圖靈這樣以愛國之名，毫不猶豫地投入戰爭當中的科學家也不少。科學家往往會在以戰爭為目的的應用科學，與僅以學術研究為目的的純粹科學之間搖擺不定，像這樣的歷史往後仍會不斷地反覆上演吧。

根據《戰爭的科學》作者福克曼的估計，現今專門從事武器開發的科學家大約有五十萬人左右。除了反省過往的歷史，主張科學必須與戰爭撇清關係的人們所必須面對的難題，還包括必須在科學技術開發的各個面向上進行奮戰，有時科學家本身甚至還必須否定科學技術才行。

目前可能應用於軍事上的尖端技術可說不勝枚舉，而且仍在持續增加中，而這些技術將自然界破壞殆盡的可能性也隨著時代的進步而提高。在二十一世紀的今天，人類所面對的將是前所未見的軍事革命威脅，而美國挾其強大科學技術對伊拉克發動高科技戰爭也不過是序章罷了。

第10章

尖端科技與今後的課題

	西元	
	1925	海森堡藉由測不準原理 將量子力學系統化
	1970	成功複製出非洲爪蟾 混沌理論誕生
	1975	
爆發伊波拉病毒出血熱	1977	
	1978	首例以試管施行體外受精成功
	1979	日本車用電話普及
發現愛滋病患者	1981	複製羊桃莉誕生
爆發狂牛症	1984	
	1996	
	2001	日本寬頻數位行動電話普及
爆發SARS	2003	人類基因定序完成

計算無法預測未來
混沌的時代

電腦的出現讓人類得以進行自然現象的模擬，科學家進而發現有些現象具有數學當中所謂非線性的特質。

從線性到非線性

一九六〇年代之後，電腦開始被利用來模擬氣象或是經濟的走向。

數學家兼物理學家勞倫茲利用近似式來計算、並透過電腦模擬積雲的產生與消失等變化過程進行研究時，發現即使使用相同的式子，只要給定的數值略有差異，模擬的結果就會出現很大的差別，同時也確認了這樣的現象是來自於計算式本身的特性。換句話說，由於空氣對流的強度、上升氣流與下降氣流的溫度差，以及地表到上空之間的溫度變化等因素會互相影響，因此若以這些因素做為算式中的變數，只要其中一項發生些微小異動，其他的變數就會產生劇烈的變化，使模擬的結果出現極大的差距。

若將這種變數所組成的算式以圖形來表示，會發現無法形成直線，而這種無法形成直線特性就被稱為「非線性」（譯注：非線性指的是兩變數間不呈簡單正比或反比關係，因此以此兩變數作圖時，無論如何都無法得到一直線）。

測不準原理

在量子力學的世界裡，從原理或本質上來看，所有的現象都只是機率性的存在。這裡所謂的機率性，指的就是無法確定究竟是存在或不存在，或說只能預測其存在機率的大小是多少。

海森堡於一九二五年時將量子力學系統化，同時提出了測不準原理。若想知道一個電子在某個瞬間下的狀態，必須要同時知道該電子的位置以及與其速度相關的動量。但在現實上，這兩個量並無法同時被準確地測量出來。這是因為用來觀察其中一個量時所需用到波長的光會對另外一個量造成影響，使得變動後的狀態無法被確定。

這種現象的產生並不是因為觀測的方法有問題，而是因為現象本身就帶有機率的性質。換言之，若是將兩個量其中之一的不確定性縮

科學筆記　十九世紀中葉，在研究分子運動理論的過程中假想出一個可以辨別分子運動速度的拉普拉斯惡魔，後來被海森堡的測不準原理給推翻。

小時，另一個量的不確定性就會變大。

混沌理論的出現

過去在科學的世界裡，因果性向來都被當成是第一原理（譯注：firstpprinciple，指最基礎的假設）。然而後來發現，若嚴格地檢視量子力學或自然現象裡的世界，因果性原理都無法成立；這對科學家與哲學家的自然觀及世界觀帶來了巨大的衝擊。美國的數學家李天岩與詹姆斯·約克在一九七五年時發現了這些現象，特別是關於自然現象之間所具有的共通性，並將這種「即使依循著決定論，仍會在乍看之時呈現出不規則且雜亂動向的現象」命名為「混沌」。一直到今天，科學家仍然持續地在建構描述這種現象的混沌理論。

測不準原理

■ 無法同時測定電子的位置與運動量

以短波長的光進行觀測　電子

位置：可以正確預測

動量：無法正確預測，光會影響電子的運動。

以長波長的光進行觀測

位置：無法正確預測，光會影響電子的運動。

動量：可以正確預測

從酒的釀造到生物的複製
生物技術

生物技術雖然是近年來才出現的新名詞，但其實人類早在史前時代就已經開始使用生物技術了。

神話時代的生物技術

在日本神話中有一段著名的故事：天照大神（太陽神）因為對弟弟須佐之男連續的暴行感到憤怒而躲到天之岩戶中，世界因此而變得一片黑暗。對此感到困擾的諸神於是在岩戶前舉行盛大的宴會，趁機把在一旁偷看的天照大神給拉出來，世界才又終於重獲光明。

在諸神的宴會裡經常會提到酒，一般認為這種酒應該是將穀物咀嚼之後吐出再發酵所製成的，因為唾液中含有澱粉酵素，可以將穀物中的澱粉分解成葡萄糖。

把酵素或微生物拿來利用的技術就是生物技術；時至今日，生物技術除了各式各樣的發酵食品之外，也被用來製造抗生素或抗癌藥物等藥品以及纖維等。

一八○○年代，巴斯德與科霍曾發表許多關於微生物的研究成果，發現食物的腐敗以及傳染病都是由微生物所引起。一九五三年，華生與克立克發表解開遺傳因子DNA構造的論文，成為今天生物技術蓬勃發展的基礎。

隨後，將基因加以組合置換的技術出現，這種技術被用來治療疾病、培育抗病力強的作物育種以及製造藥品等，許多劃時代的技術正持續不斷地開發當中。

生殖醫學與倫理

近年來，生物技術應用的範圍不斷地擴大，不只是在物理學上，在醫學與醫療方面也非常地顯著；尤其是生殖醫學、移植醫學與再生醫學的進步，使得「人類已接近神的領域」這樣的評論時有所聞。然而伴隨而來的代理孕母、非配偶間的體外受精或是複製人的可能性等議題，也引發了非常激烈的倫理爭議。

早在兩百年以前，人類就已經開始在配偶間或是非配偶間進行人工授精。但是就後者的情形來說，由於遺傳上的親子關係與法律上的親子關係不一致，結果將會導致棘

科學筆記　目前（二○○四年七月）為止，日本只允許配偶間的體外受精，並不准許以代理孕母來進行生產。

手的問題。

　　一九七八年，澳洲首次進行了試管中的體外受精，後來便以「試管嬰兒」來稱呼。雖然當初這個技術只運用於配偶間的體外受精，但後來也被使用在非配偶之間，因而產生了倫理上的問題，之後又更進一步地衍生出代理孕母的問題。目前這些問題都有待盡快訂定合乎倫理的法律來規範出可容許的範圍。

複製技術與胚胎幹細胞

　　十九世紀末，杜里舒（一八六七～一九四一）將細胞分裂初期由兩個或四個細胞所組成海膽卵分開，成功地讓分開後的卵細胞各自成長為正常的海膽。史畢曼（一八六九～一九四一）則藉由蠑螈胚胎細胞（受精卵主要部分）的研究，發現胚胎細胞中某個部分（譯注：中胚層）會誘導細胞的發育，從而建立起個體發育的基礎理論，並確立了實驗發育學。

　　一九三五年，美國的懷特在培養基組成中加入了酵母的萃取物，讓番茄的根端切片能夠在經過長時間之後成功地達到繼代培養的成果（譯注：以植物培養為例，從植物體取下莖或根，滅菌後所培養出的組織細胞為首代，之後以此組織細胞再進行的多次培養都稱為繼代培養）。在這個契機下，培養基組成的相關研究開始受到注意，並且在發現植物荷爾蒙之一的生長素與細胞分裂素之後，確立了培養植物組織的基本方法。隨後在一九六二年時，又找出了現今最常使用的培養基組成的基本成分。

　　一九七〇年，英國的戈登等人利用非洲爪蟾的皮膚細胞與蝌蚪的腸上皮細胞進行細胞核移植，成功地複製出非洲爪蟾的個體。

　　一九九七年二月，英國羅斯林研究所的研究團隊藉由進行成體乳腺細胞的細胞核移植，成功地培育出被命名為桃莉的複製羊。在這之後，導入人類基因的複製羊、及利用胎兒幹細胞所複製出來的牛等哺乳類個體的新複製方法也相繼被提出。

　　一般而言，在進行哺乳類的複製時，通常都是使用稱為胚胎幹細胞的早期胚胎細胞來進行。而利用成體體細胞所複製出來的桃莉羊，在遺傳上相當於只由單親所生，可說是較晚誕生的同卵雙胞胎，是個只具有單親遺傳特徵的複製個體。

　　複製的相關研究目前主要集中在畜產領域，希望藉由育種理論培育出更優秀的品種。藉由複製技術有效地生產出更為優秀、擁有經濟價值的動物育種，可謂是劃時代的技術。一九八七年，以胚胎幹細胞所複製的牛在美國誕生，日本也於一九九八年六月之後培育出好幾頭

複製牛。同年，美國的靈長類研究中心也成功地利用胚胎幹細胞培育出複製猴。

複製研究的是與非

　　哺乳類動物複製技術的進展也衍生出新的倫理問題。簡單來說，就是這些技術將來會不會被應用到人類身上？尤其桃莉羊的誕生，除了是家畜育種改良上劃時代的貢獻之外，也暗示了這樣的技術將能夠複製出擁有一模一樣基因的人類新個體。雖然現在看來立即實現的可能性不高，但在真正實行之前，日本已經開始進行倫理與法律上相關問題與規定的探討：二○○一年，日本內閣諮詢機構「綜合科學技術會議」訂定開發複製技術的指導綱領；而目前日本也正在進行關於人類複製技術之相關法律規範的立法工作。

　　英國、德國、法國等國家以往便曾制定生殖醫療與醫學方面相關法律，訂定了取得人類胚胎的規範。這些國家都明白地禁止在人類身上應用複製技術，世界各國目前也大多傾向於禁止將複製技術應用在人類身上，但是仍尚未出現統一的標準。

用在移植上的幹細胞

　　一九八○年代，科學家詳細地研究骨髓中的造血幹細胞製造血液細胞時的過程，一九九○年代則成功地以人工合成出造血幹細胞中用於分化、增殖製造紅血球的紅血球生成素，並開始將其應用於臨床上，以及臍帶血或體內循環末梢血液中的造血幹細胞移植。

科學筆記　複製技術的可能性源自於施萊登與史旺在一八三八到一八三九年間所發表的細胞學說。

生殖醫學的進程

人工授精	有200年以上的歷史；主要是以人工方式將精子送入子宮內。
體外受精	即試管嬰兒，主要是在顯微鏡下受精。日本從1983年開始實施。
代理孕母	體外受精後在第三者女性的子宮內受孕。在日本並不合法。
人類複製	在去除細胞核的卵子內植進成人的體細胞，再置入子宮內培育。

幹細胞應用於移植上的例子

臍帶血造血幹細胞　　　　末梢血液造血幹細胞

移植造血幹細胞以代替骨髓移植

間葉系幹細胞

與促進骨骼分化的生成素一同培養，可應用於齒槽骨的補強與牙齒的治療。

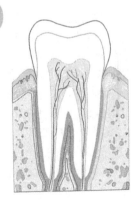

人類取得了自己的設計圖
人類基因組的解讀

人類基因組，也就是人類基因的鹼基序列於二〇〇三年四月解讀完成。

基因解讀計畫

一九五三年，華生與克立克解開了構成基因本體的DNA構造與其複製的機制。隨後在一九八〇年代，展開了解讀人類基因組鹼基序列的計畫。

這個偉大的計畫之所以能夠實現，是因為有來自於兩種學問的研究進展與融合的背景所支持著。其中之一是探究遺傳疾病成因的人類遺傳學，另一種就是以構成基因並能形成生命的DNA研究為主的分子生物學。

這個計畫在世界各地展開時，解讀進度上的競爭曾經在媒體上引起相當大的騷動，出現了不少類似「疾病將會消失」、「可以從根本來預防疾病」等誇大的新聞，或是參雜了過度期望的預言。

全世界的研究人員與研究機關都在人類基因組解讀的計畫上投入了大筆的資金。一九九〇年，各國政府開始以公家資金進行國際合作，進行人類DNA圖譜的製作及鹼基序列的解讀，並且訂定了讓科學家能夠自由取得相關資訊的機制。

始於線蟲的基因解析

一九七〇年代，華生與布瑞納等人曾經研究過線蟲的變異與基因突變之間的關聯性，並且嘗試標定出造成基因變異的特定染色體。

接下來，在庫爾森、沃特斯頓與薩爾斯頓等優秀的英美科學家參與下，又確立了基因組解析與圖譜製作的基礎技術。

基因圖譜

一九八〇年代，在從亨汀頓氏舞蹈症與囊胞性纖維症等遺傳疾病的患者群中找出與發病相關的基因方面，基因圖譜發揮了很大的作用。若是特別注意患者的基因圖譜中和正常人不同的短鹼基序列（突變標記）的部分，發現具有特定形狀標記的患者群都患有相同的疾病時，那麼造成該疾病的基因就很可能位於與標記同一個染色體上的附

科學筆記　一九九五年之後，出現了許多與過敏疾病有關的基因報告，但是關鍵性的基因仍尚未發現。

282

近位置。

　　利用這個方法，就能夠把可能與疾病有關的鹼基序列部分用酵素截取出來，再進行人工的複製（製作Clone）（譯注：Clone為專有名詞，意指複製或轉殖）並排列出其鹼基序列，然後進行基因功能的解析。

　　藉由這個方法，科學家在一九九〇年代初期找出了包括肌肉萎縮症等許多與遺傳性疾病相關的突變基因。

美國的基因組解讀計畫

　　一九八七年到一九八八年間，美國政府評估了基因組解讀計畫的潛在費用與效用，最後在基因組戰略會議上決議成立基因組研究機構，並以華生為負責人，這就是美國的人類基因組中心，後來改名為美國國家基因組研究所，一九八九年時獲得的國家年度預算約為六千萬美元。美國國家基因組研究所於一九九九年正式展開一項計畫，目標為在二〇〇五年之前解開所有的人類基因，計畫中也成立了小組以研議基因解碼後將伴隨而來的倫理、法律與社會上的問題。

　　雖然美國政府在基因解讀上所投入的預算無人能及，但當時世界各國也都各自展開了規模不等的基因組解讀計畫。日本於一九八〇年代初期就已展開基因解讀計畫，日本政府與研究機構也廣募許多民間企業與大學等研究團隊，共同從事鹼基序列的自動分析設備開發與相關研究。

　　此外，相較於這些國家型計畫，經費拮据、研究規模相形見絀的英國分子生物學家布瑞納等人，則是在一九八五年到一九八六年間在基因組的解讀上獲得預料之外的豐碩成果。

計畫與利害關係

　　許多研究人員認為基因組的解讀耗時費日，如果不將研究人員的力量結合起來的話將難以實現，因此必須要讓所有的研究人員能夠共享鹼基序列與研究方法等的相關資訊。

　　然而，與研究息息相關的各國政府與企業為了政治或經濟上的利害關係，早在研究的背後展開了激烈的霸權爭奪。因為基因組解讀之後所獲得的資訊不只能夠用於藥品與醫療方面，甚至還能夠應用到生物武器開發等各式各樣的領域中。

　　不過後來美國政府與英國政府為了避免基因組解讀的資訊被一九九八年所成立的美國民間企業賽勒拉所獨占，便在二〇〇〇年六月二十三日時，向全世界公開了當時已解讀完成、暫定性的鹼基序列資訊。

計畫的完成

二〇〇三年四月,終於完成了以當時最先進的技術所能解讀出的人類基因組圖譜,並公開發表了完整版的鹼基序列。從此之後,無論位於何處的科學家都能夠免費地自由取得所有的資料,而能藉由這些資訊進行更進一步的研究。

目前,百分之九十九的人類基因已經解讀完成,其精準度達到百分之九十九.九九。

在癌症治療上的應用

為了預測及提高癌症的治療效果,癌症相關基因的研究正持續地進行著,當中癌症抑制基因p53所扮演的角色特別受到注目。

p53所製造的蛋白質會在細胞受到應力(譯注:單位面積上所受之作用力)時活化,將細胞週期暫停以進行DNA的修復,若是損傷過大時則會誘導「細胞自殺」的發生。

如果能夠好好地利用p53蛋白質的話,將能夠有效地進行癌症的治療。由於半數的惡性腫瘤都是p53基因的突變所引起,因此科學家希望能夠針對因p53蛋白質突變而導致身體失去正常機能的患者開發出新的治療方法。

目前,科學家正在研究如何藉由使用能讓變性的蛋白質回復成正常蛋白質構造的伴隨分子,來使突變的p53蛋白質恢復成機能正常的p53蛋白質。

如果這些研究的結果能夠成真的話,人類在癌症的治療上將會向前邁進一大步。不過可以想像得到,在研究的過程中將會衍生出許多的倫理問題。

科學筆記 據統計,二十世紀末時全世界專門從事武器開發的科學家,各個領域加起來的總數大約是五十萬人。

被認為與支氣管哮喘有關的部分基因

基因座標	候補基因	報告者	報告年
2q33	CD28、IGBP5	CSGA	1997
4p35	IFR2	Daniels	1996
9q31.1	TMOD	Wjst	1999
12q14-q24.33	IGF、LRA4H	Barnes	1999

※ 其他尚有許多相關報告。

與癌症相關的基因

致癌基因	c-myc	c-fos
癌抑制基因	RB（網膜芽細胞腫瘤） NF-2（神經纖維瘤第二型） APC（家族性大腸腺腫瘤症） VHL（von Hipple-Landau氏疾病）	NF-1 （神經纖維瘤第一型）
DNA修復基因	CS（Cockayne syndrome柯凱因氏症候群）	A-T （Louis-Bar症候群）

※ 癌症相關基因是指與癌症有所關連的基因，包括了致癌基因、癌抑制基因與DNA修復基因。表中所列為目前已確認的主要癌症相關基因。

電話變成了電腦
資訊科學的進步

隨著網際網路的普及，電腦滲透到了社會的各個角落，而資訊科學也朝向實現無所不在的U化社會大步邁進。

電腦的普及

一九五〇年代到六〇年代間，電腦的發展主要是做為大學中的研究工具及研究對象。一九七〇年代末期雖然開始販售以個人為對象的電腦，但仍只能算是價值高昂的玩具。

一九八一年，美國IBM公司開始銷售商用個人電腦，使得商用計算、顧客資料管理及生產管理等的辦公業務效率提高，電腦因此迅速地普及開來，而家庭用的電腦也隨之出現。一九九五年，隨著微軟的Windows作業系統的出現，網際網路的使用以及連接網際網路的家用電腦也迅速地普及到社會的每個角落。

在這段時間內，電腦本身的性能與軟體的功能都大幅地改良，實現了高速化與高度機能化的運算。除了電腦之間的通訊之外，行動通訊終端設備與行動電話等資訊硬體之間也實現了高速通訊的成果。

行動電話的出現

一九四六年，美國率先開始使用波段頻率為150MHz的汽車電話。但由於這種頻段的有效距離較短，因此日本在當時並未採用。後來日本電信電話公社（今NTT）在一九七九年時開發出使用800MHz頻段的汽車電話，並設立許多基地台以延伸通訊距離，其他許多國家也採用了同樣的系統。一九八五年，小型化的車外使用型汽車電話登場，一九八七年時行動電話出現。隨後，數位通訊普及化，數位式行動電話也在一九九三年出現，並且在二〇〇一年進而發展出高速的數位式行動電話。簡訊傳送與照相等各種功能被整合到行動電話中，可以預見未來會再繼續開發出傳輸速度更快、使用型態更新穎的行動通訊設備。

U化社會

一九八八年，任職於美國全錄公司帕洛奧圖研究中心的馬克·魏

科學筆記　費曼在一九五九年提出利用量子力學來進行運算的可能性；貝尼奧夫則在一九八〇年時首度展示了量子電腦的概念。

瑟認為，在大型電腦與個人電腦之後，將會出現「無論在何處，人人皆可簡單且方便使用」的新型態電腦，進入到生活中的每個層面；他將這種概念稱呼為「隨處運算」，而實現了此一概念的社會就稱為「U化社會」。今天，科學家們藉由無線通訊的開發與新網際網路通訊協定的制定等，正一步步地往實現U化社會的目標邁進。

日本的行動電話世代

第一代	類比式	汽車電話、留言中心
第二代	數位式	低資料傳遞速率（～64Kbps）
第三代	數位式	高資料傳遞速率（～384Kbps，2Mbps）
第四代	數位式	50～100Mbps的超高速通訊

讓不可能成為可能的超細微技術
奈米科技

奈米科技是個被期許為能解決地球能源問題與環境問題,並提振經濟的科學技術。

奈米科技的歷史

奈米科技是在十的負九次方公尺(十億分之一公尺)的超微小尺度下,進行物質的操作、建構或控制的技術總稱。

奈米科技的歷史,最早可以追溯到古希臘哲學家德謨克利特的原子論,科學方面的源頭則是來自於西元十九世紀初化學家道耳吞所提出「以各種氣體的相關實驗為基礎的原子論」。而量子力學、電晶體積體電路的小型化、一九六〇年因梅曼等人發明了雷射而得以實現的超微細結構、以及電子顯微鏡的發明等,則進一步地確立了奈米科技的基礎。

美國的費曼在一九五九年時曾預測,未來的技術將能夠把二十四冊大英百科全書的全部內容都裝到直徑僅有一·六釐米、大小約等同於針頭的面積中。隨後的四十年間,奈米科技不但成真,而且全世界都投入了新技術的開發研究。

日本率先開發出的奈米科技

在量子力學的世界中,包含電子在內的所有粒子都具有波動性,因此當電子遇到障壁時會進入其中(譯注:指在障壁中亦有電子存在的機率),此時若遇到的是很薄的障壁,電子就有可能會穿越過去,這種現象被稱為「穿隧效應」。但早期由於缺乏將障壁加工到十奈米以下的技術,因此無法證明這種穿隧效應是否存在。

原本研究如何提高電晶體效能的江崎玲於奈,發展出能夠將障壁削薄的技術,在一九五七年時證實了電子波動性的穿隧效應的確存在,因而獲得了一九七三年的諾貝爾物理獎。

是否適用於所有的領域?

過去奈米科技,主要被用於開發資訊科技領域中的超大型積體電路以及高密度的記憶媒體。但是近年來,其技術層次不斷地提高,因此也被使用在醫療、生物工程、建

科學筆記 奈米科技是在二〇〇〇年美國總統柯林頓發表了全美奈米科技先導計畫之後,才受到全世界的注意。

築、機械工程、化妝品與藥品的製造以及能源環境問題的解決方法研究等方面，應用的範圍相當廣泛。

舉例來說，像是DNA的解析技術、協助肢障者的看護用機器人開發、高燃料效率且低公害的汽車與電腦用燃料電池的開發，甚至是新型武器的開發等都使用了奈米科技。

而奈米科技也讓新型超細微武器的製造有可能被實現，或許有一天也會被用來開發超小型軍事電腦或是生物武器。

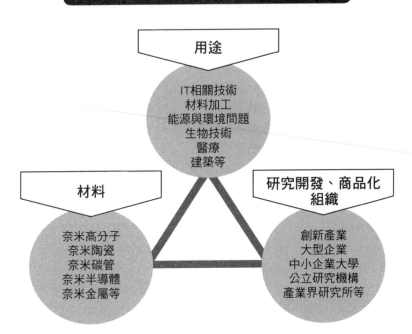

奈米科技實際應用的情形

用途
IT相關技術
材料加工
能源與環境問題
生物技術
醫療
建築等

材料
奈米高分子
奈米陶瓷
奈米碳管
奈米半導體
奈米金屬等

研究開發、商品化組織
創新產業
大型企業
中小企業大學
公立研究機構
產業界研究所等

以科學來研究「藥效」
藥物治療的過去、現在與未來

每個人都知道生了病就要吃藥，在這裡就讓我們試著從藥物歷史的角度來思考看看，「藥物」對人類來說究竟是什麼樣的存在。

疾病治療技術的誕生

醫學與藥學的誕生最早可以追溯到史前時代，由現代一些未開化民族在面對疾病時的風俗做法來看，不難想像出當時的情形。早期的疾病治療師不是魔法師、祈禱師就是僧侶，因此幾乎完全不使用藥物，而僅以巫術來進行治療。

然而，現代即使是在文明發展最遲緩的民族當中，巫師也幾乎都擁有一些藥草與毒草的知識，可以想見史前時代的疾病治療師應該也具備著同樣的知識。事實上，正如前面曾提到過的，考古學上的發現增加了我們對史前時代的認識，而能夠得知無論是哪個時代的巫師，都是藉由嘗試錯誤來找出具有療效的植物，從而發展出藥物的概念。

重新評估巫師所使用的藥物

古代的巫師所發現的藥物，有些在現代醫學中仍然繼續在使用。例如取自印度蛇木根部的磺胺異噁唑，從西元前一〇〇〇年左右開始，在歐洲就被當成抗精神病藥物來使用，效用相當受到肯定；而近年來印度蛇木再度被利用來開發治療精神病的新藥，又重新受到了注目。另外，印度蛇木中所含的蛇根鹼，在西歐與日本等世界各國的西醫都是常用的處方藥。

除此之外，法國也正在重新研究關於中國廣為人知、最古老的藥物—高麗人蔘在改善末梢循環上所發揮的效用。

科學性藥學的出現

文藝復興時代之前的藥物治療與藥學，參雜了許多類似煉金術裡的神祕思想與巫術方面的要素，並沒有真正地以實驗來進行療效的驗證。

之後的科學革命讓藥學與化學在十八世紀後半到十九世紀之間迅速發展，同時因為有機化學的出現而能夠合成出全新的藥物，而與藥學息息相關的生化學也從十九世紀開始蓬勃地發展，並開始會對藥效

科學筆記　十八世紀到二十世紀初之間，在歐洲有許多從事假藥販售的黑心商人，造成許多國家喪失了對於藥草治療的信心。

進行科學方面的驗證。日本也因為這股風潮的影響，而產生了以實證主義為基礎來使用和漢藥的古方派和折衷派。

十九世紀末到二十世紀之間，發展出了嚴密的統計學，使得藥效能夠藉由醫療統計學來進行科學而客觀的有效性與安全性驗證。

實證醫學

一九八〇年代末期到一九九〇年代初期間，醫療費用高漲的美國及加拿大出現了一種觀念，認為要「避免使用只是推測會有效的藥物，而應根據已證明有效的藥劑與物理治療所規範而成的準則來進行治療，以提供既有效又具備經濟效益的優質醫療」，這種想法就被稱之為「實證醫學（EBM）」。

今天，大部分醫學界都已經能夠以積極的心態來理解「以提供更為優良的醫療為目標，並促使其不斷進步」的思考方式；醫療行為不再依賴醫師的個人經驗，而是在科

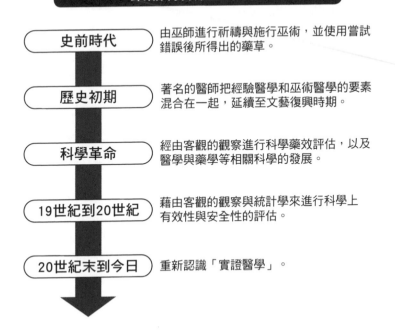

藥品有效性的評估

史前時代	由巫師進行祈禱與施行巫術，並使用嘗試錯誤後所得出的藥草。
歷史初期	著名的醫師把經驗醫學和巫術醫學的要素混合在一起，延續至文藝復興時期。
科學革命	經由客觀的觀察進行科學藥效評估，以及醫學與藥學等相關科學的發展。
19世紀到20世紀	藉由客觀的觀察與統計學來進行科學上有效性與安全性的評估。
20世紀末到今日	重新認識「實證醫學」。

學證據的支持下，實踐以經驗為基礎、具科學性且有效率的醫療，如此的傾向愈來愈強烈。也就是說，即使統計學上已經證明了有效性與安全性，也不能就此滿足。

最早提出「臨床要徑（標準治療流程）」概念的是美國。所謂的臨床要徑指的是為了實現有效率的醫療，於是先訂定出診療計畫再據以實施的方法。

當初臨床要徑和EBM一樣，都是為了減少住院日數與降低醫療費用而提出，但到了今日，由於EBM對於患者及醫療從業人員雙方都有好處，因此已經變成一種科學而有效的醫療方式，除了醫師之外也擴展到護理部門及藥劑部門等其他所有醫療的領域。目前大多數的醫療院所之間尚未出現共通的臨床要徑，然而可以預見在未來，標準化的臨床要徑將會十分地普及。

不過，像EBM或臨床要徑這些概念，其實也隱藏著陷入照本宣科式醫療的危險，因此在執行時絕對不可以忘記「人與人之間具有個體的差異，每個患者無論在生理上、生化學上、藥理學上或是解剖學上都有微妙的不同」，並且應該制定適當的綱領來加以規範。

迷信藥物的宗教

人類歷史中的巫術式藥物療法包含著許多非科學要素，從在治療疾病時對於藥劑的盲目依賴看來，可以說是一種「迷信藥物的宗教」。但即使到了現在，也有些醫師總是喜歡使用尚未經過科學驗證的新藥；相反地，有些醫師只是因為習慣而固執地開一些已經證明無效的老舊藥物；這樣的醫生說起來都是不科學的。不管對於什麼樣的感冒，都只開立同樣藥方的醫師也一樣。還有一些患者迷信「只要吃藥就夠了」，這種對於藥物的迷信與依賴也是不科學而帶有宗教性的。

反過來說，只要東西的名字裡有個「藥」字，就把它當成是有害的而加以拒絕，這種對於添加物極端厭惡，既不科學也不理性的行為也十分常見；這其中有許多人只是單純地帶有類似宗教般的迷信。

姑且不論天然食品、健康食品、減肥食品或是營養補給品等等到底有沒有效果，但精神上對這些東西產生依賴的人數確實與日俱增，這種盲目的追從態度就像是宗教崇拜，有時候甚至還帶著一點狂熱。

科學筆記　十九世紀時，中國政府曾經讓勞工吸食鴉片來增強從事嚴苛且過度的勞動時所需的耐力，並從鴉片的交易中獲取利益。

合法與非法的酒精、毒品及大麻等精神成癮性藥物，也不斷造成了上癮者的墮落而為販售者帶來可觀的利益。

在藥物的使用上，只要是不科學或是不理性，都是不適當的。

今後的醫療用電腦系統所追求的重點

高品質 藉由患者資訊的一元化、共有化與最新資訊的更新等，創造出臨床上的科學實證性。

效率化 藉由迅速且正確的資訊管理以節省經費，提高診療的效率。

安全性 藉由資訊的共有來防止傳達錯誤、輸入錯誤與處方錯誤等過失。

醫療的範圍其實比想像中來得廣泛
根植於傳統的替代醫療

總稱為替代醫療的醫療方式主要誕生於中世紀以後，到了一九九〇年代又重新地受到醫學界的重視。

替代醫療

替代醫療（譯注：或稱另類療法）的定義為「大學醫學系所教授及一般醫院裡所使用的、現代西洋醫學以外的醫療總稱。」

一般來說，替代醫療大多是根植於世界各地民族文化中傳統而系統化的醫療，種類非常地繁多。其中也有些醫療方法的歷史相對上較為短暫，但是不論新舊，其作用機制與有效性經過完整科學驗證的並不多，有些替代醫療更是完全缺乏科學上的根據而難以讓人信服。因此，大多數的醫療從業人員對現代西洋醫學以外的醫療方法，都抱持著懷疑的態度，這樣的情況在日本也相當地顯著。

國與國之間的差異

雖然日本或歐美等國家，在一般醫院中都是使用基於現代西洋醫學的醫療方法，但由於每個國家的傳統與醫學教育制度、醫療保險制度等的不同，因此各國被歸類為替代醫療的醫療方式也有所不同。

舉例來說，在美國除了有頒授相當於日本醫師的醫學士（MD）資格之外，還有一種整脊師（DO）執照。骨療法是美國在西元十九世紀後半發展出來的特殊醫學，他們認為身體構造與健康與否有關，因此以按摩的方式刺激關節、肌肉與內臟來進行治療。

除了這兩種醫師之外，美國還有一些其他的替代療法，其中有不少療法是與一般醫學上的治療方式合併使用。在美國經常被使用的替代療法包括有脊椎按摩療法、舒壓療法與按摩療法等。

一般而言，歐洲人對替代醫療都抱持著較為肯定的態度。這或許是因為他們常用的替代醫療，如順勢療法與藥草療法等，大多都是源自於歐洲的緣故。

各國在替代醫療從業人員的規範與資格制度上有相當大的差距；德國與北歐各國的規範較為嚴謹，英國則較為寬鬆，而在法國與比利

科學筆記 根據史丹佛大學在一九九八年所做的調查，替代醫療使用者的教育水準比平均水準還要得高。

時，骨療法與脊椎按摩療法通常是由合格醫師來執行，很少被當成替代療法來使用。

英國最為盛行的順勢療法，在法國、比利時、德國與荷蘭等國也都十分流行。在荷蘭，最受歡迎的是腳底按摩；而在芬蘭，最受歡迎的則是按摩療法。

在藥草療法的發源地德國，醫學系學生必須修習替代醫療的相關知識。此外，德國也已經把各種替代療法都納入了健康照護體系之內。

中國傳統醫學裡的針灸，在法國與荷蘭基本上都由醫師來施行；而在英國與德國，則制定法律允許醫師以外的替代醫療從業人員來施行。

世界上主要的替代醫療

在日本，最具代表性的傳統醫學就是漢方醫學；正如前面所提到的，日本的漢方與中國的傳統醫學（中醫）的性質有所不同；有些醫師會把漢方當成是替代醫療的一種，有些醫師則否。至於藥膳等民俗療法與藥店的漢方諮詢，則被明確地歸類為替代醫療。

阿育吠陀是印度的傳統醫學，早在西元前一千年前就已經出現；在西元前五世紀到西元五世紀的一千年間逐漸地系統化，才形成了今日的樣貌。阿育吠陀是一種以改善生活型態為主的治療方法，其主體為食療。

順勢療法是由十九世紀時的德國醫師赫尼曼所發展出來，主要的做法是將若大量攝取可能會引起疾病的東西，讓患者服用微小的劑量來進行治療與預防。然而，這種療法到了今天仍未獲得任何科學上的實證。

自然療法是以營養補充品、按摩療法以及芳香療法來舒解壓力，最早源自於西元十九世紀時的德國，並且在二十世紀初時由美國的羅斯特（一八七○～一九四五年）所確立。在美國，從事替代療法的人通常被稱為自然療法醫師。

打坐（冥想）、瑜珈、音樂療法、藝術療法及催眠療法等等也都歸屬於替代醫療，其中有些也被當成西醫的輔助療法來使用，不過事實上其療效並未經過充分的驗證。

雖然科學上認同適當地使用營養補充品可以獲得一定的效果，但是有許多商業廣告不但過度誇大，盲目地使用這些補充品的人也不少。和進行過大規模臨床實驗的藥品比起來，較為缺乏資料數據是這些營養補充品的缺點。

藥草療法被廣泛地用於世界各地的傳統醫療上。美國和英國把藥草療法也當成營養補充品的一部

分，因此中藥不需要醫師的處方箋就能夠取得。然而在德國，藥草和中藥的處方通常是由醫師所開立；在日本，漢方藥的取得也是類似的情況。

芳香療法在二十紀初發源於法國。在日本有由醫師、藥劑師與護理師等合格醫療人員所組成的芳療學會，持續地累積科學上的實證數據。但是在美國等地，芳香療法的從業人員為非醫師的情況不在少數，因此在利用這項療法時最好把用途清楚地區分為醫療或舒壓。

使用替代醫療的理由

替代醫療的使用者，大多是因為現代西洋醫學的治療無法滿足其需求，或在情感及心境上對現代醫療感到不滿而使用替代醫療，就這點來說，所有的醫療從業人員都有反省的必要。不過，也有不少人是因為個人的信仰或受到商業及宗教的影響，而盲目地使用替代醫療。

在利用替代醫療時，最好能夠找到由精通現代西洋醫學及替代醫療的醫師或是專家共同進行診療的醫療院所，如此一來就不會發生問題。只是目前的日本，要找到這樣的醫師或是醫療院所並不容易。此外最重要的一點是，看診的醫師和替代療法治療師雙方必須針對診療的內容進行溝通，以避免造成傷害或延遲發現病情的情形，這是相當重要的鐵則。

 科學筆記　一九九〇年代時，開始有人提倡在現代西洋醫學中融入對應患者特性的替代醫療，強調此種因應個人式整合醫療的必要性。

美日替代醫療的使用頻率

國家	調查年度 與使用率	調查年度 與利用率	使用頻率高的替代醫療種類
美國	1990年 33.8%	1997 42.1%	舒壓療法、藥草療法、按摩療法、脊椎按摩療法
日本	未調查	2002年 65.6%	營養補充品、按摩療法、腳底按摩、芳香療法等

※ 資料來源：美國：艾森堡等，美國醫學學會雜誌（JAMA），1998年，第280期。
日本：蒲原聖可等，《替代醫療——效果與利用方法》（中央公論新社西元2002年）

與未知病毒間永無止盡的戰爭
病原體的反擊

自古以來人類就不斷隨著醫學及相關科學的進步，和傳染病及傳染病根源的病原體奮戰。但是新的病原體依然不斷地威脅著人類的健康。

全新病原體的出現

　　醫學由於科學革命而獲得了大幅的進展，西元二十世紀以後，醫學更發生了革命性的變革，從而驅逐了細菌與病毒等病原體，大幅降低了因傳染病而死亡的人數。

　　然而，許多讓抗生素無法發揮作用的抗藥性細菌的出現，使得諸如抗藥性金黃色葡萄球菌（MRSA）感染症等致死性傳染病持續地增加。此外，像是AIDS（後天性免疫不全症候群）或SARS（嚴重急性呼吸道症候群）等不易治療的新興傳染病也不斷地出現。

　　在今日，像SARS與狂牛症（BSE）這類與食品安全性息息相關的新興傳染病，更造成了嚴重的問題。

後天性免疫不全症候群

　　一九八一年，美國有五名男同性戀因為肺囊蟲所引發的伺機性感染（因為癌症等疾病造成免疫力低下而發生的弱毒性病原體感染），

而罹患了肺囊蟲肺炎與卡波西氏肉瘤，後來發現這是由於具有傳染性的免疫缺陷所引起的。

　　一九八三年到一九八四年間，法國與美國的研究人員找出了這種疾病的病原體——愛滋病毒（或稱人體免疫不全病毒，HIV）。這種病毒所引發的後天性免疫不全症候群很快地就擴散到全世界；一九九六年時已經有大約二千八百萬人受到了感染，之後仍然不斷地增加。到了一九九八年，又多了五百七十九萬人受到感染；其中男性為三百二十萬人，女性為二百萬人，兒童為五十九萬人。二○○一年時，HIV帶原者與愛滋患者的總數達到四千萬人，其中光是兒童就占了二百七十萬人。

　　在這之後，全世界的感染人數仍然不斷地上升，根據日本厚生勞動省的資料，日本在二○○四年三月二十八日時患有愛滋病的人數為二千八百六十人，帶原者為五千九百二十九人。但是，實際上

 科學筆記　抗藥性金黃色葡萄球菌（MRSA）感染症最早出現於一九六○年代，一九七五年左右在日本也成為院內感染的主因。

受到感染的人數推估約有一萬人左右。

愛滋病的主要傳染途徑為性行為、血液（注射針頭、血液製劑、輸血）及胎盤（母子感染）。可惜的是，到了今天仍然有許多人對於傳染的途徑帶有偏見與誤解。

筆者在一九八九到一九九四年間曾經治療過愛滋帶原者及患者，並參與過針對愛滋病及肺囊蟲肺炎

所開發之新藥的臨床實驗；但至今仍然還是沒有決定性的治療藥物問世。

除了愛滋病以外，世界各地也陸續發現了好幾種新興傳染病的存在。

禽流感與SARS

二〇〇三年末開始成為世界關注話題的禽流感（BirduFlu或

各式各樣的新興傳染病 ①（1969～1978）

發現年代	病原體名稱	病原體種類	疾病名稱	主要流行區域
1969	拉薩病毒	病毒	拉薩熱	西非各國如迦納、奈及利亞、獅子山等
1973	輪狀病毒	病毒	兒童腸胃症	美國
1976	伯氏疏螺旋體菌	螺旋體菌	萊姆病	歐洲、北美
1976	隱孢子蟲	寄生蟲	急性、慢性腹瀉	全世界
1976	嗜肺性退伍軍人桿菌	細菌	退伍軍人症	發現於美國的費城
1977	伊波拉病毒	病毒	伊波拉病毒出血熱	撒哈拉沙漠以南的熱帶各國
1977	空腸弧菌	細菌	腸炎	全世界
1978	A型溶血性鏈球菌	細菌	中毒性休克症候群	全世界

AvianuFlu），從二〇〇三年十二月二十一日的韓國、二〇〇四年一月九日的越南、同年一月十五日的台灣、一月二十一日的日本、一月二十二日的泰國、一月二十五日的寮國、巴基斯坦、中國，傳染的範圍迅速地擴大。這是日本七十五年來首次出現禽流感疫情，但是其傳染途徑至今仍然不明。在泰國與越南都有人類因為受到家禽感染而死亡的案例，為人類社會帶來很大的震憾。

二〇〇三年的冬天爆發了SARS疫情，約有八千人受到了感染，死亡率接近百分之十，帶給人們極大的恐慌。然而，一旦出現容易在人類之間互相感染且毒性強烈的新型流感，並引起大流行的話，死亡人數將會遠遠地超過SARS。雖然對抗流感的藥物持續地在開發當中，但是人類仍尚未做好萬全的準備。

狂牛症

英國中央獸醫學研究所的傑拉德·威爾斯在一九八七年十月提出了一份報告，指出一九八四年十二月英國酪農所飼養的牛死於狂牛症（BSE，牛海綿樣腦症）；這也是全世界第一個狂牛症病例。狂牛症一旦發病之後，牛隻的死亡率為百分之百。根據研究結果，牛之所以會染上狂牛症懷疑是因為在牛的飼料中加入了羊的肉骨粉，使得牛染上了羊搔癢症這種會造成腦神經病變的病原體，因此英國政府在一九八八年七月下令禁止再使用含有肉骨粉的飼料來餵養牛隻。

狂牛症的潛伏期長達二到八年，在英國，染上狂牛症的牛隻雖然從一九九五年時的每月新增一千頭遞減為二〇〇〇年的每月新增一百頭，但是到二〇〇〇年為止，發病的牛隻總數已經高達十八萬頭，還有四百七十萬頭牛遭到了撲殺。

肉骨粉在英國雖然被停用，但是其他地方的酪農仍然持續在使用，結果造成狂牛症擴散到了全世界。以肉骨粉來餵食牛或羊是從十九世紀開始，而早在十八世紀初時，人類就已經知道羊搔癢症的存在。一九九六年三月，科學家發現當人類染上狂牛症時，就會罹患一九二〇到一九二一年之間所發現的庫賈氏症（譯注：一種罕見的致命性中樞神經系統病變）。

科學筆記 英國雖然早在一九八八年就開始禁止以肉骨粉來餵養牛隻，但是在一九九九年之前仍然持續地使用肉骨粉來餵食雞與豬。

各式各樣的新興傳染病 ② (1980～1992)

發現年代	病原體名稱	病原體種類	疾病名稱	主要流行區域
1980	人類T細胞白血病病毒	病毒	成人T細胞白血病	亞洲（以日本為主）
1982	大腸菌O-157：H7	細菌	出血性大腸炎、溶血性尿毒症候群	全世界
1983	人類免疫不全病毒	病毒	愛滋病（AIDS）	全世界
1983	幽門螺旋桿菌	細菌	消化性潰瘍	全世界
1988	人類庖疹病毒第6型	病毒	幼兒玫瑰疹	全世界
1989	C型肝炎病毒	病毒	肝炎	全世界
1991	瓜納瑞特病毒	病毒（以老鼠為媒介）	委內瑞拉出血熱	發生於委內瑞拉的農村
1992	霍亂弧菌O-139型	細菌	新型霍亂	發現於印度
1992	巴東氏菌	病毒	貓爪熱	全世界

各式各樣的新興傳染病 ③ (1993～1999)

發現年代	病原體名稱	病原體種類	疾病名稱	主要流行區域
1993	死亡峽谷型漢他病毒	病毒	漢他病毒肺症候群	全世界
1995	人類庖疹病毒第8型	病毒	愛滋患者卡波西氏肉瘤	全世界
1997	香港禽流感	病毒	流行性感冒	由雞傳染給人（發生於香港）
1999	立百病毒	病毒	腦炎	發現於馬來西亞
1999	困難腸梭菌	細菌	偽膜性腸炎	全世界

科學與空想科學

人類已經實現了飛向太空的夢想，開始朝向宇宙前進。不必特別去翻閱歷史也知道，過去一度被認為只不過是幻想的事，往往會孕育出新的科學，而成為現實的一部分。

於是，當以新的科學所解開的新原理與新理論再進一步地孕育出新科學的同時，空想科學隨之誕生。換句話說，開始有人以少量的新發現為基礎，藉由想像推演出科學上可能會實現的跳躍式理論。這些理論孵育出科幻小說，並且隨著電影技術的進步而拍攝成科幻片，為人們帶來了娛樂上的享受。

但是，這些理論也造成了其他的新難題。諸如空想科學與功利主義結合所產生的惡劣商業手段、詐欺式的醫療、狂熱的空想科學式新興宗教等等，都是具體發生過的例子。

被偽科學所欺瞞的人們當中，不乏許多高知識分子。即使擁有高學歷，內心的弱點仍然往往在無意間被詐騙者所利用。心理學上曾經驗證過，有些方法的確可以藉由他人的心理不安與單純來進行洗腦。此外，對自己過度自信，或是過度缺乏自信的人也都很容易成為受騙的目標，有時候甚至會自己陷入盲目的信仰當中。

有許多詐騙者非常擅於掌握人類的心理，經常會巧妙地推展出虛假的邏輯論述與空想科學理論。部分的媒體從事者雖然對此心知肚明，但仍然讓其有曝光的機會。

希望那些藏身在似是而非的偽科學理論下，意圖左右人心、加害他人的人不再存在，只是不知道這一天是否真的會來臨？

索引

314

主要參考文獻一覽 ※「著」包含「編著」

01 《(改定新版)思想史中的科學》(【改定新版】思想史のなかの科学)／伊東俊太郎等(平凡社)

02 《1421-The Year China Discovered America-》Gavin Menzies(Harpercollins)

03 《Zipangu江戸科學史散步》(ジパング江戸科学史散歩)(注1)／金子務(河出書房新社)

04 《藥物如何改變了世界——成癮性藥物的社會史(Drugs and the Making of the Modern World)》(ドラッグは世界をいかにかえたか—依存症薬物の社会史—)／David T. Courtwright原著，小川昭子譯(春秋社)

05 《牛頓外傳》(ニュートン外伝)／藤岡啟介(IPC)

06 《詳解基礎生命科學——生物學的歷史與生命的想法》(よくわかる基礎生命科学—生物学の歴史と生命の考え方—)／八杉貞雄(Science社)

07 《文藝復興思想(The classics and Renaissance thought)》(ルネサンスの思想)／Paul Oskar Kristeller著，渡邊守道譯(東京大學出版會)

08 《醫學的歷史》(医学の歴史)／梶田昭(講談社)

09 《醫學的歷史》(医学の歴史)／小川鼎二(中央公論社)

10 《陰陽道之書》(陰陽道の本)／大森崇(學習研究社)

11 《宇宙論沿革》(宇宙論の歩み)／J. Sharon著，中山茂譯(平凡社)

12 《科學與技術的歷史》(科学と技術の歴史)／道家達將等((財)放送大學教育振興會)

13 《科學史年表》(科学史年表)／小山慶太(中央公論新社)

14 《科學家傳記小事典——奠定科學基礎的人們》(科学者伝記小事典—科学の基礎をきずいた人びと)／板倉聖宣(假說社)

15 《外科學歷史》(外科学の歴史)／Claude D'Allaines說，小林武夫等譯(醫道之日本社)

16 《漢方的起源——漫畫中國醫學史》(漢方のルーツ—まんが中国医学の歴史—)／山本德子等(醫道之日本社)

17 《漢方的歷史——中國與日本的傳統醫學》(漢方の歴史—中国・日本の伝統医学—)／小曾戶洋(大修館書店)

18 《近世日本天文學(上)》(近世日本天文学史(上))／渡邊敏夫(恆星社厚生閣)

19 《近世日本天文學(下)》(近世日本天文学史(下))／渡邊敏夫(恆星社厚生閣)

20 《山川世界史小事典(改定新版)》(山川世界史小事典(改定新版))／世界史小事典編輯委員會(山川出版社)

21 《山川世界史綜合圖錄》(山川世界史総合図録)／成瀨修等監修(山川出版社)

22 《磁力與重力的發現》(磁力と重力の発見)／山本義隆(MISUZU書房)

23 《巫術》Pennethorne Hughes(呪術)／早乙女忠譯(筑摩書房)

24 《從火的發現到隨處可見的速食店——食物的歷史》(火の発見からファーストフードの蔓延まで—食べる人類史—)／Felipe Fernandez-Armesto著，小田切勝子譯(早川書房)

25 《詳說世界史研究》(詳説世界史研究)／木村康彥等編(山川出版社)

26 《食品危機——「食物」的質與量安全嗎?》(食品クライシス—「食」の質と量は安全といえるのか—)／日經BP社編(日經BP社)

27 《觸動人心的天才逸事二十則》(心にしみる天才の逸話20)／山田大隆(講談社)

28 《新和算入門》(新・和算入門)／佐藤健一(講談社)

29 《神明的再生——文藝復興的神祕思想》(神々の再生―ルネサンスの神秘思想―)／伊藤博明(東京書籍)

30 《日常中的物理學歷史》(身近な物理学の歴史)／渡邊愈(東洋書店)

31 《圖解輕鬆了解隨處運算》(図解だれでもわかるユビキタス)／橋本浩(河出書房新社)

32 《圖說宇宙科學發展史——從亞里斯多德到霍金》(図説宇宙科学発展史―アリストテレスからホーキングまで―)／本田成親(工學圖書)

33 《圖說科學史》(図説科学の歴史)／八杉龍一(東京數學社)

34 《數學的歷史》(数学の歴史)／森毅(講談社)

35 《世界占星學選集第六卷》(世界占星学選集第6巻)／春日秀護(印度占星學)

36 《西洋占星術史》(西洋占星術の歴史)／S.J. Tester著, 山本啟二譯(恆星社厚生閣)

37 《戰爭的科學》(戦争の科学)／Ernest Volkman著, 茂木健譯(主婦之友社)

38 《全圖解奈米科技——其全貌與未來》(全図解ナノテクノロジー―その全貌と未来―)／榊裕之(KANKI出版)

39 《快讀世界史》(早わかり世界史)／宮崎正勝(日本實業出版社)

40 《替代醫療——成效與使用方法》(代替医療―効果と利用法―)／蒲原聖司(中央公論新社)

41 《知識與感受的世界——靈感與執念所開展的地球科學》 (知と感銘の世界―ひらめきと執念で拓いた地球の科学)／竹内均 (Newton Press)

42 《知識與感受的世界——探索人體的科學家》 (知と感銘の世界―人体を探求した科学者―)／竹内均 (Newton Press)

43 《地球外文明的思想史》 (地球外文明の思想史)／横尾廣光 (恆星社厚牛閣)

44 《中國數學通史》 (中国の数学通史)／李迪著, 大竹茂雄等譯 (森北出版)

45 《天文學史》 (天文学史)／櫻井邦朋 (朝倉書店)

46 《天文學史——日本的曆法》 (天文学史―日本の暦法)／內田正男 (恆星社)

47 《謎樣的大陰陽師與及占術——安倍晴明》 (謎の大陰陽師とその占術―安部晴明―)／藤卷一保 (學習研究社)

48 《物理學與神》 (物理学と神)／池內了 (集英社)

49 《文化史上的日本數學》 (文化史上より見たる日本の数学)／三上義夫 (岩波書店)

50 《方法導論》 (方法序説)／笛卡兒著, 谷川多佳子譯 (岩波書店)

51 《從魔法到數學》 (魔術から数学へ)／森毅 (講談社)

52 《藥學的歷史 (三訂版)》等 (薬学の歴史【三訂版】)／Rene Fabre著, 奧田潤等譯 (白水社)

53 《脈絡詳細之世界史年表》 (流れがわかる詳細世界史年表)／平原光雄 (山川出版)

54 《歷史》 (歴史)／Herodotus／松平千秋譯 (岩波書店)

55 《人類基因圖譜的未來》等 (ヒトゲノムのゆくえ)／John Sulston等著, 中村桂子等譯 (秀和SYSTEM)

注1：《馬可波羅遊記》中稱日本為「Zipangu」，是英語「Japan」的字源。

國家圖書館出版品預行編目資料

圖解科學史 / 橋本浩著；顏誠廷譯. -- 修訂二版. -- 臺北市：易博士文化，城邦文化出版：家庭
傳媒城邦分公司發行, 2020.03
面； 公分. -- (Knowledge base系列)
譯自：早わかり科学史
ISBN 978-986-480-110-7(平裝)
1.科學 2.歷史
309   109002088

Knowledge Base 096

圖解科學史【更新版】

原 著 書 名／早わかり科学史
原 出 版 社／日本実業出版社
作 者／橋本浩
譯 者／顏誠廷
選 書 人／蕭麗媛
責 任 編 輯／劉亭言、孫旻璇、林荃瑋

業 務 經 理／羅越華
總 編 輯／蕭麗媛
視 覺 總 監／陳栩椿
發 行 人／何飛鵬
出 版／易博士文化
　　　　　　城邦文化事業股份有限公司
　　　　　　台北市中山區民生東路二段141號8樓
　　　　　　電話：(02) 2500-7008 傳真：(02) 2502-7676
　　　　　　E-mail：ct_easybooks@hmg.com.tw
發 行／英屬蓋曼群島商家庭傳媒股份有限公司城邦分公司
　　　　　　台北市中山區民生東路二段141號2樓
　　　　　　書虫客服服務專線：(02)2500-7718、2500-7719
　　　　　　服務時間：週一至週五上午09:30-12:00；下午13:30-17:00
　　　　　　24小時傳真服務： (02) 2500-1990、2500-1991
　　　　　　讀者服務信箱：service@readingclub.com.tw
　　　　　　劃撥帳號：19863813
　　　　　　戶名：書虫股份有限公司
香 港 發 行 所／城邦（香港）出版集團有限公司
　　　　　　香港灣仔駱克道193號東超商業中心1樓
　　　　　　電話：(852) 2508-6231 傳真：(852) 2578-9337
　　　　　　E-mail：hkcite@biznetvigator.com
馬 新 發 行 所／城邦(馬新)出版集團【Cite (M) Sdn Bhd】
　　　　　　41, Jalan Radin Anum, Bandar Baru Sri Petaling,
　　　　　　57000 Kuala Lumpur, Malaysia.
　　　　　　電話： (603) 90578822
　　　　　　傳真： (603) 90576622
　　　　　　E-mail：cite@cite.com.my
美 術 ‧ 封 面／陳姿秀
封 面 插 畫／郭晉昂
製 版 印 刷／卡樂彩色製版印刷有限公司

HAYAWAKARI KAGAKUSHI © HIROSHI HASHIMOTO 2004
Originally published in Japan in 2004 by NIPPON JITSUGYO PUBLISHING CO.,LTD.
Traditional Chinese translation rights arranged with NIPPON JITSUGYO PUBLISHING CO.,LTD. through AMANN
CO.,LTD.

■2006年8月17日初版
■2020年3月12日修訂二版
ISBN 978-986-480-110-7
定價450元 HK$ 150

城邦讀書花園
www.cite.com.tw